역사가
묻고

의학이
답하다

묻고 답하다 07

역사가 묻고
의학이 답하다

의학의 새로운 도약을 불러온
질병 관점의 대전환과 인류의 미래

전주홍 지음

"나는 환자에게 붕대를 감아주었을 뿐,
치료는 신의 몫이다."

앙브루아즈 파레

1 알렉상드르 드니 아벨 데 푸홀, 〈히폴리투스를 살리는 아스클레피오스〉, 1822~1825년, 퐁텐블로성 국립박물관, 프랑스 퐁텐블로.

의술의 신 아스클레피오스가 억울하게 죽은 히폴리투스를 되살리는 장면. 그리스 신화에서 아테네 영웅 테세우스와 아마존 여왕 히폴리테 사이에서 태어난 히폴리투스는 순결의 여신 아르테미스를 섬겼다. 테세우스의 새 아내 페드라는 의붓아들을 사랑했지만 거절당하자, 그가 자신을 겁탈하려 했다는 거짓 유서를 남기고 자살한다. 테세우스는 부친인 바다의 신 포세이돈에게 아들을 벌해 달라고 기도했고, 히폴리투스는 마차 사고로 비극적 죽음을 맞는다. 뒤늦게 진실을 안 아르테미스는 경위를 밝히고, 아스클레피오스에게 부탁해 히폴리투스를 되살려 새로운 삶을 허락했다.

"우리 안에 있는 자연 치유의 힘이야말로
병을 고치는 진정한 치료제다."

히포크라테스

2 알브레히트 뒤러, 〈네 명의 사도〉, 1526년, 알테 피나코테그, 독일 뮌헨.

그림 속 인물은 왼쪽부터 복음서를 든 성 요한, 천국의 열쇠를 든 성 베드로, 두루마리를 든 성 마르코, 칼과 책을 든 성 바오로다. 뒤러는 성서에 나온 인물들의 묘사를 검토한 후 4체액설을 바탕으로 그들의 신체적 특징을 해석하고 각 인물의 속성을 시각화한 것으로 보인다. 4체액설은 자연현상의 본질을 설명하려던 여러 노력 속에서 우리 몸의 근원 물질을 혈액, 점액, 황담즙, 흑담즙으로 설명한 것으로, 체액이 불균형할 때 질병이 발생한다고 보았다.

"질병의 특정 요소에 관한 지식은
의학의 핵심이다."

아르망 트루소

3 렘브란트 하르먼스 판레인, 〈튈프 박사의 해부학 수업〉, 1632년,
헤이그 마우리츠호이스 왕립미술관, 네덜란드 암스테르담.

초창기에 해부는 주로 예술적·교육적 의미에서 시행되었으나, 점차 인체 기능을 탐구하는 의학적 맥락이 더해졌다. 손으로 하는 작업과 시각적 지식의 중요성이 자리 잡으면서 해부학 극장이 설립되어 공개 해부 시연이 이루어진다. 인체 구조를 누가 먼저 발견하는지를 둘러싼 경쟁의 심화는 지식 공유와 비판적 전문가 공동체 형성을 촉진했다. 이러한 흐름 속에서 질병의 원인을 신체 내 구체적인 부위, 즉 '장기'라는 물리적 장소에서 찾는 해부병리학이 등장하였다.

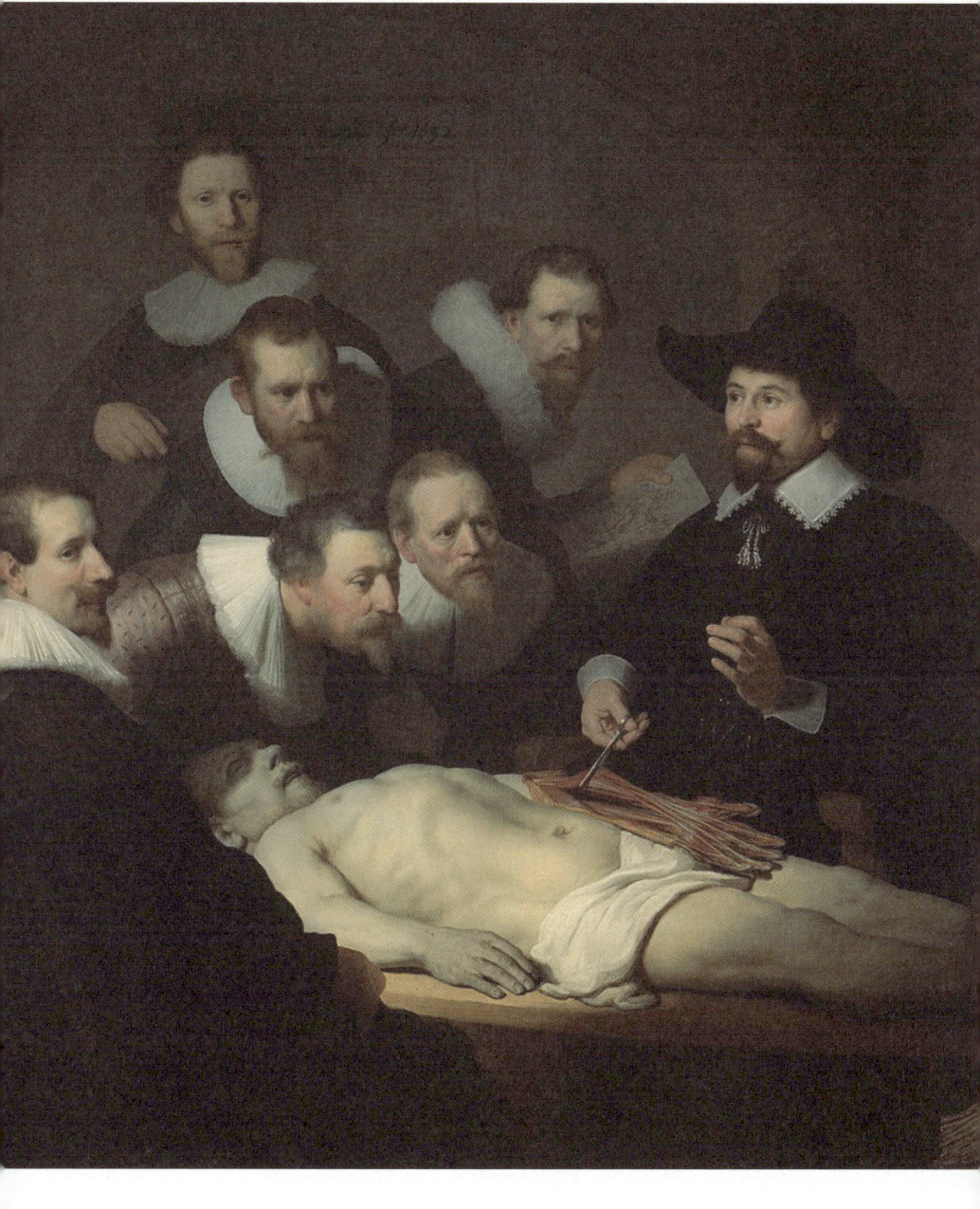

"분자를 이해하지 못하면 생명 자체를
매우 개략적으로만 이해할 수 있다."

프랜시스 크릭

4 ▲ 로절린드 프랭클린, 〈포토 51〉, 1953년, 《네이처》 171호.
　▼ 샹보르성의 나선형 계단, 1547년 완공, 프랑스 루아르 계곡.

로절린드 프랭클린이 1953년 4월 25일 《네이처》에 발표한 논문에는 오늘날 '포토 51'로 알려진 엑스선 회절 이미지가 실렸다. 이 사진은 제임스 왓슨과 프랜시스 크릭이 DNA 이중나선 구조를 밝히는 결정적 단서로 작용했다. 흥미로운 점은, 엑스선 회절 이미지가 샹보르성의 나선형 계단을 아래에서 올려다본 사진과 묘하게 닮았다는 것이다. 측정 기술의 발전으로 생명의 기본 단위를 분자 수준에서 측정하고 시각화하면서, 이제 우리는 생명과 질병현상도 점차 분자의 언어로 해석하고 이해한다.

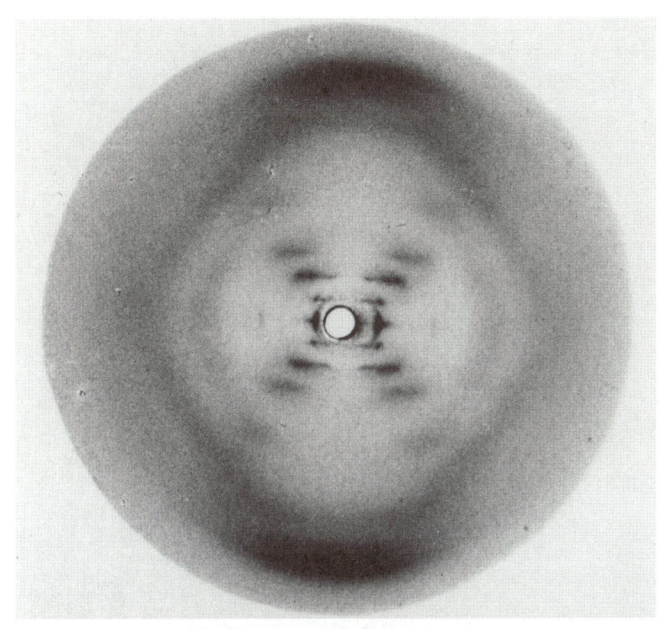

"유전자는 개체의 미래 발달과 성장한 상태에서
나타나는 모든 기능을 결정하는 암호 대본이다."

에르빈 슈뢰딩거

5 《과학과 발명》 1925년 2월 호 표지

원격 의료 telemedicine 관련 미래 기술을 상상한 표지 그림이다. 원격 수족 장치인 '텔레닥틸 teledactyl'이 눈에 띄는데, 의사가 화면으로 환자를 보고 가느다란 로봇 팔을 이용해 멀리 떨어진 곳에서도 진료를 수행하고 있다. 당시 라디오 통신 기술의 비약적 발전을 반영하며, 미래 원격 진료 가능성을 예견하였다. 과학 기술의 진보가 인간의 일상과 능력을 어떻게 변화시킬지 낙관적 기대감이 담겼다. 그러나 정작 화면 속 환자, 의사, 간호사의 무표정한 모습은 미래를 향한 환상과 거리감을 보이며 묘한 긴장을 자아내는데, 오늘날 AI 시대에도 유효한 질문을 던지는 듯하다.

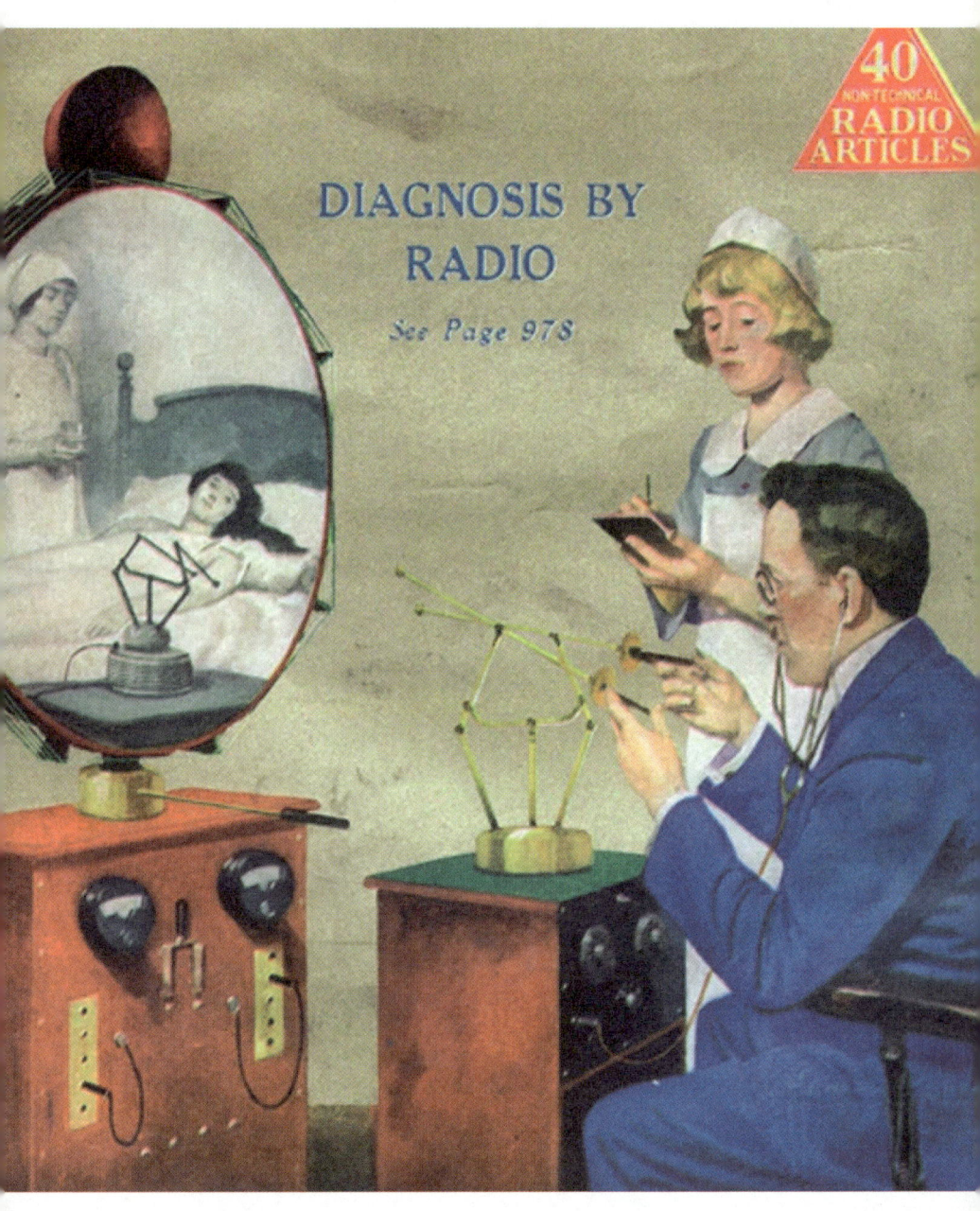

차례

들어가며 "해안이 보이지 않는 것을 견뎌낼 용기" 17

1. 신의 노여움으로서의 질병
: 신화적 혹은 종교적 질병관은 완전히 사라졌을까?

신은 왜 인간에게 고통을 주었을까? 29
숭배와 지배 사이, '의술의 신'은 어디서 출현했는가? 39
미신적 치료에는 어떤 효험이 있었을까? 55

2. 자연적 원인에 따른 질병
: 체액설은 어떻게 건강과 세계를 설명해내었나?

지식은 언제부터 축적되어 자연과학을 탄생시켰나? 63
체액 불균형이 병을 일으킨다고 생각한 근거는 무엇인가? 74
대학의 등장은 의학의 형성에 어떤 영향을 미쳤을까? 90

3. 특정 장소에 놓이게 된 질병
: 몸 내부를 들여다본 인간은 무엇을 발견했나?

인간은 왜 해부를 시도하고 장기에 주목했을까? 105
예술가는 어쩌다 근대 의학을 열어젖혔나? 126
해부학과 병리학은 어떻게 결합해 의학 발전을 주도했는가? 144

4. 분자가 좌우하는 질병

: 보이지 않는 존재로 생명과 질병을 어디까지 밝혀내었나?

과학에서 '측정'과 '실험'은 어떤 의미일까?	163
분자생물학은 얼마나 획기적으로 질병현상을 추적하는가?	181
분자의학의 발전이 왜 치료의 혁신일까?	200

5. 정보가 말해주는 질병

: 인공지능 혁명은 의생명과학을 어떻게 바꾸고 있나?

암호 해독 기술은 유전자의 비밀을 어디까지 밝혀냈나?	219
개인별 차이가 질병 치료에 얼마나 영향을 미칠까?	239
정밀의학 시대, 우리에겐 어떤 비판적 고민이 필요할까?	258

나가며	의학의 에피스테메 접근과 테크네 접근 사이에서	273
미주		280

"올바른 진술의 반대는 거짓 진술이다.
그러나 심오한 진리의 반대는 또 다른 심오한 진리일 수도 있다."
닐스 보어

들어가며

"해안이 보이지 않는 것을
견뎌낼 용기"

저는 이전에《역사가 묻고 생명과학이 답하다》에서 역사의 흐름 속에서 질병의 개념이 어떻게 변해왔는지 간략히 설명한 바 있습니다. 그러나 이 책은 10가지 키워드를 중심으로 생명과학 분야를 간략히 소개하는 입문서였기 때문에, 질병을 깊이 있게 다루기에는 한계가 있었습니다. 또한 부록에서 오늘날 질병 연구의 한계와 도전에 관해서도 간략히 언급했지만, 역사적 맥락을 충분히 다루고 관점을 확장하는 데에는 상당한 제약이 있었습니다. 이에 여러 독자께서 아쉬움을 표현하며 더 심층적인 내용을 접할 기회가 있기를 바란다는 의견을 주셨습니다. 독자들의 격려와 요청이 이 책을 집필하는 큰 동기가 되었습니다.

그렇다면 질병이란 무엇일까요? 어원을 살펴보면 질병疾病은 '질疾'과 '병病'이 결합한 단어입니다. '질'은 병들어 기댈 역疒과 화살 시矢가 결합한 형태로, 화살에 맞아서 생긴 외상을 떠올리게 합니다. 또한 빠

들어가며   17

르게 날아가는 화살처럼 금방 치유되는 가벼운 증세를 의미한다고 해석할 여지도 있습니다. 반면 '병'은 병들어 기댄 채 땀을 흘리는 모습에서 유래했다고 전해지며, 병들 녁疒과 뜨거움을 뜻하는 남녁 병丙이 결합하여 고열을 동반한 심각한 증세를 나타낸다고 볼 수 있습니다. 이처럼 '질'과 '병'은 각각의 의미가 미묘하게 다르지만 모두 몸이 아파서 기대어야 할 정도로 힘든 상태를 가리킨다는 공통점이 있습니다. 결국 '질병'이라는 단어는 그 원인이 무엇이든 고통을 수반하는 상태를 의미한다고 말할 수 있습니다.

질병의 개념과 지식은 시대에 따라 변화해왔습니다. 한 시대를 지배하는 관점과 세계를 이해하는 방식은 지식이 생성되는 맥락에 큰 영향을 미치므로, 모든 지식은 그 지식을 낳은 사회와 역사에 구속될 수밖에 없습니다. 인류의 원대한 지적 항해를 되돌아보면, 인간은 비교적 최근에 이르러서야 과학적 방법으로 질병을 이해하기 시작했습니다. 오늘날 질병은 대체로 신체적·정신적 기능이 비정상적으로 바뀐 상태로 정의되며, 이는 질병을 향한 과학적 접근이 자리 잡았음을 의미합니다.

시대가 바뀌었다고 해서 질병에 따른 신체적 고통이나 감각 경험의 본질이 달라졌다고 보기는 어렵습니다. 사실 질병의 개념 변화는 증세를 기술하는 방식의 변화라기보다 질병이 발생하는 과정과 증상이 발현하는 원인을 설명하는 방식의 전환이라는 의미가 더 큽니다. 그렇다면 이러한 전환을 이끈 핵심적인 힘은 무엇일까요? 여러 요인이 있겠지만 무엇보다 중요한 것은 질병을 바라보는 방식의 변화, 즉 '관점觀點의 전환'입니다. 관점은 우리가 세계를 새롭게 바라보고 이해하도록 이끄는 안내판과 같으며, 관점의 변화는 인간이 질병을 한층 더 새롭고 깊이 있게 이해하도록 만든 원동력이었다고 할 수 있습니다.

세상과 어떤 관계를 맺고 있는가?

어떤 사물을 관찰하거나 풍경을 쳐다보는 모습을 떠올려 봅시다. 서 있는 위치나 바라보는 각도가 달라지면, 눈에 들어오는 모습 또한 전혀 달라지겠지요. 이에 따라 사물이나 풍경을 인식하고 이해하는 방식도 달라질 수밖에 없습니다. 결국 다양한 위치와 각도에서 바라보고 종합하는 일은 세계를 보다 깊이 이해하는 데 필수적입니다. 반대로 한 방향이나 한 측면만을 고집하면 사고가 편협해지고 편견에 갇힐 위험이 커지겠지요. 이 문제를 한마디로 요약하면 '관점의 중요성'이라 할 수 있습니다.

  이는 단지 사물이나 풍경을 바라볼 때만 적용되는 이야기가 아닙니다. 오히려 복잡하고 다층적인 사회현상을 이해할 때 관점의 중요성이 더욱 두드러집니다. 예를 들어, 우리나라의 사교육 과열이나 입시 경쟁 문제를 다룰 때, 어느 한 입장에 얽매이거나 한 가지 견해에 사로잡힌 채 현상을 바라본다면 복잡하게 얽힌 요인을 제대로 파악할 수 있을까요? 현상 전체를 종합적으로 이해하더라도 해결책을 찾기란 쉽지 않은데, 하물며 단편적으로 접근한다면 과연 어떤 해법을 기대할 수 있을까요?

  다양한 관점에서 바라보고 해석하지 않는다면 우리는 편견이나 편향에 빠지기 쉬우며, 기존에 가지고 있던 고정관념이나 편향을 더욱 강화할 위험에 처합니다. 따라서 어떤 의견을 제시하거나 입장을 정해야 할 때, 다양한 관점의 중요성을 결코 간과해서는 안 됩니다. 인지 편향에 빠지지 않으려면 다양한 의견을 경청하고 여러 사람과 토의하면서 끊임없이 스스로를 성찰하는 태도가 필요합니다. 달리 말하면, 합리적 판단과 생산적 결정을 내리려면 관점의 중요성을 내면화해야 한다는 말이기도 합니다. 이러한 태도는 질병과 같은 복잡한 자연현상을 탐구할 때도 마찬가지입니다. 과학 연구 역시 사람이 수행하는 사회적 활동의 성격이 강하다는 점에서 관점의 중요성이 더욱 강조될 수밖에 없습니다.

결국 우리가 서 있는 위치에 따라 세계는 달리 보이며, 이는 곧 자신과 세계와의 관계라는 문제로 확장됩니다. 관점은 세계를 인식하는 방식을 결정할 뿐만 아니라, 그 인식에 따라 우리의 삶과 행동까지 이끌어나갑니다. 르네상스 시대에 탄생한 원근법은 관점의 중요성을 극명하게 보여주는 사례입니다. 르네상스 예술가들은 원근법으로 세계를 구성하고 해석하는 방식을 근본적으로 바꾸었으며, 이는 오늘날 우리가 사용하는 관점이라는 개념과도 깊이 연결됩니다. 실제로 영어 단어 'perspective'는 '관점'과 '원근법'이라는 두 의미를 동시에 지닙니다. 원근법은 중세를 지나면서 신이 아닌 인간의 고유한 시각으로 세계를 바라보려는 인식의 전환이 이루어졌기에 탄생할 수 있었습니다. 뒤에서도 설명하겠지만, 이러한 인식의 전환은 르네상스 예술가들이 해부학 발전에 기여한 배경과도 밀접하게 맞닿아 있습니다.

그렇다면 이토록 중요한 관점을 다양화하려면 어떤 노력을 기울여야 할까요? 우선 다양한 분야의 지식을 폭넓게 습득해야 합니다. "아는 것이 힘이다"나 "아는 만큼 보인다"라는 말이 이를 잘 설명해줍니다. 나아가 경험의 폭을 넓히고, 경험으로 얻은 지식이 생생하게 뿌리내리도록 노력해야 합니다. 무엇보다도 꾸준한 책 읽기와 글쓰기로 인문학적 소양과 통찰력을 키워나가는 일이 중요합니다. 지식·경험·소양이 유기적으로 잘 어우러질 때, 우리는 비로소 사물과 현상을 다양한 관점에서 바라보고 통찰할 수 있습니다. 결국 관점의 확장은 단순한 사고의 변화가 아니라, '성장의 이야기'와 같습니다.

의학 발전에서 '관점'의 중요성

어른들에게 그 그림은 '모자'였지만, 어린 왕자에게는 코끼리를 삼킨 '보아뱀'이었습니다. 앙투안 드 생텍쥐페리 Antoine de Saint-Exupéry 의 《어린 왕자》는 이 유명한 이야기로 시작하여 관점의 중요성을 단적으로 보여줍니다. 앞서 언급했듯, 관점의 문제는 질병을 이해하고 진단과 치료 방법을 개발하는 의학 분야에서도 예외가 아닙니다. 다음 두 가지 사례를 보아도 관점이 얼마나 중요한지 쉽게 알 수 있습니다. 특히 지식의 본성과 범위를 다루는 인식론적 관점에서 보면 더욱 그렇습니다.

 19세기 후반 이전까지 전염병은 나쁜 공기가 몸에 들어가서 생긴다고 여겨졌습니다. 나쁘다는 뜻의 'mal'과 공기를 뜻하는 'aria'를 합한 말라리아malaria 라는 용어가 이러한 인식을 잘 보여줍니다. 따라서 이 당시에는 나쁜 공기를 차단하는 것이 전염병을 막는 주요한 방법이었습니다.

물론 이러한 노력은 공중위생의 향상과 맞물려 일정 부분 효과를 거두기도 했습니다. 그렇지만 이 관점에 머문다면 병균을 찾거나 항생제를 개발해야 한다는 생각은 아예 떠올리기 어렵고, 설령 떠올렸더라도 무의미한 것으로 치부되었겠지요.

또 다른 사례로, 17세기 초까지만 해도 사람들은 우리 몸의 혈액이 순환하지 않는다고 믿었습니다. 당시에는 간에서 만들어진 혈액이 혈관을 타고 말초로 퍼진 뒤 소모된다고 여겼습니다. 이런 관점에서는 수혈이라는 발상을 떠올릴 아무런 이유가 없습니다. 아무리 수혈해도 말초에서 금방 소모된다고 생각했기 때문이지요. 하지만 혈액이 순환한다는 이론과 관점이 등장하면서 수혈을 시도하려는 움직임이 이어졌습니다. 물론 면역학적 관점에서 수혈의 문제점을 이해하기까지 오랜 시간이 걸렸기에 곧바로 성공하지는 않았지만요.

이러한 사례들은 우리 몸의 의학적 문제를 해결하는 데 새로운 관점이 얼마나 중요한지를 잘 보여줍니다. 그러나 새로운 관점을 얻는 것만으로 의학이 쉽게 발전하지는 않습니다. 관점이 아무리 중요하다고 해도 의학 발전의 필요조건 중 하나이지 충분조건이 아니라는 말입니다. 의학이 발전하려면 전문 지식과 기술의 축적, 막대한 경제적 투자, 지식과 기술을 활용하려는 의지와 여력, 그리고 이를 뒷받침할 제도와 문화가 함께 갖추어져야 합니다. 이 모든 요소가 맞물려서 작동할 때에야 비로소 의학의 진보가 가능합니다. 그만큼 쉬운 일이 아니지요.

2022년 11월 30일 처음 선보인 생성형 인공지능Generative Artificial Intelligence; GAI '챗GPT ChatGPT'의 영향력은 실로 엄청났습니다. 과연 생

성형 인공지능은 관점의 빈곤 문제도 해결해줄까요? 챗GPT의 등장은 질문의 중요성을 새삼 일깨워주었습니다. 어떤 질문을 던지느냐에 따라 챗GPT가 제공하는 답변이 크게 달라지기 때문입니다. 이는 주어진 문제를 해결하는 능력보다 문제를 규정하는 능력이 앞으로 훨씬 중요해진다는 말이기도 하지요. 특히 챗GPT는 종종 가짜 정보를 제공하기도 하므로, 비판적 관점을 유지하지 않는다면 오히려 기존의 편향이 강화될 위험도 있습니다. 그렇기에 생성형 인공지능 시대에도 관점의 중요성 문제는 여전히 유효하며, 오히려 더욱더 강조될 수밖에 없습니다.

질병 관점 대전환의 역사를 왜 알아야 할까?

이 책에서 저는 역사를 따라 변천해온 질병을 이해하는 다섯 가지 관점을 소개하고, 구체적인 의학 지식을 넘어 특정 관점이 등장한 배경과 관점의 대전환이 의학 발전에 얼마나 중요한지를 설명하고자 합니다. 다섯 가지 관점은 크게 하나의 비과학적 관점과 네 가지 과학적 관점으로 구성됩니다. 이 책에서는 거시적 관점을 주로 다루지만, 깊이 세분화하여 보면 훨씬 더 많은 관점이 드러난다는 점도 놓치지 않기를 바랍니다. 생명과학과 의학의 역사는 서로 떼어낼 수 없는 주제라는 점에서 이 책의 내용은 《역사가 묻고 생명과학이 답하다》에서 다룬 이야기의 확장으로 볼 수도 있을 듯합니다.

다섯 가지 관점에서 바라본 질병을 간략히 살펴보면 다음과 같습니다. 가장 먼저 고대 사회에서 주술적·신화적·종교적 관점으로 바라본 질병입니다. 둘째, 고대 그리스에서 철학적 사유가 싹튼 이후 자연철학적 관점으로 이해하게 된 질병입니다. 셋째, 르네상스 시기에 경험적이고 시각적인 지식의 중요성이 부각되면서 해부학적 관점에서 바라보게 된 질병입니다. 넷째, 20세기 이후 분자 수준에서 생명현상을 탐구하는 방식이 일반화되면서 분자생물학적 관점으로 이해하게 된 질병입니다. 마지막으로, 20세기 후반 인간 유전체 프로젝트Human Genome Project; HGP의 착수를 계기로 정보적 관점에서 바라보게 된 질병입니다. 짧은 식견과 경험으로 교양도서에 담을 내용을 선별하는 작업이 결코 쉽지 않았습니다. 이 책을 하나의 입문서로 여겨주시고, 미처 담지 못한 부분은 독자 여러분께서 너그러이 채워주신다면 더없이 감사하겠습니다.

다섯 가지 관점이 완전히 구분되거나 서로 독립적인 것이 아니라는 점도 말씀드립니다. 예컨대 해부학적 관점과 분자적 관점은 서로 대립하는 접근이나 관점의 차이라기보다 분석 수준의 차이 혹은 맥락의 차이로 이해할 수 있습니다. 분자적 관점은 해부학적 접근을 대체하기보다 내부를 더 미시적으로 들여다보는 방식으로 기존 관점을 심화하고 구체화하는 면이 큽니다. 분자적 관점과 정보적 관점 역시 별개의 틀이라기보다 하나의 연속선상에서 서로를 보완하며, 질병현상과 생명현상을 더 정밀하게 이해하고 다루는 데 기여하고 있습니다.

관점의 대전환은 질병을 이해하고 치료하는 방식에도 커다란 변화를 가져왔습니다. 하지만 새로운 관점이 등장했다고 해서 반드시 기존 관점이 완전히 사라지거나 대체되는 것은 아닙니다. 말하자면, 관점의 대전환은 기존 지식과 성과를 단정적으로 폐기하는 것이라기보다 축적된 지식과 경험 위에서 이루어지는 재해석과 새로운 도약으로 이해할 수 있습니다. 그러나 첨단 기술이 발전한 오늘날에도 질병을 신에 대한 불경이나 조상을 소홀히 모신 탓으로 여기며, 비과학적인 치료에 의존하는 경우가 여전히 존재합니다. 이는 관점의 전환이 다양한 지식과 견해가 공존하고 충돌하는 복잡한 과정임을 보여주는 단면이기도 합니다. 감염병이나 유전병 같은 일부 질병을 제외하면, 여전히 많은 질병의 원인이 불분명하다는 사실도 이러한 현상과 무관하지 않을 테지요.

생성형 인공지능을 비롯한 과학기술의 발전으로 빠르게 시대가 바뀌고 있는 지금, 질병을 해석하는 관점은 더욱 중요할 수밖에 없습니다. 질병을 다루는 기술 그 자체가 윤리적 판단을 내릴 수는 없기 때문이지요. 결국 과학적·기술적 발전을 어떻게 이해하고 어떤 방식으로 활용할지 판단하는 일은 오롯이 인간의 몫입니다. 더군다나 의료계의 상황을 비롯해 환자와 의사의 관계, 의료 불평등과 돌봄의 본질적 의미, 새로운 첨단 기술의 적용 범위 같은 복잡하고 민감한 문제를 마주할 때, 우리는 어떤 답을 내릴 수 있을까요? 이러한 물음 앞에서 역사의 흐름과 관점의 변화를 이해하는 일은 더욱 중요합니다. 오늘날의 우리를 더 깊이 이해하게 할 뿐 아니라 의문과 갈등, 불확실성 속에서도 더 나은 질문을 던질 힘을 주지요.

이런 점에서 생명과학이나 의학 분야로 진로를 선택하려는 중고등학생이나 의학의 발전 맥락에 관심이 많은 일반 독자에게 이 책을 권하고 싶습니다. 지식과 기술의 발전과 관점의 전환은 소수의 천재적 업적만으로 이루어지지 않고, 무지를 자각하는 태도나 사회문화적 분위기의 성숙, 다양한 지적 교류 등이 잘 맞물려야 가능하다는 점을 깊이 생각해 주길 바랍니다. 또한 이 책에서 제가 강조하고 싶은 핵심은 아인슈타인 Albert Einstein 의 말처럼 "교육은 사실을 배우는 것이 아니라 생각하는 훈련을 하는 것"이라는 점입니다. "해안이 보이지 않는 것을 견뎌낼 용기가 없다면 절대로 바다를 건널 수 없다"라는 콜럼버스 Christopher Columbus 의 말처럼 관점의 전환과 학문의 진보에는 끊임없는 고민과 노력, 도전과 용기가 필요하다는 사실도 함께 전하고 싶습니다.

역사학자 데이비드 우튼 David Wootton 은 1865년을 의학이 마침내 환자에게 실질적인 이로움을 주기 시작한 전환점으로 꼽았습니다. 바로 그해 외과의사 조지프 리스터 Joseph Lister 가 석탄산을 이용하여 수술 도구와 상처 부위를 소독해서 감염을 억제하는 소독수술법 antiseptic surgery 을 개발한 것이지요. 리스터는 1876년 에든버러 의과대학 졸업식에서 다음과 같이 말했습니다. "만약 우리에게 금전적 보상과 세속적인 명예밖에 없다면, 우리 직업은 바람직하지 않을 것이다. 하지만 일을 하다 보면 당신은 강렬한 흥미와 순수한 즐거움에서 누구에게도 뒤지지 않는 고유한 특권을 가진다는 점을 알게 될 것이다."

의학의 도약과 질병의 극복을 함께할 미래 세대의 주역 여러분, 여러분은 어떤 삶의 이정표를 따라가고자 하시는지요?

1.

신의
노여움으로서의
질병

신화적 혹은 종교적 질병관은
완전히 사라졌을까?

"치유는 신이 하고
치료비는 의사가 받는다."

벤저민 프랭클린

신은 왜 인간에게
고통을 주었을까?

여러분도 잘 알다시피 우리는 해부학적 현생 인류를 흔히 호모 사피엔스Homo sapiens 라고 부릅니다. 호모 사피엔스는 '슬기로운 사람'이라는 뜻의 라틴어로 1758년 분류학의 아버지로 불리는 스웨덴 식물학자 칼 폰 린네Carl von Linné 가 고안했습니다. 호모 사피엔스는 약 20만 년 전 북아프리카에서 마지막 공통 조상으로부터 갈라져 나왔고, 약 7~10만 년 전부터 음성 언어를 활용한 의사소통이 뚜렷해졌으며, 약 4~5만 년 전부터 동굴벽화 같은 예술 작품을 남겼습니다. 이런 창조적 행동은 호모 사피엔스의 뇌 기능이 매우 뛰어났기에 가능했습니다.

호모 사피엔스의 뇌-체중 비율은 그 어느 동물보다 크고, 신경세포의 연결 방식과 유전자의 발현 패턴은 그 어느 동물보다 복잡합니다.[1] 이러한 뇌의 용량과 복잡성은 인류의 생존과 번식에 유리했기 때문에 선택된 진화의 산물입니다. 얼핏 보면 당연한 이야기로 들리지만, 뇌가 크고 복잡한 방향으로 진화하기란 결코 쉬운 일이 아닙니다. 우선 직립보행으로 인해 골반과 산도birth canal가 좁아져서 출산 자체가 몹시 어려워지기 때문입니다. 이런 출산의 문제는 아기의 뇌가 덜 발달한 채 미숙한 상태로 태어나는 방식으로 해결되었지만, 대신 태어난 아기가 오랫동안 부모의 양육에 절대적으로 의존해야 하는 상황이 되었습니다.

크고 복잡한 뇌의 문제는 출산에서 끝나지 않습니다. 우리 뇌 무게는 체중의 2퍼센트에 불과하지만 뇌가 사용하는 에너지 양은 전체의 20퍼센트에 달합니다. 비슷한 무게의 뇌와 근육을 비교해보면 뇌는 근육보다 10배 이상의 에너지를 필요로 합니다.[2] 어떻게 우리는 뇌의 에너지 요구를 감당해낼까요? 음식을 많이 섭취하여 에너지를 확보하는 방식은 생존과 번식에 결코 유리하지 않겠지요. 음식물을 구하는 일 자체가 상당한 위험을 감수하고 많은 노력을 기울여야 하는 일이니까요.

그렇다면 확보한 에너지를 효과적으로 사용하거나 재분배하는 방식이 합리적인 대안이 될 수 있습니다. 우리는 다른 동물에 비해 근육 힘이 많이 떨어지는데, 그만큼 뇌가 많은 에너지를 사용하는 데서 이유를 찾을 수 있습니다.[3] 더군다나 우리의 소화기관은 다른 동물에 비해 에너지를 아주 적게 사용하기 때문에 뇌에 충분한 에너지를 공급합니다.[4] 대신 근육의 힘과 소화기관의 기능이 약해지는 문제가 발생하지만, 인류는 도구를 사용하거나 불로 요리하는 등의 사회문화적 방식으로 취약점을 상쇄했습니다.

크고 복잡한 뇌에 적응한 덕에 우리는 생각을 세밀하게 정리하고 표현할 뿐만 아니라 다른 사람과 복잡한 사회적 관계를 맺으면서 공동체 생활을 할 수 있었습니다. 뛰어난 인지 능력과 사회성은 인류의 생존과 번식에 매우 중요했으나, 그만큼 다른 사람이나 집단과 자원 획득 혹은 배분을 두고 치열한 협력과 경쟁, 다툼을 벌여야 했지요. 결과적으로 사회 조직을 안정화하고 효과적으로 유지하려는 노력이 중요해졌습니다. 어떤 노력을 기울여야 이 어려운 문제를 해결할 수 있을까요?

'이야기'를 만드는 종, 인간

공동체를 형성하고 사회조직을 잘 유지하려면 구성원들을 하나로 묶는 정체성을 확립하고 규율과 신념을 공유해야 합니다. 엄청난 노력이 필요한 일이고 여러 방식이 있겠지만, 무엇보다도 의사소통이 중요하겠지요. 인류는 뇌가 발달했고 음성 언어를 사용했기에 머릿속 상상이나 추상적인 주제도 어렵지 않게 개념화하고 의사소통할 수 있었습니다. 더군다나 스토리텔링 능력까지 갖추었기에 이야기를 만들어내고 공유할 수도 있었지요. 언어와 스토리텔링*이라는 도구가 인류의 생존과 번식에 아주 큰 기여를 한 것입니다.[5]

우리는 다양한 이야기를 하면서 살아갑니다. 이야기는 자신과 타인

---

* 언어라는 상징 체계는 그것이 의미하는 대상과 정확하게 대응하지 못하기 때문에 오히려 아이디어와 상상력의 원천으로도 중요한 역할을 했다고 볼 수 있습니다.

을 더 잘 이해하고 사회와 세계를 더 잘 설명하도록 해줍니다. 이야기에서 정보를 얻고 결합하면서 서로를 향한 의존도를 높이고 사회적 협력 관계를 만들기 때문입니다. 자신의 생각이나 경험을 솔직하게 이야기할 수도 있지만 때로 우리는 상상력을 발휘해 허구와 과장을 섞어서 이야기를 더 매력적으로 포장하기도 합니다. 기억력의 한계 때문에 상상력을 동원하여 이야기를 재구성할 수밖에 없는 점도 있습니다. 우리는 세심히 남의 이야기를 살피지만, 어떤 이야기는 상당히 그럴듯해서 허구를 진짜로 믿기도 합니다. 카니발리즘cannibalism (동족 포식)이나 사후 세계와 관련된 의식은 아주 오래된 형태의 사례입니다.[6] 특히 토템은 허구가 폭넓게 공유되어 문화 현상으로 자리 잡은 대표적 사례라고 할 수 있지요.

토템은 고대 사회에서 효과적으로 정체성을 확립하고 사회적 결속을 다지는 하나의 방식이었습니다. 특정 집단과 동식물 사이의 관계는 다른 집단과 구별되는 고유한 특징으로써 연대를 강화하고 문화적 관습을 공유하는 강력한 수단이었습니다. 나아가 토템의 숭배라는 스토리텔링은 고대 사회에서 신화와 종교가 탄생하는 토대가 되었습니다. 여기에 상상력과 표현력이 더해지면서 원시 예술이 탄생하자 숭배 의식과 문화는 한층 더 강화되었습니다.[7] 허구를 창조하여 이야기를 만드는 능력이 미지의 대상이나 현상을 설명하는 데에도 큰 위력을 발휘한 것입니다.

그렇다면 고대 사회 사람들은 왜 계절이 바뀌는지, 왜 천둥이 치는지, 왜 자연재해가 일어나는지, 왜 몸이 아픈지 같은 문제들을 어떻게 설명했을까요? 인류의 상상력과 스토리텔링 능력은 자연현상이나 질병을 지배하고 통제하는 초자연적 존재를 창조해냈습니다. 눈으로 볼 수 있는 증거에 추리 능력이 더해져서 탄생한 결과이기도 합니다. 신화나 종교에 기댄 방식은 별다른 어려움 없이 모든 문제를 손쉽고 완벽하게 설명해낸다는 장점이 있습니다. 또한 지배층만이 신이나 정령 같은 초자연적 존재와 유대를 맺고 숨은 의도를 파악할 수 있다는 허구의 창조는 권력 독점과 유지에도 매우 유용했습니다.

우리가 이런 허구에 쉽게 빠지는 이유는 오류에 취약한 우리 사고 체계에서 찾을 수 있습니다. 인지심리학자 대니얼 카너먼Daniel Kahneman이 지적했듯이, 우리는 많은 시간과 인지적 노력이 드는 논리적 사고보다 빠르고 노력이 크게 들지 않는 직관적 사고에 우선적으로 의존합니다. 어디서든 시시각각 위험이 도사리던 구석기 인류에게는 편향에 빠질 위험이 크더라도 신속한 대응을 이끄는 직관적 사고가 생존과 번식에 유리했을 것입니다.

홍수, 화산 폭발 같은 자연재해나 전염병 같은 큰 재앙은 본능이나 경험에 의존하여 쉽게 회피할 수 없으므로 신화적·종교적 설명이 더욱 매력적으로 받아들여졌겠지요. 특히 질병의 경우 고통이 크면 클수록, 피해 범위가 넓으면 넓을수록 신이나 정령의 노여움에 따른 징벌로 보는 관점이 더욱 위력을 발휘했을 것입니다. 사실 지금도 우리는 크게 아프면 흔히 벌을 받는다고 여기며 뭔가 잘못한 게 없는지 주위를 둘러보고 반성하곤 합니다. 이러한 관점은 비록 비합리적이긴 해도 사회 구성원들이 윤리적 규범을 따르도록 하고 공동체의 결속력을 다지는 선한 기능이 있었으며 안정적인 사회를 유지하는 데에도 큰 역할을 했습니다.

신화에서 전염병은 어떤 역할을 했을까?

신화는 인간의 경험을 초자연적 존재로 설명하는 스토리텔링의 전통적 사례입니다. 특히 신화는 인간 심리와 문화의 산물이라는 점에서 고대 사회의 인식을 가늠하는 창이라고 할 수 있습니다. 질병을 인식하는 문제 역시 예외가 아닙니다. 신의 분노가 질병을 일으킨다는 고대 사회의 믿음은 다양한 문명의 신화에서 잘 드러납니다. 넘어져서 다치거나 짐승에게 물려 외상이 생기거나 증상이 가벼운 경우와 달리 증상이 심한데 질병의 원인과 결과가 분명하지 않을 때, 신화적 혹은 종교적 관점은 더욱 유용했을 것입니다.[8] 이러한 맥락에서, 사람들은 때로 보이지 않는 귀신이나 악령이 몸속에 침입해서 병을 일으킨다고 믿었습니다. 즉, 귀신이나 악령을 질병을 유발하는 실체로 간주했던 것입니다.*

질병 중에서도 대규모 피해가 불가피한 전염병이라면 초자연적 존재에 기대어 해석하고 설명하는 방식이 더욱 설득력을 얻었을 것입니다. 공포와 불안이 큰 만큼 미래를 예측하고 마음의 안정과 평온을 찾고 싶었겠지요. 사실 나무에서 땅으로 내려온 아프리카의 원시 인류는 새로

---

* 귀신이나 악령이 병을 일으킨다고 여기는 관점은, 이들을 질병의 원인이 되는 '실체'로 본다는 점에서 '실체론적 질병관'이라 불릴 수 있습니다. 이를 단순히 비합리적 믿음으로 치부할 수만은 없습니다. 19세기에 로베르트 코흐 Robert Koch 가 결핵균을 발견하면서 확립된 미생물병인론은 보이지 않는 병원체가 질병을 유발한다는 과학적 설명으로 과거의 전통적 인식을 재구성했습니다. 감염병에 관한 고대의 초자연적 실체론은 직관적 세계관에 기반했지만, 현대 과학은 이를 실증 가능한 병원체의 존재로 대체함으로써 그 일면을 계승했다고 볼 수 있습니다.

운 서식지와 기후 환경에 적응할 때마다 끊임없이 새로운 전염병과 마주하고 싸워나가야 했습니다. 역사학자 윌리엄 맥닐William McNeill이 지적했듯, 인류의 역사는 바로 전염병의 역사라고 해도 과언이 아닙니다.[9]

신석기 혁명으로 일부 동물을 가축화하고 식물을 작물화하는 데 성공한 후 목축과 농경 중심의 생산 경제가 시작되었습니다. 하지만 인류는 이에 따른 반대급부로 상당한 비용을 치러야 했습니다. 전염병으로 피해를 볼 가능성이 크게 올라간 것입니다. 우선 가축을 기르고 농경 정착 생활을 시작하면서 가축이 지닌 병원성 바이러스나 병원균에 노출될 위험이 크게 증가했고 인구가 조밀해진 만큼 전염병이 발생하면 쉽게 확산했습니다. 더군다나 마을과 도시가 성장하면서 늘어난 쓰레기로 위생이 더욱 열악해졌고 상업과 교역의 발달로 전염병이 더욱 쉽게, 널리 퍼질 여건이 만들어졌습니다. 종교 행사나 전쟁 역시 사람들을 한곳에 밀집시키며 전염병 확산에 일조했습니다. 전염병의 재앙이 언제 어떻게 덮칠지 모르는 상황이 되어버린 것이지요.

전염병을 향한 두려움은 그리스 신화에서도 잘 드러납니다. 고대 그리스 시인 호메로스Homeros의 서사시 《일리아드Iliad》는 아폴론이 분노하여 그리스 연합군 진영에 역병을 일으킨 이야기로 시작합니다. 트로이 원정을 지휘한 그리스 연합군 총사령관 아가멤논Agamemnon은 트로이 동맹 도시들을 파괴하고 약탈했습니다. 그러던 중 아가멤논은 아폴론 신전의 사제 크리세스Chryses의 딸 크리세이스Chryseis를 전리품으로 삼았고, 크리세스는 아가멤논을 찾아가 몸값을 후하게 치를 테니 크리세이스를 돌려달라고 애원했습니다.

하지만 아가멤논은 크리세스를 위협하며 크리세이스를 돌려보내기를 거부했습니다. 그러자 심한 모욕감을 느낀 크리세스는 아폴론에게 복수를 청하는 기도를 간절히 올렸습니다. 아폴론은 사제의 명예를 지키고자 9일 동안 그리스 군대에 역병의 화살을 퍼부었습니다. 그리스군 병사들은 씨가 마를 정도로 죽어나갔지요. 예언가 칼카스Calchas가 아폴론이 분노한 이유를 설명하자* 아가멤논은 어쩔 수 없이 크리세이스를 돌려보냈고 역병은 즉시 멈추었습니다.[10]

구약성경에서도 전염병의 흔적을 발견할 수 있습니다. 구약성경 여러 군데서 인간의 불순종과 악에 대한 신의 심판 도구로서 전염병을 나타내는 히브리어 '데베르deber'가 등장합니다. 우선 〈출애굽기〉에서 여호와가 이집트에 내린 10가지 재앙에 전염병이 포함됩니다. 〈신명기〉에서 언약을 어긴 이스라엘 백성을 심판할 때 여호와가 사용한 네 가지 심판 도구 중 하나도 전염병이었지요. 〈에스겔〉에서도 언약을 어기고 복종하지 않는 이스라엘 백성을 전염병으로 심판합니다. 〈사무엘기〉도 전염병이 창궐하는 재앙의 모습을 잘 보여줍니다.

신화나 성경에서 질병은 인간의 불경과 오만에 따른 신의 심판과 징벌이라는 공통된 의미를 지닙니다. 특히 신은 지도자 개인에게만 책임

---

* 고대 그리스 시인 소포클레스Sophocles가 쓴 《오이디푸스 왕Oedipus the Rex》은 신화적 관점에서 전염병을 이해한 또 다른 사례를 제공합니다. 오이디푸스는 테베의 왕자로 태어났지만 델포이 신탁으로 인해 세상에 나오자마자 바로 버려졌습니다. 하지만 요행히 죽지 않고 살아남아 코린토스의 왕자로 입양됩니다. 이후 신탁의 예견대로 생부를 죽이고 생모와 결혼하여 테베의 번영을 이끌지요. 어느 날 갑자기 전염병이 걷잡을 수 없이 돌자 오이디푸스는 아폴론의 신탁을 받아 테베를 구하려고 합니다. 그러나 자신이 저지른 일이 재앙의 발단이었음을 깨닫고 비극으로 점철된 삶을 살게 됩니다.

을 묻지 않고 공동체 전체를 혼란과 재앙에 빠뜨리는 응징 방식을 흔히 취합니다. 따라서 지도자는 신에게 부여받은 신성한 권력을 마냥 행사하는 데서 끝나지 않고 신의 뜻을 끊임없이 받들려고 노력해야 백성에게 인정받고 권력을 유지할 수 있습니다. 그러므로 신화적·종교적 관점에서 질병을 바라본다는 말은 사회적 공포에 단순히 대응하는 차원을 넘어서 도덕적 규범과 공동체를 유지한다는 의미를 내포한다고 볼 수 있습니다.

고대 동양권 사회에서도 마찬가지로 전염병을 신화적 또는 종교적 관점에서 이해했습니다.* 우리나라의 경우 《삼국유사》의 처용설화에 나오는 '역신疫神' 이야기를 들 수 있습니다. 처용설화는 동해 용왕의 아들인 처용이 아내를 탐한 역신을 물리친 이야기를 담고 있습니다. 처용은 역신이 자기 아내와 몰래 동침한 모습을 보았으나 노여워하기는커녕 춤을 추며 노래를 불렀습니다. 이에 감동한 역신은 처용 앞에 무릎을 꿇고 처용을 그린 그림만 봐도 그 문 안으로 들어가지 않겠다고 맹세했습니다. 처용을 그린 부적을 문에 붙이는 풍습은 이 설화에서 유래했습니다.

역신을 쫓아내지 않고 달래고 어른 처용의 모습은 그만큼 두창(천연두)의 확산이 불가항력적이라고 말해주는 듯합니다. 인간의 힘으로는 통제할 수 없었기에 조선 시대 민간에서는 두창의 경우 일반적인 전염병을 퍼뜨리는 역귀가 아닌 '두신痘神'이 일으킨다고 생각했습니다.[11]

---

* 고대 페르시아의 경우 메소포타미아 신화에 등장하는 역병의 신으로 네르갈Nergal을 숭배했습니다. 인도에서는 두창의 여신으로 시탈라Shitala와 안남마Annammma를 섬겼고, 중국에서는 역병의 신으로 여악呂岳 등을 섬겼습니다.

기원전 2,000년경 고대 메소포타미아에서 작성된 인류 최초의 서사시 《길가메시 서사시 Epic of Gilgamesh 》에서도 전염병을 대홍수에 버금가는 재앙으로 묘사합니다. 그만큼 전염병이 인류에게 파멸적인 영향을 미쳤다는 뜻이지요. 전염병은 단지 많은 사람의 목숨을 앗아가는 데서 그치지 않고 그에 못지않게 생존자에게도 씻지 못할 아픔과 고통을 남겼습니다. 하지만 인류는 20세기 초까지도 전염병을 제어할 방법을 제대로 갖추지 못했습니다. 《역사가 묻고 생명과학이 답하다》 6장(감염)에서 설명한 바 있듯, 19세기 이후 결핵이나 콜레라 같은 전염병을 일으키는 병원균을 발견하고 20세기 들어 항생제와 백신을 개발하고 나서야 인류는 전염병에 대응할 수 있었습니다. 신화적 또는 종교적 질병관은 그만큼 오래 막대한 영향력을 발휘했지요.

숭배와 지배 사이,
'의술의 신'은 어디서 출현했는가?

질병을 신의 징벌로 이해한 과거에는 질병을 치료하려면 신의 노여움을 풀거나 치료를 담당하는 신에게 의존해야 했습니다. 질병을 이겨내고 싶다는 간절한 소망과 의지가 의술의 신이라는 이야기를 만들었을 테지요. 이는 물론 직접 지각하거나 경험하지 못하더라도 상상의 존재를 만들어낼 수 있는 우리 뇌의 인지 기능 덕분입니다. 아무것도 할 수 없는 상황에서 신에게 간절히 올리는 기도와 열망은 심리적 안정을 가져왔을 테고 때에 따라서는 플라세보placebo(위약) 효과도 일부 나타났을 겁니다. 한편 아폴론처럼 질병의 신이면서 의술의 신이기도 한 양면성을 찾아볼 수도 있습니다. 불경과 오만에는 질병으로 심판하고 순종과 희생에는 치유를 선물한 것이지요.

의술의 신에 관한 이야기가 서구 사회에만 국한되는 것은 아닙니다.

중국에서는 신농神農, 인도에서는 아슈빈ashvin 쌍둥이가 의술의 신으로 추앙받는 등 문화권마다 다양한 의술의 신을 찾아볼 수 있습니다. 다만 서구 중심으로 연구가 편중된 면도 있고, 오늘날 의학이 서구 의학의 발전에 기반하다 보니 아무래도 동양 신화가 덜 주목받는 면이 있지요. 또한 제가 가진 지식의 한계로 인해 모두 다루기 힘든 면도 큽니다.

뱀과 지팡이가
의학의 상징이 된 배경은?

고대 이집트에서는 따오기 머리의 신으로 묘사되는 토트Thoth를 의술의 신으로 숭배했습니다. 이집트 신화에서 토트가 뛰어난 마법 솜씨뿐만 아니라 놀라운 치유 능력까지 보여주었기 때문이겠지요. 특히 토트는 세트Seth에게 살해당한 오시리스Osiris를 부활시켰고, 전갈에 쏘이거나 뱀에 물려서 사경을 헤매는 오시리스의 아들 호루스Horus를 구했으며, 부모의 복수에 나선 호루스가 세트와 결투를 벌이다가 왼쪽 눈이 산산조각이 나자 다친 눈을 치유해주기도 했습니다.

고대 이집트의 또 다른 의술의 신으로 임호테프Imhotep를 빼놓을 수 없습니다. 임호테프는 '평화롭게 다가오는 사람'이라는 뜻으로 이집트 사카라의 계단식 피라미드를 설계한 건축가로 유명합니다. 임호테프는 인류 역사에 등장하는 최초의 의사로도 알려져 있는데, 사후에 의술의 신으로 신격화되어 창조의 신 프타Ptah와 파괴의 여신이자 의술의 여신

세크메트Sekhmet의 아들로 여겨졌습니다.[12] 임호테프가 의술의 신으로 추앙받자 그가 묻힌 멤피스는 치유를 비는 참배의 장소가 되었고 그를 숭배하는 문화가 널리 퍼져나갔습니다.[13]

이집트학 전문가 제임스 브레스테드James Henry Breasted는 기원전 1,600년경에 작성된 《에드윈 스미스 파피루스Edwin Smith Papyrus》를 임호테프의 의학 체계로 추정했습니다.[14] 현대 의학의 아버지라고 불리는 윌리엄 오슬러William Osler는 임호테프를 가리켜 '어렴풋한 고대의 기억에서 두드러지게 부각된 최초의 의사'라고 칭송한 바 있습니다. 사실 임호테프에 관해서는 별로 알려진 바가 없지만 오슬러의 평가에 힘입어 의학 역사에서 중요한 인물로 다루어지게 된 면도 있습니다.

고대 그리스 문헌에서 최초로 등장하는 치유와 의술의 신으로는 파이안Paean을 꼽을 수 있습니다.[15] 《일리아드》에서 파이안은 신들의 치유자로 소개됩니다. 헤라클레스의 화살에 맞은 저승의 신 하데스의 상처를 낫게 해주고 아르고스의 왕 디오메데스Dimedes의 창에 찔린 전쟁의 신 아레스의 상처를 치료해주지요. 《오디세이아Odysseia》에 따르면 이집트에는 약이 많고, 모든 사람이 파이안의 후손으로 현명한 의사라고 합니다.

의술의 신 중에서도 가장 널리 알려진 신으로는 그리스 신화에 등장하는 아스클레피오스Asclepius가 있습니다. 아스클레피오스는 《일리아드》에서 처음 등장하지만 실존 인물이었는지는 확실하지 않습니다. 《일리아드》에서는 아스클레피오스를 나무랄 데 없는 의사로, 그의 아들인 마카온Machaon과 포달레이리오스Podaleirios를 그리스 연합군 최고의 의사로 묘사합니다. 아가멤논은 동생 메넬라오스Menelaus가 화살에 맞자

마카온을 불러 치료하도록 합니다. 마카온은 급히 달려와 화살을 뽑아낸 후 피를 빨아내고 고통을 멎게 하는 약을 붙였습니다. 그 약은 켄타우로스족의 현자 케이론Cheiron 이 아스클레피오스에게 준 것으로 서술되지요.

기원전 6세기경에 접어들어 아스클레피오스는 아폴론을 대신해서 의술의 신*으로 추앙받았습니다.[16] 플라톤의 대화편《파이돈Phaidon》에서도 아스클레피오스가 언급됩니다. 소크라테스는 독배를 든 후 죽기 직전 그의 친구 크리톤Kriton 에게 "아스클레피오스에게 수탉 한 마리를 빚졌는데 잊지 말고 갚아주게"라는 말을 남겼습니다. 소크라테스가 왜 이런 말을 남기고 세상을 떠났는지는 알려지지 않았지만, 아스클레피오스가 상당히 상징적인 존재였음은 분명해 보입니다.

후대 그리스 신화 전승에 따르면, 아스클레피오스는 아폴론과 코로니스Coronis 사이에서 태어났다고 합니다. 하지만 아스클레피오스가 태어나기까지의 과정은 순탄하지 않았습니다. 코로니스는 아폴론의 아이를 임신했지만 아버지 플레기아스Phlegyas 의 권유에 따라 이스키스Ischys 와 결혼합니다. 이 소식을 접한 아폴론은 크게 분노하여 아르테미스로 하여금 이스키스와 코로니스 모두 죽이도록 합니다. 뒤늦게 코로니스가 자신의 아이를 임신한 사실을 안 아폴론은 코로니스의 뱃속에서 아스클레피오스를 살려냈고, 아스클레피오스는 케이론에게 보내져 의술을 배

---

* 히포크라테스Hippocrates 선서는 "나는 의술의 신 아폴론과 아스클레피오스, 히게이아Hygieia, 파나케이아Panacea, 그리고 모든 신과 여신의 이름을 걸고, 나의 능력과 판단에 따라 이 선서와 계약을 이행할 것을 맹세합니다"로 시작합니다. 히게이아와 파나케이아는 아스클레피오스의 딸로 알려져 있습니다.

아스클레피오스 조각상

아테네 국립고고학 박물관, 그리스 아테네. 에피다우로스에 소재한 아스클레피오스 신전에서 출토된 조각상으로 아스클레피오스가 뱀이 휘감겨 있는 지팡이에 기대 서 있습니다. 이 조각상은 기원전 4세기의 원본을 서기 160년경에 복제한 것으로 알려져 있습니다.

웁니다.

  이후 아스클레피오스는 놀라우리만큼 뛰어난 의술로 명성이 자자해졌습니다. 제우스의 번개를 맞아 죽은 미노스Minos 왕의 아들 글라우코스Glaucus 도 살려낼 정도였지요. 글라우코스를 살려내려던 아스클레피오스는 뱀이 기어 오자 지팡이를 휘둘러 죽였는데, 잠시 후 다른 뱀이 입에 풀을 물고 와서 죽은 뱀의 입에 물려주자 뱀이 다시 살아났습니다. 이를 본 아스클레피오스는 그 풀을 이용하여 글라우코스를 살려냈습니

다. 이 전설에 힘입어 뱀 한 마리가 휘감긴 아스클레피오스의 지팡이가 의학의 상징이 되었습니다.[17]

참고로 두 마리 뱀이 코일처럼 서로를 감은 헤르메스의 지팡이 카두세우스Caduces도 의학의 상징으로 여겨지지만, 이는 잘못 알려진 것으로 19세기 초 런던에서 의학 서적을 출판하던 존 처칠John Churchill[*]의 오해에서 비롯된 해프닝입니다.[18] 허물을 벗으면서 자라는 뱀은 흔히 재생과 불멸을 상징했기 때문에 여러 고대 문명에서 뱀을 숭배하는 문화[**]가 발견된다는 점은 그다지 이상하지 않습니다.[19] 기원전 1,100년경까지 번성한 고대 그리스의 미노스 문명에서도 마찬가지로 치유와 풍요의 상징으로 뱀을 숭배했습니다.

아스클레피오스만큼이나 탁월한 치유 능력을 지닌 그리스 신화의 멜람푸스Melampus는 아르고스의 여인들이 디오니소스에 의해 광기에 사로잡혔을 때 병을 낫도록 해준 것으로 유명합니다.[20] 멜람푸스도 뱀과 관련한 이야기가 전해집니다. 멜람푸스가 하인에게 뱀을 죽이지 말라고 한 대가 혹은 수레에 깔려 죽은 어미 뱀의 새끼를 길러준 대가로 뱀이

---

[*] 르네상스 시대에도 간혹 카두세우스를 의학의 상징으로 혼동하곤 했지만, 근현대로 넘어가던 시기에 큰 해프닝이 벌어졌습니다. 존 처칠이 외과의사 로버트 리스턴Robert Liston의 책 《실용외과Practical Surgery》를 출판하면서 카두세우스를 의학의 상징으로 잘못 사용한 것이지요. 이후 미국 출판사들이 먼저 이를 따라 하기 시작했고, 미국 의무부대US Army Medical Corps와 미국 공공보건국US Public Health Service 등이 공식 상징으로 채택하면서 오용이 확산되었습니다. 우리나라 대한의사협회도 1947년부터 카두세우스를 휘장으로 사용하다가, 2013년 아스클레피오스의 지팡이로 교체했습니다.

[**] 뱀의 상징은 양면성을 띠는데, 치유·번영·회춘·구원·영원의 상징임과 동시에 파괴·혐오·증오·공포의 상징이기도 합니다. 성경에서도 창세기에 나오는 에덴의 뱀은 인간에게 원죄를 덧씌운 사탄으로 그려지는데, 민수기에서는 파괴와 구원의 뱀이 동시에 등장합니다.

국제보건기구의 로고

국제보건기구뿐만 아니라 상당수의 의사 단체 로고에서 아스클레피오스의 지팡이를 볼 수 있습니다. 대한의사협회의 로고도 아스클레피오스의 지팡이를 모티브로 활용했습니다.

멜람푸스에게 동물의 말을 이해하는 능력을 주었다고 합니다.

고대에 의학의 상징으로 사용된 아스클레피오스의 뱀 지팡이는 중세 시대에 엄격한 종교적 교리에 따라 사용이 중단되었다가 종교개혁 이후 지금까지 의학의 상징으로 사용되고 있습니다. 국제보건기구World Health Organization; WHO (이하 WHO)의 로고에서도 아스클레피오스의 지팡이를 찾아볼 수 있습니다. 의술의 신 아스클레피오스는 죽지도 사라지지도 않고 아직까지 우리 곁에 머물고 있습니다.

신전에서 치료받는 것의 의미

인간의 불경과 오만에 따른 신의 징벌이 질병의 원인이라는 이야기가 만들어지자 질병에 대응하거나 예방하는 다양한 이야기가 꼬리를 물고 이어졌습니다. 영혼과 소통하거나 신의 뜻을 받들고 모시는 계층이 등장했고, 특별한 장소에서 특별한 의식을 거행하여 신의 노여움을 누그러뜨리거나 의술의 신에게 도움을 받으려는 숭배 문화가 생겨났습니다.

1,000만 관객을 돌파한 영화 〈파묘〉는 어린 자식이 원인 모를 병에 시달리자 무속의 힘을 빌리는 이야기로 시작합니다. 특히 김고은 배우가 신들린 연기를 보인 굿 장면이 큰 화제를 모았고 무속 신앙이 새롭게 주목받았습니다. 오래전부터 무당은 신당에서 신을 섬겼고 무속 의례인 굿을 집전했습니다. 청동방울 같은 제의용 도구가 청동기 시대의 유물로 발굴되었다는 점에서 고조선 시대에도 이미 무속 신앙이 자리 잡았으리라고 추정됩니다. 특히 병을 고치는 치병 治病 은 삼국 시대부터 무속의 주요 기능이었던 듯합니다. 민간요법으로 잘 고쳐지지 않는 병이나 대규모 전염병일수록 더욱 무속 의례에 의존했겠지요.

의술의 신으로 가장 유명한 아스클레피오스를 섬기고 의지하는 문화는 어땠을까요? 아폴론에 이어 아스클레피오스를 의술의 신으로 숭배하는 문화가 발전하자 '아스클레페이온 Asclepieion'이라 불린 신전이 세워졌고 이 신을 섬기는 사제가 자연스럽게 의사의 역할을 맡았습니다. 또한 아스클레페이온은 일종의 병원이자 의사를 양성하는 학교 역할을 담당했습니다. 신화적·종교적 의학이 구체적 모습으로 나타난 것이지요. 아스클레페이온은 코스, 페르가몬, 아테네, 에피다우로스, 코린트 등에 세워졌고 로마 통치 시기에는 300여 개 이상으로 늘어났습니다.

페르가몬은 코스, 에피다우로스와 함께 아스클레피오스 숭배의 중심지로 유명했는데, 2세기 고대 서양의학을 집대성한 의사 클라우디우스 갈레노스 Claudius Galenos 가 태어난 곳으로도 잘 알려져 있습니다. 갈레노스는 아버지 아엘리우스 니콘 Aelius Nicon 의 꿈에 아스클레피오스가 나타

아스클레피오스의 꿈

세바스티아노 리치, 1710년경, 아카데미아 미술관, 이탈리아 베네치아. 리치는 환자의 꿈속에 등장한 아스클레피오스가 질병을 치유하기 위해 누워 있는 환자에게 다가가는 순간을 묘사했습니다.

나서 의사가 되기를 권유했다고 전해집니다. 아스클레피오스에 대한 당대의 인식과 그가 서양의학에 미친 영향력을 잘 보여주는 이야기라 할 수 있습니다.

아스클레페이온에 도착한 환자는 신전에 들어가기 전에 먼저 정화 의식을 거쳤습니다. 아스클레페이온 입구에는 "오직 순수한 영혼만이 이곳에 들어갈 수 있다"라는 문구가 적혀 있었다고 합니다. 순수한 영혼이란 성스러운 생각의 중요성을 강조하려는 목적이었겠지요. 환자는 사제의 지도에 따라 적절한 운동과 목욕을 하고 식이를 조절하면서 약용 식

아스클레페이온을 찾은 아픈 아이

존 윌리엄 워터하우스, 1887년, 개인 소장. 워터하우스의 그림은 신전에서 이루어지는 치료의 한 장면을 보여줍니다. 의자에 앉은 엄마에게 기댄 아픈 아이가 월계수 가지를 든 손을 내밀고 있습니다. 오른편에 선 사제는 잔을 들어 아이에게 약을 먹이려는 듯합니다.

물을 섭취했습니다. 건강 회복을 기도한 후 잠을 청하면 아스클레피오스가 꿈속에 나타나 치료법을 알려주었다고 합니다.[21]

약용 식물은 비록 체계적 실험의 결과가 아니라 미심쩍은 경험과 편향에 따라 사용되었지만, 이는 경험에 바탕을 둔 과학적 치료의 개념이 싹트고 있음을 보여줍니다. 흥미롭게도 최근 연구에서 야생 오랑우탄이나 침팬지가 식물을 으깨어 상처에 바르거나 섭취하는 행동을 한다는 사실이 밝혀졌습니다. 유인원의 상상력이나 인지 능력을 고려할 때, 이들의 행위는 주술적 신념에서 비롯한 것이 아니라, 경험을 통해 치료 효

과가 있는 식물을 인식하고 활용한 결과일 가능성이 큽니다.[22]

 아스클레페이온은 다른 신전과 달리 도심이 아니라 풍경이 좋고 공기가 맑은 교외에 세워졌습니다. 신전 체험을 간절히 원했던 환자나 심인성心因性 질환을 앓는 환자라면 플라세보 효과로 상당한 치유 효과를 보았을 것입니다. 무엇보다 아주 위중한 환자라면 아스클레페이온까지 도저히 갈 수 없었을 테니, 신전을 찾아서 몸이 치유되거나 회복되었다는 믿음은 어느 정도 편향이 개입된 결과라 할 수 있습니다. 어쨌거나 아스클레페이온은 환경과 운명을 능동적으로 지배하고자 한 인간의 욕망을 잘 드러내 보입니다.

치유의 기적,
수호성인의 등장

성경에는 예수와 그 제자가 행한 여러 기적적인 치유 능력이 잘 나타나 있습니다. 신학적 논쟁이나 지적 설득만으로는 신자의 수를 늘리는 데 한계가 있었기 때문일 테지요. 동시에 질병을 치유하고픈 대중의 마음이 그만큼 간절했다는 뜻이기도 합니다. 달리 보면, 일반 대중에게 기독교를 확산하는 데 아스클레피오스의 의술이 가장 큰 장애물이었을 것임을 일러줍니다. 라틴 신학의 아버지 테르툴리아누스Tertullianus 는 아스클레피오스를 '세계를 위협하는 야수'로 표현하기도 했습니다.

 질병 치유의 약속은 기독교가 대중적 지지를 얻고 확산하는 데 아주 중요한 역할을 했습니다. 그중에서도 치유의 기적은 신성한 마법 가운데서도 가장 매혹적인 형태로 여겨졌습니다. 3세기 이후 기독교 문화가 확산하면서 아스클레피오스 숭배 문화는 점차 기독교 신화를 구성하는 수호성인의 숭배 문화로 치환되었습니다. 나아가 치유의 개념도 확장되어 단순히 질병을 회복하는 데서 그치지 않고, 기독교에 헌신하는 삶으로 이어지는 것을 완전한 치유로 여겼습니다.

수호성인에 관한 이야기는 1260년경 야코부스 데 보라지네 Jacobus de Voragine 가 쓴 《황금전설 Legenda Aurea》에서도 많이 등장합니다. 야코부스는 도미니크회 수도사 출신으로 훗날 제네바의 대주교 자리까지 올랐는데, 오랫동안 전해지던 기독교 성인들의 삶·신앙·기적과 관련한 이야기를 수집하여 《황금전설》을 펴냈습니다. 이 시기 '전설 legenda'이라는 단어는 반드시 읽혀야 하는 소중한 읽을거리를 의미했습니다. 이 책은 엄청난 성공을 거두어 중세 시대에 성경 다음으로 많이 읽히고 막대한 영향을 끼쳤습니다.[23]

질병 치유와 관련된 많은 수호성인 중 《황금전설》에 등장하는 몇 분만 소개하면* 다음과 같습니다.[24] 먼저 성 세바스티아누스 Saint Sebastianus 는 코로나19로 인해 큰 주목을 받은 전염병의 수호성인입니다.[25] 3세기 말

---

* 본문에는 언급하지 않았지만, 3세기경 인물인 성 안토니우스 Saint Antonius 는 지독한 피부병에 걸렸을 때 도움을 청하는 수호성인입니다. 중세 시대에는 불에 타는 듯한 고통을 겪는 맥각중독 ergotism 을 '성 안토니우스의 불'이라고 불렀습니다. 성 안토니우스는 모든 재산을 가난한 이웃에게 나눠주고 줄곧 은둔하며 고행과 기도로 사는 수도자, 즉 은수자 隱修者 의 삶을 살았습니다. 오랫동안 사악한 마귀가 나타나서 유혹하거나 온몸을 처참하게 고문했지만, 성 안토니우스는 극도의 고통을 모두 이겨냈고 명성이 널리 퍼졌습니다.

장님을 치유하는 예수
엘 그레코, 1577년경, 메트로폴리탄 미술관, 미국 뉴욕. 신자들을 향한 질병 치유의 약속은 기독교 확산에 아주 중요한 역할을 했습니다. 성경에는 예수뿐만 아니라 그 제자들이 지닌 여러 기적적인 치유 능력이 잘 나타납니다.

세바스티아누스는 근위대 대장으로 황제를 수행했습니다. 하지만 그가 기독교인이라는 사실이 밝혀지자 디오클레티아누스Diocletianus 황제는 그를 기둥에 묶고 군사들에게 수많은 화살을 쏘도록 했습니다. 하지만 세바스티아누스는 기적적으로 살아났고 며칠 뒤 황제 앞에 나아가 기독교를 박해하는 일을 단호히 꾸짖었습니다. 이에 황제는 세바스티아누스가 죽을 때까지 곤장을 치고 시신을 하수구에 던지도록 했습니다.

앞서 언급한 《일리아드》 이야기를 다시 한번 떠올려 볼까요? 아가멤논에게 분노한 아폴론이 그리스 연합군 진영에 역병의 화살을 퍼부었다

성 세바스티아누스

안드레아 만테냐, 1480년경, 루브르 박물관, 프랑스 파리. 성 세바스티아누스는 기둥에 묶인 채 수많은 화살을 맞았지만, 기적적으로 살아나면서 흑사병을 물리치는 수호성인으로 중세 이후 큰 각광을 받았습니다.

고 했지요. 역병과 화살 사이의 상징적 연관성은 수많은 화살을 맞고도 죽지 않고 살아남은 세바스티아누스를 흑사병을 물리치는 수호성인으로 여기도록 하기에 충분했습니다. 르네상스 이후 세바스티아누스는 오랫동안 회화의 단골 주제였습니다.

성 로쿠스Saint Rochus 는 성 세바스티아누스 외에 흑사병을 막아주는 또 다른 수호성인으로 15세기에 인기를 얻었습니다. 수호성인이 여럿이었다는 점은 그만큼 흑사병을 향한 두려움이 컸음을 말해줍니다. 로쿠스는 환자를 치료하다 감염되었지만 죽지 않고 계속 환자를 돌본 이야기가 퍼지면서 수호성인으로 부상했습니다.[26]

의학의 수호성인으로 성 코스마스Saint Cosmas 와 성 다미안Saint Damian 도 빼놓을 수 없습니다.[27] 《황금전설》에 따르면 이 둘은 쌍둥이 형제로 의술을 배운 후 아무런 보상 없이 무료로 의술을 실천했기에 돈이 없다는 뜻의 그리스어 '아나그로이anargyroi'라는 별칭을 얻었습니다. 두 쌍둥이 성인은 성 세바스티아누스와 마찬가지로 기독교를 박해한 디오클레티아누스 황제에게 참수당하고 말았지만, 환자가 잠든 사이 나타나 병을 낫게 해준다는 믿음이 확산하면서 의학의 수호성인으로 추앙받았습니다.[28]

《황금전설》에 나오는 '검은 다리의 기적' 이야기로 인해 성 코스마스와 성 다미안은 외과의사의 수호성인으로도 알려졌습니다. 암으로 다리가 썩어가는 성당 관리인이 잠이 들자, 두 성인이 약과 수술 도구를 가지고 나타나서 아픈 다리를 잘라내고 묘지에 묻힌 지 얼마 안 된 무어인의 검은 다리를 떼어 와서 교체해주었다는 이야기입니다. 두 성인의 다리 이식 이야기가 널리 확산되자 중세 시대 이후 외과의사들은 외과 수술의 사회적 인식을 높이고자 두 성인을 자신들 길드(조합)의 상징으로 활용하기도 했습니다.

《황금전설》에 수록된 성 발렌티누스Saint Valentinus 의 전설 가운데 그가 오랫동안 앞을 보지 못한 로마 총독 딸의 시력을 회복해주었다는 이야기가 있습니다.[29] 하지만 오늘날 발렌티누스는 치유 능력보다 밸런타

신의 노여움으로서의 질병   53

인데이의 유래로 더 널리 유명하지요. 밸런타인데이는 발렌티누스가 순교한 2월 14일을 기념하는 데서 비롯했습니다. 전승에 따르면, 발렌티누스는 전쟁터에 나가는 병사의 결혼을 금지한 황제 클라우디우스 2세 Claudius II 의 명령을 어기고 병사의 결혼식을 치러주었습니다. 그러니 사랑의 열병을 치유한 수호성인으로도 볼 수 있겠지요. 중세 이후 발렌티누스는 뇌전증 epilepsy 의 수호성인으로도 여겨졌는데, 독일말로 그의 이름이 '쓰러지지 않는다'는 뜻의 'fall nicht hin'과 발음과 비슷하다는 점에서 비롯한 것으로 보입니다.[30] 이는 뇌전증 발작을 방지하고자 하는 신앙적 염원이 그의 이름과 민속적으로 결합한 사례로 볼 수 있습니다.

미신적 치료에는
어떤 효험이 있었을까?

질병의 원인을 신의 노여움으로 이해하고 질병의 치료 역시 신에게 의존하는 문화가 정착했다고 해서 과학적 사고와 인식이 아예 없지는 않았습니다. 이를테면 기원전 1,600년경 고대 이집트에서 작성된 《에드윈 스미스 파피루스》는 머리, 얼굴, 목, 팔, 가슴, 어깨, 척추에 생긴 48건의 외상을 설명하고 검사, 진단, 처방 및 예후 등의 문제를 다룹니다.[31] 20번째 사례를 간략히 보면, 관자놀이 뼈에 천공이 발생한 경우 두 눈이 충혈되었는지, 양쪽 콧구멍에 출혈이 있는지 등을 검사해야 하며, 이런 증상들이 나타난다면 치료할 수 없는 병이라고 말해야 한다고 적혀 있습니다. 또한 환자가 말을 하지 못하면 기름으로 머리를 부드럽게 하고 양쪽 귀에 우유를 부어 안도감을 주라고 기록되어 있습니다.[32] 비록 방법이 아주 미흡하고 어설프게 보일 수 있지만, 당시에도 체계적인 관찰과 진단, 치료를 시도했음을 짐작할 수 있습니다.* 이러한 기록은 당시 전쟁이나 공사 노역으로 인한 외상이 얼마나 잦았는지를 짐작하게도 합니다.

이 문서의 놀라운 점은 모든 사례를 검사, 진단, 처방, 예후와 같이 구조화하여 기록했다는 것입니다. 환자를 세 부류, 즉 치료할 수 있는 상태, 치료 가능성이 불확실한 상태, 치료가 불가능한 상태로 나눈다는 점도 놀랍습니다. 고대 이집트 의사들이 많은 경험을 바탕으로 환자의 외상 정도와 치료에 따른 경과 및 예후의 상관관계를 상당 부분 체득했다는 의미이기 때문입니다. 이는 합리적 관점의 의학 체계 태동과 함께 지식의 분류에 관한 인식 역시 싹텄음을 드러냅니다.

아이스맨 외치Ötzi 도 의학의 발전 양상을 짐작하게 해줍니다. 외치는 오스트리아와 이탈리아의 국경을 이루는 외츠탈알프스 산맥에서 발견된 5,300년 정도 된 냉동 미라입니다. 흥미롭게도 외치의 하의에서 가죽끈에 묶인 자작나무버섯Fomitopsis betulina 이 발견되었습니다. 작용 기전에 관한 연구는 아직 미비하지만, 자작나무버섯에는 항생 작용과 출혈 억제 효과뿐만 아니라 진통 효과를 보이는 성분이 함유된 것으로 알려져 있습니다.[33] 짐작건대 우연한 기회에 약효를 경험했고 그런 경험이 반복되고 축적된 결과 자작나무버섯을 상비약처럼 활용했을 것입니다.

사실 경험과 추론으로 현상을 쉽게 설명하고 문제를 해결할 수 있다

---

* 《에버스 파피루스Ebers Papyrus》를 보면 비교적 상세한 관찰 내용이 적혀 있습니다. 이를테면 "심장에서 시작된 혈관이 몸의 각 부위에 분포하고 있다"거나 "사람이 흥분해서 심장이 자극을 받으면 혈액이 장과 간까지 빠르게 이동한다"라고 기록되어 있습니다.

면 주술이나 종교는 우리에게 큰 필요가 없을 것입니다. 하지만 만약 그렇지 않다면, 즉 설명하거나 해결하기 어려운 상황이 발생한다면 우리는 주술이나 종교를 동원하여 공백을 채우려 하겠지요. 이는 인간의 스토리텔링 능력과 무관하지 않은 듯합니다. 흐름이 끊기거나 이어지지 않는 것을 좀처럼 참기 힘들어하는 인간은 이해할 수 없는 부분을 메울 주술적·종교적 해석을 찾아 나섭니다.

과거의 과학적 인식, 현대의 주술적 치료

신화적 혹은 종교적 관점에서 질병을 이해하는 방식이 고대 사회에서만 나타난 것은 아닙니다. 600년경 기독교 참회서 penitential 를 보면 "만일 어떤 여자가 열병을 고치기 위해 딸을 지붕 위에 올려놓거나 화덕 속에 넣으면 그 여자는 7년간 고행을 하게 한다"*라고 이교도적 관행을 배척하는 규정이 기록되어 있습니다. 당시에 주술적 믿음이 여전히 팽배했기 때문이겠지요.[34] 중세 후기와 르네상스 시대에는 역병을 하느님의 진노로 생각했고, 역병이 돌면 진노를 달랠 목적으로 교회를 지어서 하느님께 봉헌하기도 했습니다.

---

* 　화덕은 동굴과 함께 자궁을 뜻하기 때문에 아이를 화덕 속에 넣었다가 다시 빼는 것은 재생을 상징했습니다.

같은 시기 뇌전증 발작은 악령이나 사탄에 사로잡힌 증거였고 뇌전증 환자는 마녀사냥에 몰려 무차별적으로 처형되었습니다.* 도미니크 수도회 수사인 하인리히 크라머 Henrich Kramer 와 야콥 슈프랭거 Jacob Sprenger 가 1487년 출판한 마녀사냥 안내서 《마녀의 망치 Malleus Maleficarum 》에 따르면 경련 발작은 마녀의 징표였습니다.[35] 그렇다면 오늘날 신화적 혹은 종교적 질병관은 완전히 사라졌을까요?

최첨단 과학으로 질병의 비밀을 파헤치고 있지만, 오늘날 엄격한 도덕주의자들은 후천성면역결핍증후군 Acquired Immune Deficiency Syndrome; AIDS (이하 에이즈)을 부도덕한 동성애자를 향한 신의 심판이라고 말합니다. 인간의 오만이나 불경 때문에 병에 걸렸다는 생각은 여전히 우리 주위 곳곳에서 찾아볼 수 있고, 누군가는 근거 없는 비과학적 치료술에 의존하기도 합니다. 비합리적이고 원시적인 방식으로 세계를 이해하는 모습이 우리 마음속에 여전히 남아 있는 것이지요. 심한 고통을 수반하거나 장기간 고통스러울 때, 혹은 치료가 힘든 병일수록 더욱 그럴 겁니다.

관점은 생각과 행동의 방향을 결정하고 지배합니다. 질병이 신의 벌이라는 관점에서 치료는 오만과 불경을 뉘우치고 신에게 기도와 제사로 참회와 용서를 구하는 형태로 나타납니다. 이런 상황에서 지배 계층은 신과의 관계를 독점하여 권력을 강화했습니다. 만약 병이 낫지 않으면

---

* 흥미롭게도 고대 그리스에서는 뇌전증을 '신성한 병'으로 여기며, 인간에게 신이 깃들었다는 비범함의 징표로 해석하기도 했습니다. 그러나 히포크라테스는 이러한 초자연적 질병관을 거부하고, 뇌전증 역시 자연적 원인에 따라 발생하는 질병으로 설명했습니다. '자연적 원인'이 무엇인지에 관해서는 2장에서 자세하게 다룹니다.

신을 향한 마음이 간절하지 않다거나 신의 노여움을 풀기에 아직 부족하다는 식으로 치부해버리면 되었지요. 신의 노여움을 푸는 방법이 아닌 치료법은 배제되었고, 질병을 합리적으로 이해하려는 시도 역시 억제될 수밖에 없었습니다.

미신적이거나 비과학적인 방식으로 질병을 치료하려 드는 일은 매우 위험합니다. 그렇다면 과학이 발전하면서 질병의 이해가 깊어지고 치료법이 개발되었음에도 왜 신화적·종교적 질병관은 사라지지 않는 것일까요? 그 이유 중 하나는 과학이 여전히 질병을 완벽하게 설명하고 해결하지 못한다는 한계 때문입니다. 과학이 질병에 제대로 대응하지 못하는 불완전한 상황에서는 많은 사람이 종교적 믿음에 의존하여 불확실성에서 오는 두려움을 해소하고 심리적 위안을 얻으려 하겠지요.

과학이 발전하더라도 개인이 과학적 세계관을 내면화하기란 상당한 인지적 노력이 필요한 어려운 과정입니다. 대부분의 과학 지식은 직관적으로 받아들이기 어렵고, 질병의 의미를 설명하지도 않습니다. 과학적 사고방식을 습득하고 체화하려면 지속적인 학습과 훈련이 필수입니다. 더욱이 과학적 설명은 객관적 사실만 제공할 뿐, 개인의 주관적 고통이나 불안을 해소해주지는 못합니다. 이러한 이유로 신화적 혹은 종교적 질병관은 과학의 발전 속에서도 여전히 인간 사회에서 중요한 역할을 지속합니다. 따라서 질병에 대한 과학적 접근 못지않게 환자의 고통과 아픔에 공감하는 정서적 접근이 굉장히 중요해 보입니다.

2.

자연적
원인에 따른
질병

체액설은 어떻게 건강과
세계를 설명해내었나?

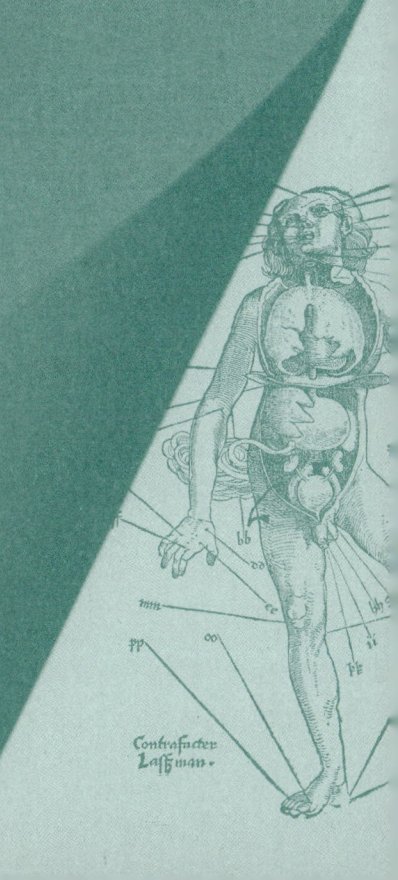

"최고의 의사는 철학자이기도 하다."

클라우디우스 갈레노스

지식은 언제부터 축적되어
자연과학을 탄생시켰나?

　의학 지식은 언제, 어떤 모습으로 처음 기록되었을까요? 가장 오래된 의학 문헌은 기원전 2,600년경 수메르인이 제작한 점토판 문서로, 약용 식물의 처방을 담고 있습니다.[1] 기원전 1,750년경 바빌로니아의 전성기를 이끈 함무라비 Hammurabi 가 만든 법전에는 의사가 져야 할 책임과 과실에 따른 처벌 규정이 기록되어 있습니다.[2] 이를테면 귀족을 치료하다가 죽음에 이르게 하거나 백내장을 치료하다가 시력을 잃게 했을 경우 의사의 두 손을 자른다는 내용입니다.[3] 물론 치료 행위에 따라 의사가 받아야 할 보수도 적혀 있습니다.[4]
　고대 이집트에서는 파피루스로 만든 매체에 의학 지식을 기록했습니다. 앞서 언급한 기원전 1,600년경에 작성된 《에드윈 스미스 파피루스》를 포함하여 기원전 1,900~1,200년경에 제작된 카훈 Kahun, 에버스, 허스트Hearst, 에르만Erman, 런던London, 베를린Berlin, 체스터 비티Chester Beatty 파피루스에서 의학 기록을 찾아볼 수 있습니다.[5]

문자의 발명,
세계를 해석하는 방식을 뒤흔들다

신석기 시대 들어 수렵채집 사회에서 농경정착 사회로 전환하면서 삶의 양식에 큰 변화가 일어났습니다. 식량 생산에 여유가 생기자 재산 소유 개념과 계급이 뚜렷해졌고 도시와 국가의 탄생이 촉진되었습니다. 1923년 언어학자이자 고고학자 비어 고든 차일드Vere Gordon Childe 는 농경과 목축으로 인류 생활과 문화에 중대한 도약이 일어난 사건을 '신석기 혁명Neolithic revolution'이라고 불렀습니다.

어떤 식물을 어떻게 길들여야 작물로 재배할 수 있을까요? 어떤 동물을 어떻게 길들여야 가축으로 사육할 수 있을까요? 신석기 인류는 이 질문에 해답을 찾으면서 혁명의 주인공이 되었습니다. 인류가 크고 복잡한 뇌를 가지지 못했다면 신석기 혁명은 불가능했을 것입니다. 특히 인지 능력과 탁월한 스토리텔링 능력으로 우연한 발견에 호기심과 상상력을 더했고, 경험을 체계화하면서 자연을 통제하는 힘을 확보했습니다. 음성 언어로 의사소통하는 뛰어난 능력이 농경·목축에 필요한 사회적 협력을 가능케 했다는 점 역시 빼놓을 수 없습니다.

그럼에도 신석기 시대 인류에게 지식 축적은 쉽지 않은 숙제였을 겁니다. 몇 가지 질문만 던져도 얼마나 어려웠을지 금방 짐작할 수 있습니다. 대부분의 지식이 입에서 입으로만 전해진다면 전승되는 지식의 양에 분명 한계가 있지 않을까요? 기억력이 아무리 좋다고 해도 입으로만 전승되는 지식이 얼마나 정확할까요? 지식이 쌓이고 퍼져나가려면 시간과 공간의 제약에서 벗어나야 하는데, 인류는 과연 어떤 노력으로 이를 극복하고자 했을까요? 하나는 확실히 답변할 수 있습니다. 지식이 기록되지 않았다면, 또 널리 공유되지 못했다면 오늘날과 같은 발전을 이룩할 수 없었으리라는 것입니다.[6]

인류는 후기 구석기 시대부터 지식을 기록했습니다. 당시 지식은 주술적이거나 마법적인 성격을 띠었겠지만, 기록의 시작을 보여주는 대표적인 형태는 동굴벽화입니다. 동굴벽화는 동물 같은 대상의 특징을 포착하고 추출해서 시각적으로 표현한 것으로 세계를 상징적으로 재구성하는 방법을 터득했음을 보여줍니다. 또한 동굴벽화는 탁월한 관찰력과 상상력이 결부된 거대한 문화적 진보라고 할 수 있습니다. 벽화를 남긴 정확한 동기는 알기 어렵지만, 주어진 환경을 이해하고 조작하고자 한 당대 인류의 욕망과 미래를 향한 염원에서 비롯한 것으로 보입니다.

본격적으로 지식이 기록되기 시작한 것은 인류 역사에서 가장 위대한 발명으로 꼽히는 쓰기의 역사와 맞물립니다.[7] 쓰기는 머릿속 생각을 상징기호로 옮기는 작업으로 음성 언어에 대응하는 상징기호의 발명이 필요합니다. 찰나에 불과한 말하기와 달리 쓰기는 지식을 공간적으로 배치하고 오랜 기간 보존하도록 해주었습니다.

기원전 3,000년경이 되자 상징기호는 사회적 약속과 공유를 거치면서 계몽주의 철학자 볼테르Voltaire가 '목소리의 그림'이라고 부른 '문자'로 발전했습니다. 4대 문명의 발상지는 모두 도시국가의 틀 속에서 인구가 늘어나고, 생산경제와 무역이 발달하면서 기록을 향한 수요가 남달랐으리라는 점을 충분히 짐작할 수 있습니다. 최초의 문자로는 메소포타미아 문명의 쐐기 문자, 이집트 문명의 상형 문자, 인더스 문명의 그림 문자, 황하 문명의 갑골 문자를 들 수 있는데, 사물의 모양을 본뜬 문자라는 공통점이 있습니다. 문자의 탄생과 발달은 야만적 사회가 문명화된 사회로 이행하는 데 아주 큰 힘을 불어넣었습니다.

하지만 지식의 확산과 전승이 원활하게 일어나려면 문자 발명 외에도 문자를 기록할 매체의 발명 역시 매우 중요했습니다. 기원전 3,000년경 메소포타미아에서는 내구성이 좋고 들고 다닐 수 있는 점토판에 문자를 기록했습니다. 점토판 문서가 늘어나면서 문서의 보관과 조직화가 필요해졌겠지요. 따라서 최초의 도서관은 기원전 3,000년경까지 거슬러 올라갑니다.[8] 그뿐만 아니라 문자를 배우는 학교와 지식을 다루는 전문직이 생겨나는 등 문화 대전환이 일어났고, 이러한 지식 기반의 활동과 문화가 도시 문명을 지탱하는 핵심적인 역할을 맡았습니다. 앞에서 잠깐 소개한 약용 식물 처방이 기록된 수메르인의 점토판도 비슷한 시기에 만들어진 것입니다.

고대 이집트에서는 기원전 2,600년경부터 나일강의 삼각주 지역에서 많이 자라는 파피루스의 줄기를 벗겨내고 납작하게 두드린 다음 두 장을 덧대어서 문자를 기록했습니다. 파피루스를 나타내는 'papyrus'는 종이를 뜻하는 'paper'의 어원으로도 알려져 있습니다. 파피루스는 두루마

점토판 문서
기원전 2,600년경, 루브르 박물관, 프랑스 파리. 수메르에서 쐐기 문자로 작성된 문서입니다. 나무틀을 이용하면 적당한 크기의 점토판을 어렵지 않게 제작할 수 있었고, 문자를 새긴 후 햇볕에 말리거나 불에 구우면 내구성이 높은 점토판 문서가 되었습니다.

리 형태로 만들 수 있었기에 점토판에 비해 문자 기록 양을 크게 늘릴 수 있었습니다.

고대 이집트에서는 지식의 기록뿐만 아니라 수집에도 열을 올렸습니다. 기원전 4세기경 알렉산드리아에 세워진 '비블리오테카bibliotheca'는 당시 서양 세계에서 가장 규모가 큰 도서관이었는데, 파피루스를 70만 권이나 보관했다고 전해집니다. 이렇듯 지식을 문자로 기록하기 시작하면서 세계의 변화를 관찰하고 자연을 길들이며 경험을 축적하는 일이 급속도로 발전했습니다. 이런 지적 흐름의 변화 속에서 신화적·종교적 관점으로 세계를 바라보고 이해하는 방식에 균열이 일어나기 시작했습니다.

에드윈 스미스 파피루스

기원전 1,600년경, 뉴욕 의학 아카데미, 미국. 고대 이집트에서 상형 문자로 작성된 문서입니다. 이집트학 학자 제임스 브레스티드는 생리학자 아르노 루크하르트의 의학적 조언에 힘입어서 파피루스에 적힌 상형 문자를 번역했고, 임호테프의 의학 체계가 기록된 것으로 추정했습니다.

히포크라테스와 "의학의 독립 선언"

히포크라테스가 마케도니아의 젊은 왕 페르디카스 2세 Perdiccas II 의 불치병을 치료한 일화는 환자에게 주목하고 증상을 관찰하는 일이 얼마나 중요한지 잘 보여줍니다.[9] 히포크라테스는 왕의 증상을 꼼꼼하게 기록했고 생활 환경을 파악하고자 긴 대화를 나눈 끝에 왕이 사원의 여제사장을 향한 상사병 때문에 쇠약해졌음을 알아차렸습니다. 히포크라테스와 페르디카스 2세의 일화는 제대로 진단을 내리고 병의 경과를 예측하려면 증상을 잘 기록하고 환자를 둘러싼 환경을 꼼꼼히 파악해야 한다고 강조합니다. 히포크라테스의 권유를 들은 왕은 제사장에게 사랑을 고백하고 결혼한 후 삶의 즐거움을 되찾았다고 합니다.

히포크라테스의 사례는 질병을 초자연적인 신의 뜻으로 해석하는 종교적 관점이 아니라, 환자의 증상을 면밀히 관찰하고 자연적 원인을 탐구하는 관점이 얼마나 중요한지를 잘 보여줍니다. 그렇다면 히포크라테스는 어떻게 당시의 전통적 시각에서 벗어나 질병을 새로운 관점에서 이해할 수 있었을까요?

기원전 6세기 고대 그리스에서는 도시가 번성했습니다. 이집트, 바빌로니아와 교역 및 문화적 교류가 활발해지면서 정신적 삶이 고무되고 일반 교양이 싹틀 만한 분위기가 조성되었지요. 부유한 경제 여건과 사회문화의 변화는 미지의 세계를 향한 관심과 열린 사고를 키우는 데 유리했고, 인간의 이성으로 세계를 바라보고 해석하는 철학적 사유 체계의 탄생을 이끌었습니다. 특히 만물을 이루는 영원불변의 근원적 요소인 아르케arche 나 세계가 움직이는 근본 법칙을 고민하는 사람들이 등장했습니다.

밀레토스 출신의 탈레스Thales 가 처음으로 만물의 근본 물질을 물이라고 주장한 이후 아낙시메네스Anaximenes 는 공기를, 헤라클레이토스Heraclitus 는 불을, 크세노파네스Xenophanes 는 흙을 만물의 근원으로 보았습니다. 절충주의자 엠페도클레스Empedocles 는 피타고라스Pythagoras 등의 사상을 바탕으로 네 가지 근본 물질 불, 물, 공기, 흙을 동등하게 배치하면서 '4원소설'을 정립했습니다. 이러한 물질 체계는 초자연적 관점에서 벗어나 자연의 구성요소를 파악하고, 서로 관련성이 없어 보이는 자연현상에서 보편 원리를 찾으려 한 변화의 흔적으로 볼 수 있습니다.

스토리텔링과 상상력은 신에게 기대지 않고 자연을 관찰하고 분석하는 데도 큰 힘을 발휘했습니다. 이를테면 피타고라스는 숫자를 자연의 언어라고 생각하고 증명과 논리적 관념을 발전시켰습니다. 논리적으로 자연을 설명하는 과정에서 생겨나는 지적 쾌감이 주요 동기로 작용했을 것입니다.

사실 수렵 시대의 인류에게도 추론은 생존과 번식에 아주 중요한 인지 능력이었습니다. 사냥에 성공하려면 축적된 사냥 경험에서 예측을 연역하거나 사냥감의 자취 같은 단서에서 귀납적 추론을 해야 하기 때문입니다.[10] 인류는 다분히 실험적 성향인 데다 추론 능력까지 갖추었기에 불을 발명하고 가축화와 작물화에 성공할 수 있었습니다.

자연현상을 해석하는 관점의 전환은 우리 몸을 이해하려는 지적 활동에도 큰 변화를 일으켰습니다. 동물을 생체해부 vivisection 하여 인간 신체의 구조적 특징을 유추하고 기능을 탐색하려 했던 것입니다.[11] 기원전 6세기경 철학자 알크메온 Alcmaeon 은 동물을 해부하는 실험적 접근으로 해부학 anatomy 과 생리학 physiology 의 기초를 세웠습니다. 과학적으로 접근하면서 그는 뇌가 마음의 자리라는 생각에 다다랐고, 동맥과 정맥이 서로 다르다는 사실도 알아냈습니다.[12] 알크메온의 저작은 전해진 것이 없지만 히포크라테스와 클라우디우스 갈레노스 같은 후대 의학자들에게 큰 영향을 주었다고 알려져 있습니다.[13]

이러한 지적 분위기 속에서 질병의 개념 역시 초자연적 관점에서 벗어나서 설명하려는 시도가 일어났습니다. 자연적 원인으로 질병이 생긴다는 관점의 등장은 의학 역사에서 가장 혁명적인 일이라고 해도 손색이 없습니다. 이러한 질병관의 대전환을 이끈 대표적인 의사가 바로 코스섬에서 태어난 히포크라테스입니다. 히포크라테스는 질병이 초자연적 존재나 신비한 힘에서 발생하는 것이 아니라 자연적 현상이라고 가르치면서 환자의 증상 관찰을 중요하게 여기는 쪽으로 의학 흐름을 돌렸습니다.[14] 인간 신체가 신에 의해 오염될 수 없다는 사실을 깨달은 것이지요. 의학자이자 역사학자인 에르빈 아커크네히트 Erwin Heinz Ackerknecht 는 이를 두고 "의학의 독립 선언"이라고 칭했습니다.[15]

히포크라테스에 관해 조금 더 살펴보자면, 그는 모든 사건이 자연법칙에 따라 일어난다고 주장한 원자론자 데모크리토스 Democritus 를 스승으로 받들면서 그의 건강을 돌봐주었다고 전해집니다.[16] 또한 히포크라테스는 그리스 사모스, 에페소스, 밀레토스와 이집트 멤피스를 돌면서 철학과 의술을 익힌 것으로 알려져 있습니다. 이집트가 고대 그리스 의학에 영향을 주었다는 사실은 호메로스의 《일리아드》나 《오디세이아》, 역사의 아버지 헤로도토스 Herodotus 의 《역사 Historiae 》에 이집트 의학 체계가 언급된다는 점으로 알 수 있지요. 따라서 자연적 질병관은 경험과 지식의 축적, 세속 학문의 등장, 활발한 경제적·문화적 교류에 개인의 지적 열정이 더해져서 등장했다고 할 수 있습니다.

플라톤의 《대화편》을 제외하면 히포크라테스에 관한 직접적인 기록은 많지 않지만, 그의 이름으로 전해지는 《히포크라테스 전집 Corpus Hippocraticum 》은 그가 일찍이 의학의 권위자로 자리 잡았음을 보여줍니다. 이 전집은 후대 학자들이 히포크라테스를 기리며 집필한 다양한 의학 문헌으로 구성되어 있으며, 그가 '의학의 아버지'로 불리는 이유를 설명해줍니다.[17] 신화적 질병관에서 벗어나 자연적 질병관에 바탕을 둔 합리적 의학이 출현하자 지식과 경험의 축적이 중요해졌고, 이에 따라 그리스 코스와 키레네, 시칠리아 크로톤 등지에서 사제가 아닌 전업 의사가 출현하여 환자를 돌보기 시작했습니다.

의술이 종교 의식에서 벗어나면서 그에 따른 직업 윤리 역시 정립되기 시작했습니다.[18] 히포크라테스가 《전염병에 관하여 Of the Epidemics》에서 언급한 "도움을 주거나 적어도 해를 끼치지 말라"라는 문구는 의학 윤리의 핵심 원칙인 '무해성'을 간결하게 드러냅니다. 이는 설령 적극적 치료가 어렵더라도 환자에게 해를 끼치지 않는 태도가 의료 행위의 기본임을 뜻하며 오늘날까지도 중요한 윤리적 기준으로 자리 잡고 있지요.

역사에 언급된 위대한 의사들이 히포크라테스에게 비견되었다는 사실을 보면 히포크라테스가 의학 역사에 얼마나 크나큰 영향력을 남겼는지가 느껴집니다. 히포크라테스가 그만큼 최고 수준에 도달한 이상적 의사의 상징이 된 것이지요. 이를테면 갈레노스는 제2의 히포크라테스로, 아울루스 코르넬리우스 켈수스 Aulus Cornelius Celsus 는 로마의 히포크라테스로, 이븐 시나 Ibn Sina 는 페르시아의 히포크라테스로, 토머스 시드넘 Thomas Sydenham 은 영국의 히포크라테스로, 르네 라에네크 René Laennec 는 프랑스의 히포크라테스로, 윌리엄 오슬러는 캐나다의 히포크라테스로 불렸습니다.

히포크라테스 학파가 환자의 증상 관찰을 중요하게 여겼다면, 같은 시기 그리스에는 질병 자체에 큰 관심을 기울인 크니도스 학파가 있었습니다

아스클레피오스 신전의 바닥 모자이크

2~3세기경, 코스 고고학 박물관, 그리스. 뱀 지팡이를 든 아스클레피오스를 가운데 두고 히포크라테스가 왼쪽에, 시민이 오른쪽에 있습니다. 아스클레피오스와 히포크라테스가 같이 있는 모습이 관점의 전환이 일어나는 중임을 암시하는 듯 보입니다.

다.[19] 이들은 오늘날 의학과 유사한 문제의식을 지니고 있었지만, 해부학이나 병리학 지식이 축적되지 못한 당시에는 시대를 너무 앞선 것이었기에 그들의 생각은 널리 인정받거나 수용되기 힘들었습니다. 기원전 3세기경 이집트 알렉산드리아에서도 인체 해부가 이루어지긴 했지만, 해부학이 하나의 온전한 학문으로 자리 잡을 만큼 오래 지속되지는 못했습니다. 또한 당시에는 지식 축적과 치료 방법의 진보 사이에 간극이 너무나 커서 지식 탐구의 필요성을 느끼기도 어려웠지요. 더 자세한 이야기는 해부학적 관점을 다루는 3장에서 소개할 예정입니다.

체액 불균형이 병을 일으킨다고
생각한 근거는 무엇인가?

인간의 스토리텔링 능력은 자연현상을 있는 그대로 관찰하는 것뿐만 아니라 가장 그럴듯한 설명을 도출하는 데 큰 힘을 발휘했습니다. 더군다나 학문 공동체의 활동은 생각을 교환하고 발전시키려는 지적 노력을 더욱 촉진했습니다. 히포크라테스 학파가 질병 발생과 증상 발현을 자연적 원인에서 찾았다면, 질병의 원인과 증상이 나타나는 이유는 어떻게 설명했을까요?

히포크라테스 학파는 고대 의학과 철학 전통의 영향을 받아서 체액의 균형과 불균형 이론을 체계화하고 발전시켰습니다. 그들은 우리 몸이 자연적 회복력으로 체액의 균형을 유지할 때 건강한 상태가 지탱된다고 믿었습니다. 만약 이 균형이 깨져서 특정 체액이 과도하거나 부족해지면 질병이 발생한다고 본 것이지요. 따라서 히포크라테스 의학에서 의사의 역할은 환자의 상태를 관찰해서 체액의 변화를 읽어내고, 자연 치유력을 지원하여 체액이 균형을 회복하도록 돕는 일이었습니다.

히포크라테스 학파는 엠페도클레스의 4원소설에 대응하여 네 가지 체액, 즉 혈액·점액·황담즙·흑담즙이 우리 몸을 구성하는 근원이라는 '4체액설'을 발전시켰습니다.[20] 이는 질병의 원인을 초자연적 요인이 아닌 자연적 불균형으로 설명하려는 시도였습니다. 4원소설과 4체액설 모두 숫자 4가 우주의 조화와 질서를 상징한다고 보았는데, 이는 대립과 균형의 개념으로 세계를 설명하고자 한 피타고라스학파에 이론적 기초를 둔 것입니다.

우리는 일제 강점기의 영향으로 죽음을 연상시키는 숫자 4를 불길하게 여기지만, 많은 문화권에서 4를 전혀 다른 의미로 받아들였습니다. 4는 흔히 세계의 조화와 질서를 상징했지요.[21] 동서남북의 네 방향, 춘하추동의 4계절, 주역에서 건곤감리乾坤坎離 의 4괘四卦 를 떠올리면 금방 이해가 될 겁니다. 이뿐만 아니라 유대교 신비주의 사상인 카발라는 세계를 아칠루스, 브리아, 예치라, 앗시아와 같이 네 구역으로 나누었습니다. 인도의 카스트 제도에서는 사람을 브라만, 크샤트리아, 바이샤, 수드라와 같이 네 계급으로 구분했지요. 불교에서는 4원소설과 유사하게 이 세계가 지수화풍地水火風 의 4대四大 로 이루어져 있다고 보았습니다. 조선 시대에는 풍수지리 사상에 근거하여 한양에 숭례문, 흥인지문, 숙정문, 돈의문의 4대문을 지었고요. 이 4대문을 둘러싼 낙산, 인왕산, 남산, 북악산은 내사산內四山 이라 불렸습니다.

세계와 인체는 연결되어 있다

히포크라테스 학파는 네 가지 원소와 네 가지 체액과 네 가지 특성 사이의 연관성을 인식하고, 이를 질병 이론의 바탕으로 삼았습니다. 이후 갈레노스가 이를 명확히 대응시켜 질병을 설명하는 이론적 틀을 마련했지요. 갈레노스는 흑담즙을 흙에, 황담즙을 불에, 점액을 물에, 혈액을 공기에 대응시켰습니다. 또한 뜨겁고 건조하고 차갑고 습한 네 가지 특성과도 결부시켜 흑담즙은 차갑고 건조한 특성, 황담즙은 뜨겁고 건조한 특성, 점액은 차갑고 습한 특성, 혈액은 뜨겁고 습한 특성을 보인다고 설명했습니다. 세계와 인체의 근본 구성요소와 원리를 치밀하게 결합하여 하나의 통일된 이론 체계를 만들어낸 것입니다.

체액 이론에 따르면, 체액이 불균형하면 인체의 특성이 변화하여 눈에 띄는 증상이 나타납니다. 따라서 체액 불균형에 따른 증상의 변화를 관찰하고, 병이 신체에 어떤 영향을 미쳤는지 증거를 찾는 일이 중요했지요. 그래서 히포크라테스 학파는 환자의 체온 변화, 피부색, 표정을 주의 깊게 진찰하여 질병의 징후를 찾아내고자 노력했습니다. 질병의 원인을 초자연적 존재보다 자연적 요인에서 찾으려 했으며, 눈으로 관찰 가능한 징후와 증상에 기반한 진단을 중요시한 것이지요.

히포크라테스 학파는 각 체액이 지닌 특성 때문에 체액의 균형이 계절의 변화와 깊이 얽혀 있다고 생각했습니다.[22] 겨울에는 점액이, 봄에는 혈액이, 여름에는 황담즙이, 가을에는 흑담즙이 우세하다고 생각했지요. 이는 계절에 따라 자주 걸리거나 유행하는 질병이 다르다는 일상적 경

4원소, 4체액, 4계절, 4기질의 연결

갈레노스는 4체액설을 더욱 발전시켜 흑담즙에서는 우울질이, 황담즙에서는 담즙질이, 점액에서는 점액질이, 혈액에서는 다혈질이 생기는 것으로 사람의 성격과 체질을 구분했습니다.

험과도 잘 부합했습니다. 또한 이상 기후가 나타나는 등 계절 자체가 비정상적 특성을 보이면 마찬가지로 체액도 변화한다고 주장할 수 있으므로, 가끔 찾아오는 전염병의 유행도 자연의 변동성과 결부 지을 수 있었습니다.

질병을 체액의 균형이 깨진 상태로 설명하는 체액병리학humoral pathology 이론 체계는 2세기 로마 시대의 위대한 의사 갈레노스에 의해 더욱 체계화되었습니다.* 갈레노스는 히포크라테스의 4체액설을 기반으로, 체

---

* 히포크라테스와 갈레노스는 모두 초자연적 설명을 배제하고 4체액설에 기반하여 질병을 체액 불

자연적 원인에 따른 질병 77

액의 성질과 기질temperament을 연관 지어 질병의 원인과 증상을 설명했습니다. 그는 플라톤의 철학, 아리스토텔레스의 논리학과 생물학, 히포크라테스의 의학 이론을 통합했습니다. 그리고 해부학적 관찰과 임상 경험을 바탕으로 합리적이고 일관성 있는 의학 이론을 발전시켰으며 방대한 분량의 저술을 남겼습니다. 이런 까닭에 갈레노스의 의학은 중세를 지나 르네상스 초기까지 지배적인 의학 체계로 자리 잡을 수 있었습니다. 그의 이론이 당시의 종교적 세계관과 조화를 이루었고, 실질적으로 어느 정도 유용했기 때문에 가능한 일이었지요. 특히 그의 방대한 의학 저술은 이슬람 학자들에 의해 보존되고 체계화되었고, 이후 중세 유럽 대학을 중심으로 널리 전파되었습니다.*

아리스토텔레스가 자연은 쓸모없는 것을 만들지 않는다고 했던 것처럼, 갈레노스는 인체의 각 기관이 특정 목적에 맞추어 설계되었다고 믿었습니다. 예를 들어, 그는 신체가 체액의 균형을 맞춰 건강을 유지한다는 목적에 따라 구성되었다고 보았습니다. 갈레노스의 이론에는 플라톤의 철학적·신적 설계 사상도 결합되어 있었습니다. 플라톤은 《티마이오스Timaeus》에서 신체와 우주는 신의 질서에 따라 창조된다는 관념을 펼

균형으로 설명했지만, 접근 방식에서는 차이를 보였습니다. 히포크라테스는 질병의 원인을 환경적 요인, 생활 습관, 자연 치유력에서 찾았으며, 임상 관찰로 질병을 분석하려 했습니다. 반면 갈레노스는 체액설을 계승하면서 이를 기질론, 플라톤의 신적 설계 사상, 아리스토텔레스의 목적론과 결합하였습니다. 그는 동물해부 연구로 이론을 정교화하고 신체 기관의 기능과 목적성을 강조했습니다.

* 중세 유럽에서 학문 발전이 정체된 동안 이슬람 세계는 그리스·로마의 고전 저작을 받아들여 번역하고 해석했으며, 주석과 체계화로 의학 지식을 발전시켰습니다. 이렇게 축적된 이슬람 의학 지식은 12세기경 라틴어로 번역되어 유럽에 전해졌고 중세 대학의 의학 교육에서 표준 교재로 자리 잡았습니다. 이로써 히포크라테스와 갈레노스의 의학은 서유럽 학문 전통 속에 뿌리내릴 수 있었습니다.

쳤는데, 갈레노스의 해부학적·생리학적 설명도 이에 영향을 받았지요. 이러한 목적론적 관점은 기독교의 창조론과 조화를 이루었으며, 갈레노스의 체액병리학이 중세를 거쳐 르네상스 후기까지 서양 의학을 지배할 수 있던 주요한 이유였습니다. 16세기 이후 해부병리학과 근대 과학 방법론의 등장으로 점차 대체되기까지 그의 이론은 약 1,500년 동안 의학의 표준으로 자리 잡았습니다.[23]

  질병을 뜻하는 영어 단어 'disease'에 체액의 균형이 깨진 상태를 질병으로 본 관점이 고스란히 전해집니다. 'disease'는 균형의 뜻을 담은 'ease'와 부정 접두어 'dis'가 합쳐진 단어입니다. 균형과 조화를 이루어야 편안함을 느끼고 유지할 수 있다는 관점이 엿보이지요. 히포크라테스 의학 체계에서는 체액의 흐름이 곧 생명이고, 체액은 신체의 각 부위를 연결할 뿐만 아니라 인체와 세계를 연결하기 때문에 체액의 질서와 균형을 갖추는 일이 건강 유지에 매우 중요합니다. 체액 사이의 균형, 또 체액과 세계의 균형을 되찾는 일이 의학의 핵심 사항이었지요. 이런 까닭에 4체액설은 점성술과도 쉽게 결합하고* 보편적 이론 체계로 발전할 수 있었습니다.[24]

  세계를 이해하는 관점과 방식은 생각과 행동의 방향과 범위를 결정합

---

*   중세와 르네상스 시대 유럽 의대에서는 점성술이 교육과정에 포함되기도 했으며, 의사들은 점성술 지식을 진단과 치료에 활용하기도 했습니다. 당시에는 인간의 몸이 우주와 조화를 이룬다고 믿었고, 특정 신체 부위가 각 행성의 영향을 받는다는 '멜로테시아 melothesia' 개념이 널리 퍼져 있었습니다. 예를 들어 태양은 심장, 달은 위, 수성은 손과 팔, 금성은 목과 신장, 화성은 근육과 생식기, 목성은 간과 폐를 지배한다고 여겼지요. 이처럼 당시 의학은 천체와 인간의 관계를 중시하던 우주론적 사고에 깊이 뿌리를 두고 있었습니다.

니다. 자연적 질병관은 의사로 하여금 신이나 악령이 아니라 환자의 몸에 집중하도록 만들었습니다. 하지만 체액병리학의 관점에서 해부학적 지식은 당시 의학 체계에서 큰 의미를 가질 수 없었습니다. 인체 해부가 금지되었고 장례가 대부분 화장으로 치러진 이유도 있었지만, 무엇보다 체액의 조화와 균형이라는 관점에서 질병의 이유를 설명하고 치료법을 제안했기 때문입니다. 인체 구조를 이해할 만한 동기를 가지기 어려웠지요. 그뿐만 아니라 인체의 구조와 기능이 완전무결한 상태로 창조되었다는 기독교적 관점에서도 해부학은 의미를 지니기 어려웠습니다.

어느 부위에서 얼마나 피를 뽑아야 할까?

신화적 관점에서 벗어나 특정 체액이 지나치게 많아지거나 부패하여 균형이 깨진 상태를 질병이라고 바라본다면 제사 의식이나 기도와 같은 방식은 더 이상 유효한 치료 방법이 아닙니다. 그렇다면 체액병리학 관점에서는 어떤 치료법이 있을까요?

　4체액설에 따르면 우리 몸에는 자연 치유력이 있어서, 체액의 균형이 깨졌을 때 이를 회복하려 합니다. 따라서 당시 의사가 할 일은 자연 치유력을 강화하여 깨진 체액의 균형을 빨리 되찾도록 돕는 일이었지요. 이러한 원리에 따라 혈액이 과도해서 병이 생기면 주로 사혈瀉血 요법으로, 점액이 과도하면 거담제로, 황담즙이 과도하면 구토제로, 흑담즙이 과도하면 하제下劑로 치료했습니다.*

사혈 치료를 제외하면 대게 식양생食養生이나 약용 식물을 치료 수단으로 이용했기 때문에 식물학은 오랜 기간 의학 전통에서 발전할 수 있었습니다. 4체액설에 기반한 치료법은 대체로 위약 또는 플라세보 효과에 의존했을 가능성이 큽니다. 다만 약용 식물의 경우 실제 치료 효과를 보인 경우도 일부 있었을 테지요. 여기에 확증편향이 작용하면서 효과가 있는 사례만 강조되고 널리 퍼졌을 것으로 생각해볼 수 있습니다.

앞서 언급한 아이스맨 외치도 일부 식물을 응급의약품으로 이용한 듯 보이고, 기원전 2,600년경 수메르인의 점토판 문서에도 1,000여 종의 식물과 식물 유래 물질의 처방에 관한 내용이 기록되어 있습니다.[25] 기원전 1,550년경 작성된 고대 이집트의 《에버스 파피루스》에서는 약 800개의 복합 처방과 700여 종의 천연 약제가 발견되었지요. 히포크라테스 전집에는 400여 종의 천연 약제가 소개되는데, 멜론즙의 완하제 효과, 자태해월Ornithogalum caudatum 즙의 이뇨제 효과, 벨라돈나Atropa belladonna 추출물의 마취제 효과를 설명하고 있습니다.

1545년 파도바 의과대학에는 세계 최초로 식물원Orto Botanico di Padova이 설립되었습니다. 약용 식물을 공부하는 학생들에게 도움을 주려 했

---

* 4체액설은 그 자체로 잘못된 이론이었기 때문에 이에 기반한 대부분의 치료법 역시 오류를 피할 수 없었습니다. 대표적인 사례로 상처에서 생긴 고름을 치료의 대상이 아니라 병이 낫고 있다는 긍정적 신호로 오해한 점을 들 수 있습니다. 고름을 치유의 징후로 여긴 탓에 오히려 고름을 유도하려는 목적으로 부패한 물질을 연고로 사용하기도 했지요. 이러한 통념에 도전하고 외과 치료의 전환점을 마련한 인물이 바로 16세기 외과의사 앙브루아즈 파레Ambroise Paré 입니다. 그는 고름이 회복의 징후가 아닌 감염의 결과일 수 있다고 강조하면서 외과 치료의 새로운 길을 열었습니다.

던 파도바 의대 약초학 교수 프란체스코 보나페데Francesco Bonafede의 요청으로 설립된 것으로, 당시 약용 식물 연구가 얼마나 활발했는지가 그려집니다. 실제로 분류학의 아버지 칼 폰 린네나 유럽 의사들의 스승이라 불린 헤르만 부르하버Herman Boerhaave 같은 근대 유럽의 유명한 의대 교수나 의사가 식물학을 강의했고 연구에 힘썼습니다.[26]

사혈 치료는 체액의 균형을 맞추는 데 가장 널리 사용된 대표적인 외과적 요법이었으나, 이외에도 뇌전증 등 뇌질환을 치료하기 위해 두개골에 작은 구멍을 뚫는 천두술trephination이나 끓는 기름, 혹은 불로 상처 부위를 지지는 소작술cauterization도 체액병리학 관점에서 시행되었을 가능성이 있습니다.[27] 고대 사회에서는 악령을 머리에서 몰아낼 목적으로 천두술, 혹은 머리 뒷부분이나 이마에 소작술을 시행했을 테지만, 히포크라테스 이후 시대에는 머리가 아픈 이유를 뇌에서 차갑고 습한 점액이 과도하게 만들어지기 때문으로 생각했을 가능성이 크기 때문입니다.[28] 소작술로 점액의 온도를 높이거나 천두술로 과도한 점액을 밖으로 빼내면 병이 치료될 것이라고 판단했을 수 있습니다. 즉 체액의 특성과 균형을 바로잡고자 외과적 요법이 동원된 것이지요. 물론 히포크라테스의 의학 체계를 고려했을 때 식양생 요법이나 약물 요법이 제대로 통하지 않는 경우에만 제한적으로 외과적 방법을 동원했을 것으로 보입니다.

혈액은 신체 외부에서도 쉽게 통제할 수 있다는 점에서 사혈 요법은 큰 주목을 받았습니다.[29] 혈액은 뜨겁고 습한 성질이 있다고 했지요? 따라서 혈액이 늘어서 병이 생기면 몸에 열이 많이 날 테고, 정맥을 잘라

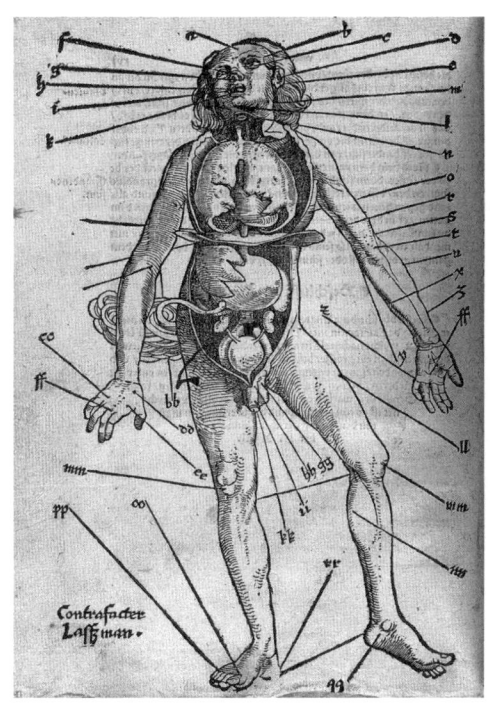

《야전외과서》에 상세히 묘사된 사혈 부위

1517년, 한스 폰 게르스도르프. 이 책은 기 드 숄리악의 저술을 바탕으로 한 유럽의 대표적 외과학 교재로 오랫동안 널리 사용되었습니다.

피를 빼내서 체액의 양과 분포를 바꾸면 증상이 완화되리라고 생각한 것입니다. 사혈 요법은 불과 100여 년 전까지 2,000년 이상 널리 사용되었습니다. 갈레노스는 혈액의 생리학적 역할을 제대로 이해하지 못했기 때문에 피를 뽑다가 기절하는 한이 있어도 사혈을 계속해야 한다고 믿었고, 심지어 이미 출혈이 있는 상황에도 사혈을 해야 한다고 주장했을 정도입니다.

피를 뽑는다면 우리 몸의 어디에서 뽑아야 할까요? 피를 뽑는 부위가 중요했다는 사실은 1517년 외과의사 한스 폰 게르스도르프Hans von Gersdorff가 쓴《야전외과서 Field Book of Surgery》의 도면에서 짐작해볼 수 있습니다. 앞의 그림과 같이 사혈 위치를 표시해 두었지요. 중세 시대에는 아픈 부위에서 피를 뽑아야 할지 아니면 아픈 부위의 반대 지점에서 피를 뽑아야 할지를 두고 논쟁이 일어나기도 했습니다. 사혈 요법을 점성술의 원리와도 결합하여 사혈을 하려는 부위에 대응하는 별자리 상황을 살피기도 했습니다.[30]

사혈 위치뿐만 아니라 양도 문제였습니다. 피를 얼마나 많이 빼내야 증상이 호전되고 병이 치료될까요? 적절한 기준이 없던 과거에는 적당히 피를 빼낸 후 차도가 없으면 나아질 때까지 더 뽑아내는 방식을 취했습니다. 환자가 사망에 이르는 경우도 있었지만, 사혈 치료 때문이 아니라 병이 심각해졌기 때문으로 받아들이기 일쑤였지요. 신부전을 앓던 볼프강 아마데우스 모차르트Wolfgang Amadeus Mozart는 피를 지나치게 뽑은 후 금방 숨을 거두었고, 미국 초대 대통령 조지 워싱턴George Washington도 심한 후두염에 걸려 병이 낫지 않자 여러 차례에 걸쳐 과하게 피를 빼냈고 끝내 사망에 이르렀습니다.[31]

사혈은 칼이나 다른 의료 기구로 정맥에 상처를 내서 피를 빼내는 식이었는데, 19세기에 들어 기발하게도 생물학적 방법으로 피를 빼내는 방법이 유행했습니다.[32] 프랑스 의사 프랑수아 조제프 빅토르 브루세François-Joseph-Victor Broussais가 피를 빼는 데 거머리를 사용한 것이지요. 어떨 때는 한 번에 50마리나 되는 거머리를 사용해서 사람들에게 흡혈

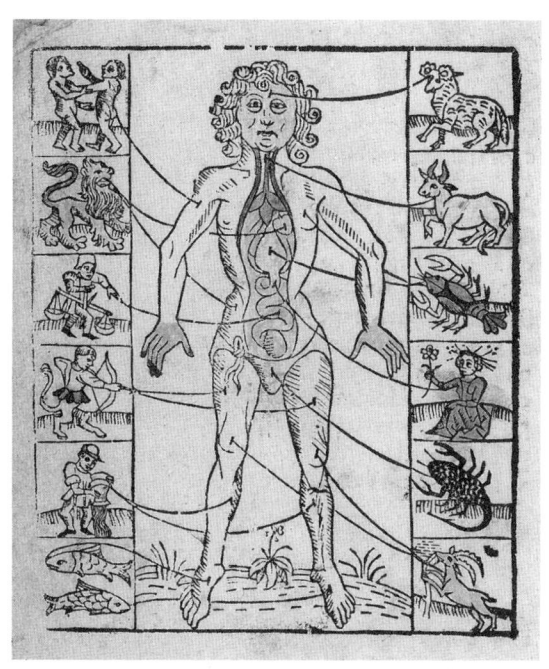

조디악 맨

요한 프뤼스, 1484년, 목판화. 별자리(황도12궁)와 인간 신체의 상관관계를 시각적으로 표현한 그림입니다. 조디악 맨은 중세 의학에서 수술, 약물 치료, 사혈 및 기타 절차의 정확한 시간을 결정하는 데 사용되었습니다.

주의라고 비난받기도 했습니다. 이 시기 거머리를 얼마나 확보했는지가 명의의 기준이 되는 웃지 못할 상황이 벌어지기도 했습니다. 프랑스의 경우 1833년 한 해 동안 4,000만 마리 이상의 거머리를 수입했다고도 하지요.

인도에서는 그보다 앞서 고대부터 전통 의학 체계인 아유르베다 Ayurveda 에서 거머리를 이용한 사혈 요법을 활용했습니다. 이와 유사하

자연적 원인에 따른 질병

게 고대 이집트, 메소포타미아, 그리스 등지에서도 거머리를 이용한 사혈 치료가 시행되었습니다. 이후 2,000여 년에 걸쳐 명맥을 이어오다가 19세기 들어 유럽에서 특히 널리 유행하게 된 것이지요.

놀랍게도 거머리는 오늘날 일부 의료 현장에서도 여전히 사용됩니다. 2004년 미국 식품의약국 US Food and Drug Administration; FDA (이하 FDA)이 피부를 이식하거나 절개한 부위의 치유를 돕거나 혈행 血行 을 개선하는 의료기기로서 의료 거머리 Hirudo medicinalis 를 승인한 것입니다.[33] 또한 거머리의 침샘에서 분비되는 항응고 펩티드 peptide 를 바탕으로 한 재조합 의약품 역시 FDA의 승인을 받았습니다.[34] 한때 비과학적으로 보였던 거머리 치료가 현대 의학에서 새롭게 조명받고 있다는 점이 매우 인상적이지요.

사혈 치료가 얼마나 광범위하게 유행했는지는 흔히 현대 의학의 아버지로 불리는 윌리엄 오슬러의 말에서도 확인됩니다. 오슬러는 1892년 발표한 《의학의 원리와 실제 The Principles and Practice of Medicine 》에서 폐렴 환자의 목숨을 살리는 데 사혈 치료가 상당히 유용하지만 지난 반세기 동안 너무 적게 활용되었다고 주장하기도 했습니다. 하지만 이제 사혈 치료는 혈색소증 haemochromatosis 이나 진성 적혈구증가증 polycythemia vera 같은 유전성 희귀질환에 제한적으로 활용되는 것을 제외하면 현대 의학에서 퇴출되었습니다.

로고스와 마고스의 공존

초자연적 질병관에서 자연적 질병관으로 전환되자 질병을 치료하는 방식에서 큰 변화가 일어났습니다. 하지만 질병의 원인을 잘못 파악한 결과 제대로 된 치료 방법이 개발되기 어려웠지요. 그럼에도 교조적 믿음과 확증편향이 더해지면서 체액병리학 관점은 광범위한 지지를 얻었습니다. 토머스 쿤Thomas Kuhn이 '패러다임paradigm'으로, 또 인지심리학자 대니얼 카너먼Daniel Kahneman이 '이론에 따른 맹목theory-induced blindness' 개념으로 설명한 바 있듯, 특정 세계관의 지배에 놓이면 전문가의 집단적 사고라도 상당히 취약할 수 있습니다.

이는 우리가 왜 과학적 사고를 갖추고자 끊임없이 노력해야 하는지를 잘 보여줍니다. 또한 당연하게 여겨지는 사실조차 절대적 진리가 아님을 항상 인식해야 한다는 점을 일깨워주지요. 논란이나 오류는 관찰이나 실험으로 얼마든지 수정할 수 있지만, 맹목적인 믿음과 추종은 종교적인 성격을 띠기에 건전하고 생산적인 비판을 허용하지 않습니다. 결국 우리가 진정 경계해야 할 것은 논란이나 오류 자체가 아니라, 기존 이론을 무비판적 수용하는 맹목적 믿음임을 명심해야 합니다.

물론 자연적 세계관이 등장하고 만물을 지배하는 원리인 '로고스logos'가 주목받는다고 해서 주술적 의식이나 믿음이 사라진 것은 아닙니다. 플라톤은 사회를 위협하는 요인으로 '마고스magos'를 지목하기도 했지요. 마고스는 원래 고대 페르시아의 조로아스터교 사제를 일컫는 말이었지만, 기원전 5세기에 '사악한 마술을 부리는 자'라는 의미로 사용되기 시작했습니다. 마법을 뜻하는 영어 단어 'magic'은 마고스의 복수형인 '매지magi'에서 비롯되었습니다. 마법이라는 말에 미스터리한 종교와 관련된 난해한 외국 지식이라는 의미도 들어간 셈이지요. 흥미롭게도 갈레노스는 마법사를 경멸했으나, 동이 트기 전에 왼손으로 약초를 채취해야 한다는 등 주술적 신념을 따랐습니다. 그의 합리적 의학 체계에도 마술적 요소가 일부 포함되었던 것입니다.

갈레노스는 의학에서 초자연적 원인을 배제하려 했지만, 신학적·마술적 요소를 일부 포함하는 모순적 태도를 보였습니다. 합리적 세계관과 종교적 세계관이 뒤섞인 당시 사회문화가 반영되기도 했겠지요. 갈레노스의 아버지 니콘이 아스클레피오스의 꿈을 꾼 계기로 갈레노스가 의사가 되었다는 이야기 역시 모순으로 가득한 세상을 잘 보여줍니다. 어떤 시대든 이전 세계관이 새로운 세계관으로 완전히 대체되는 일은 드뭅니다. 새로운 세계관이 추가되어 서로 다른 두 세계관이 공존한다고 봐야겠지요.

따라서 자연적 질병관이 등장했다고 해서 곧바로 과학적 사고와 방법이 정착되었다고 보기는 어렵습니다. 과학은 축적된 증거를 바탕으로 개념과 이론의 틀을 구성하고, 그 안에서 판단과 결정을 내리는 체계적 접근 방식입니다. 체계성으로 인해 비합리적 사고와 설명이 배제되지요. 히포크라테스 이후 질병을 자연적 원인으로 설명하려는 시도가 나타났어도, 과학이 아직 뿌리내리지 못한 탓에 종교적·마술적 요소를 지닌 의학과 공존할 수밖에 없었습니다. 의학 지식이 충분히 축적되고, 실제로 치료법이 혁신되기까지는 그 이후로도 오랜 시간이 걸렸지요.

오늘날에도 로고스와 마고스는 여전히 공존하고 있습니다. 우리는 여전히 일부 질병과 힘겨운 싸움을 이어가고 있고, 결국 누구든 죽음을 피할 수 없을 테니까요. 즉 아무리 이성적 사고를 추구하더라도 비합리적 믿음이 우리 삶에 영향을 미칠 여지가 존재합니다. 물론 이러한 믿음에는 심리적 위안을 준다는 긍정적 효과가 있지만, 이것이 의학을 향한 불신이나 거부로 이어진다면 매우 곤란합니다. 비과학적 믿음이 오히려 해를 끼칠 위험이 크기 때문입니다. 따라서 오늘날 우리에게는 단지 과학적 지식의 축적에 그치지 말고, 그 지식을 바탕으로 객관적 사실과 근거 없는 믿음을 냉철하게 구분해내는 끊임없는 과학적 사고의 훈련이 필요합니다.

대학의 등장은 의학의 형성에
어떤 영향을 미쳤을까?

히포크라테스가 제안하고 갈레노스가 체계화한 체액병리학 관점은 18세기 조반니 바티스타 모르가니 Giovanni Battista Morgagni 가 해부병리학 관점을 제시하기까지 큰 위력을 발휘했습니다. 특히 갈레노스의 저서는 아랍어로 번역되어 이슬람 의학이 발전하는 데 큰 영향을 미쳤습니다. 기독교 지배 아래 학문적으로 정체되었던 유럽 대신 이슬람에서 히포크라테스와 갈레노스의 의학 이론 체계가 더욱 발전했지요. 중세 후기 스콜라 의학은 이슬람 세계에서 유럽으로 다시 유입된 갈레노스 의학이 아리스토텔레스의 자연학과 절충하면서 형성된 것이었습니다.*

---

* 이슬람 의학의 황금기는 주로 8세기부터 12세기 초까지로, 이 시기에 바그다드와 코르도바를 중심으로 수많은 의학자와 의학 명저가 등장하면서 의학이 크게 발전했습니다. 이 시기를 이끈 아바스 왕조(750~1258년) 시대가 이슬람 의학과 과학 전반의 전성기로 평가받습니다. 알자라위 Al-Zahrawi 의 《의료

조반니 아고스티노 델라 토레와 그의 아들 니콜로

로렌초 로토, 1515년, 내셔널 갤러리, 영국 런던. 조반니 아고스티노 델라 토레는 파도바 대학에서 가르치기도 했고, 1510년에는 베르가모 의사협회의 회장으로 선출될 정도로 저명한 의사였습니다. 잉크병 밑에 놓인 처방전은 갈레노스 의학에 따른 처방이었을 것입니다.

후기 르네상스 시대 화가 로렌초 로토 Lorenzo Lotto 의 작품에는 갈레노스의 권위와 영향력이 잘 드러나 있습니다. 작품에서 이탈리아 베르가모의 의사 조반니 아고스티노 델라 토레 Giovanni Agostino della Torre 는 목에

방법론 Kitab al-Tasrif), 알라지 Al-Razi 의 《의학 전서 Kitab al-Hawi》, 이븐 시나의 《의학 규범 Kitab al-Qunun fit-tibb》 번역본은 유럽 전역에서 의사가 서가에 반드시 두어야 하는 책으로 자리 잡았습니다. 이슬람 의학서가 라틴어로 번역되어 유럽 의과대학에서 널리 사용되며 유럽 의학의 발전을 이끈 것입니다.

자연적 원인에 따른 질병

사혈 치료 때 사용하는 신발 끈처럼 생긴 지혈대 tourniquet 를 두르고 있습니다.[35] 왼손에 들린 책의 표지에는 'Galenicals'라고 적혀 있는데, 이는 생약을 뜻하는 단어로 갈레노스의 이름에서 유래했습니다. 갈레노스가 식물 유래 추출물을 활용하여 체액의 균형을 맞추고자 했기 때문이지요. 종합해보면 조반니 아고스티노가 갈레노스 의학 이론에 능통한 의사라고 강조하고자 했으리라고 짐작할 수 있습니다.

4체액설로 탄생한 예술 작품들

이븐 시나는 이슬람 의학의 대표적 인물로 아리스토텔레스와 갈레노스의 이론 체계를 바탕으로 이슬람 의학을 집대성했습니다. 페르시아의 히포크라테스, 이슬람의 아리스토텔레스 또는 이슬람의 갈레노스로 불리기도 했지요. 13세기 철학자 로저 베이컨 Roger Bacon 은 이븐 시나를 아리스토텔레스 이후 최고의 철학자로 평가했고, 단테 알리기에리 Dante Alighieri 는 《신곡 La Divina Commedia》 지옥편 Inferno 에서 이븐 시나를 히포크라테스와 갈레노스와 함께 가장 위대한 의사로 치켜세웠으며, 토마스 아퀴나스 Thomas Aquinas 는 플라톤만큼 존경받을 만하다고 평가했습니다.[36]

이븐 시나가 저술한 《의학 규범》은 이탈리아의 번역가 제라르도 Gerardus Cremonesis*의 노력에 힘입어 1187년 처음으로 라틴어로 번역되었고, 이

---

*   제라르도는 고대 그리스와 이슬람 과학을 서유럽에 보급하는 데 누구보다 큰 공헌을 했습니다.

번역본은 중세 후기 유럽 의사들이 반드시 읽어야 하는 의학서가 되었습니다. 18세기 초까지 대부분의 유럽 의과대학에서 《의학 규범》을 교재로 사용했고, 프랑스 몽펠리에 의과대학의 경우 19세기 초까지 사용했습니다.* 현대 의학의 아버지 윌리엄 오슬러는 의학 역사에서 《의학 규범》의 중요성을 '의학 성경'에 비유하기도 했습니다.[37]

히포크라테스와 갈레노스의 체액 이론은 의학 분야에만 국한되지 않고 유럽 사회 전반에 영향을 미쳤습니다. 세계를 구성하는 4원소와 인체를 구성하는 4체액이 대응한다는 점에서 히포크라테스와 갈레노스의 이론은 의학적 측면에서 인간을 이해하는 데 그치지 않고, 신이 창조한 세계의 구조와 속성을 문화적 사유로 확장하는 데 일조했습니다. 더군다나 신이 자신의 형상을 본떠 인간을 창조했다면 인간을 가장 잘 이해하는 의사야말로 직업적 의미를 넘어 새로운 문화적 의미를 확장하는 데 적합했겠지요.

이런 면에서 볼 때 이탈리아 아나니의 산타마리아 대성당에 있는 히포크라테스와 갈레노스 벽화는 대우주와 소우주의 유기적 관계를 잘 보여줍니다. 이 벽화를 보면 오른쪽 히포크라테스 앞에는 "창조된 모든 사물을 구성하는 것은 원소이다"라고 적혀 있고, 왼쪽 갈레노스 앞에는 "이 세상에 있는 것은 원소들의 연계로 구성된다"라고 적혀 있습니다.

---

* 1453년 오스만 제국이 콘스탄티노플을 함락하면서 1,000년을 버텨오던 동로마 제국(비잔틴 제국)이 역사 속으로 사라졌습니다. 동시에 그리스 학자들이 유럽 전역으로 흩어지면서 아랍어 번역과 그리스 원본을 대조할 수 있게 되었고, 때맞춘 인쇄술의 발달로 그리스 원전을 직접 라틴어로 번역하는 작업이 본격적으로 이루어졌습니다.

갈레노스와 히포크라테스
13세기, 산타마리아 대성당, 이탈리아 아나니. 지하납골당 연작에 포함된 벽화로 신이 창조한 우주의 구조와 인간의 신체 구조를 연결 짓는 사유가 잘 드러납니다.

의학계의 위대한 두 스승이 세계의 창조와 구성원리를 설명하고 있는 것이지요. 이 그림에서는 안 보이지만 벽면 윗부분에는 "소우주로서의 인간은 그 자체로 작은 세계다"라는 문구가 자리합니다.

4체액설이 문화에 미친 영향력은 알브레히트 뒤러 Albrecht Dürer 의 작품에서도 확인할 수 있습니다. 뒤러의 〈네 명의 사도 Four apostles 〉(화보 2)는 4체액설을 바탕으로 인간의 기질과 세계의 속성을 표현한 작품입니다.[38] 그림에서 뒤러는 가장 왼쪽의 성 요한을 다혈질, 그 옆의 성 베드로를 점액질, 이어지는 성 마르코를 담즙질, 마지막으로 성 바오로를 우울질로 표현했습니다.[39] 뒤러는 의사가 체액의 불균형에 따른 외적 징후를 관찰하듯이 관객도 사도들의 본성을 분별하고 인간과 세계의 속성을 떠올리도록 안내합니다.

 복음서를 들고 있는 성 요한은 옷과 안색이 붉그스름하고 낙천적인 느낌을 줍니다. 천국의 열쇠를 들고 있는 성 베드로는 다소 둔감한 인상에 겸손한 모습입니다. 두루마리를 쥐고 있는 성 마르코는 어두운색의 옷과 견고한 시선에서 확신과 의지가 드러나지요. 칼을 들고 있는 성 바오로는 안색이 좋지 않고 우울해 보이는 데다 무언가에 사로잡힌 듯한 모습입니다. 뒤러는 성서의 인물 묘사를 검토한 후 각 사도의 성향을 갈레노스의 4기질설과 연결 지은 것입니다.

 〈멜랑콜리아 I Melancholy I〉라는 작품에서도 뒤러가 체액 이론을 적극적으로 활용했다는 사실을 읽어낼 수 있습니다.[40] 지금은 멜랑콜리라고 하면 우울함을 떠올리지만 원래 이 단어는 검은색을 뜻하는 그리스어 멜랑melan 과 담즙을 뜻하는 콜레chole 의 합성어로 네 체액 가운데 하나인 흑담즙을 가리켰습니다. 깊은 고민과 사색에 빠진 어두운 표정의 여인에게서 흑담즙의 속성이 잘 드러납니다. 르네상스 시기 멜랑콜리는 내성적이지만 통찰력 있고 영감이 충만하여 예술가의 창조성과 관련된다고도 여겨졌습니다.

 뒤러를 비롯한 예술 작품들의 사례는 예술가들이 인간 본성을 표현하고자 동시대 지식을 적극적으로 활용했음을 보여줍니다. 인간의 특징을 표현하려면 의학 지식에 상당히 능통했어야 한다는 사실이 나타나는 대

멜랑콜리아 I

알브레히트 뒤러, 1514년, 베를린 국립박물관, 독일. 소녀의 머리 위에 보이는 모래시계와 종은 시간을 나타내며, 이는 곧 토성과 시간의 신 크로노스를 상징한다고 볼 수 있습니다. 모래시계 옆의 4차 마방진은 목성과 제우스를 상징하는데, 공교롭게도 제우스는 크로노스를 폐위시킨 것으로 잘 알려져 있습니다. 뒤러가 무슨 얘기를 하고 싶었는지는 정확히 알 수 없지만, 흑담즙의 알레고리는 호기심과 흥미를 불러일으키기에 충분해 보입니다. 특히 제우스(4차 마방진, 목성)와 크로노스(시간, 토성)의 배치가 더욱 그러하지요. 과도한 흑담즙을 다스려서 주체할 수 없는 우울감이나 지나친 광기에서 벗어나고 싶던 것은 아닐까요?

목이지요. 뒤에서도 설명하겠지만, 이런 문화적 토대는 르네상스 이후 해부학의 등장에 원동력으로 작용했습니다.

의학 지식의 전승과
또 다른 변화의 움직임

12세기 로마법의 부활과 함께 지식을 다루는 새로운 공간으로 대학이 등장했습니다. 초기 대학은 특별한 기획에 따라 인위적으로 만들어지는 형태가 아니라 특정 도시를 중심으로 학생과 교수가 자연스럽게 만나면서 출발했습니다. 성직자가 아닌 학자 집단이 본격적으로 나타났고, 학자들을 수도원 밖에서 만날 수 있었지요. 학자들은 주로 법률가이거나 의사였는데 대학의 상급 학부와 관련이 깊었습니다. 이에 따라 수도원이 지식을 독점하는 구조가 깨졌고, 학문적 성지순례도 생겨났습니다.

대학이 등장하기 전 상황을 조금 살펴본다면 의학의 발전에서 대학이 얼마나 중요했는지가 조금 더 선명하게 드러날 것 같습니다. 5세기 서고트족에 의해 로마가 무너진 이후부터 12세기 대학이 등장하기 전까지, 수도원은 유럽에서 문자화된 지식을 보존하는 중심 역할을 맡았습니다. 529년 누르시아의 베네딕토 Sanctus Benedictus de Nursia 는 베네딕도회 수도원을 설립하고 '베네딕토 규칙'을 명문화하여 수도사들의 공동 생활과 학문 활동을 체계화했습니다. 이후 베네딕도회는 이탈리아를 넘어 유럽 전역으로 퍼져나갔고, 수도사들이 수도원 사이를 활발히 이동하며 지식과 기술의 교류와 확산이 이루어졌습니다.

　로마의 정치가이자 수도사 카시오도루스Cassiodorus는 고전 교육의 신봉자로 수도원의 기능을 지식의 보관과 전달로 여겼습니다. 그는 성서를 이해하려면 이교도적 고대 문헌이 필요하다고 생각했기에 고문서 수집과 보존에 힘썼습니다. 기독교가 승리를 거두었어도 기독교 저술은 고전 학문에 비해 개념의 탁월성, 논리의 정교성이 상당히 엉성했기 때문이지요. 카시오도루스는 이탈리아에서 고전 문화가 살아남는 데 크게 기여했습니다.[41] 의학 지식의 경우 신성하지 않다고 여겨지는 지식 중에서도 실용적이라는 이유로 그나마 중세 동안 지속적으로 필사되고 전승될 수 있었습니다. 이러한 흐름 속에서 의학은 기독교 윤리와 결합해 오늘날 의료 윤리의 기초를 형성했습니다.

　중세 시대에 수도원은 고전 문헌을 정리하고 필사하는 역할을 담당했고 책과 관련한 문화를 독점했습니다.[42] 수도원의 심장부에 도서관이 자리했고, 도서관의 심장부에 필사실scriptorium이 있었지요. 카시오도루스는 이탈리아 남부에 비바리움 수도원을 세우고 필사 방식과 표준을 개발하여 서적 생산을 혁신했습니다. 이런 노력 덕분에 고전 문헌이 보존되고 재생산되어 다음 세대로 전승되었습니다. 중세 수도원의 필사실은 고대 학문을 보존하는 역할을 담당했다는 점에서 르네상스와의 연결 고리를 만든 공간이었습니다.[43]

　하지만 중세 동안 히포크라테스와 갈레노스의 의학 체계를 적극적으로 수용하고 발전시킨 이슬람 의학에 비해 기독교 교의가 지배한 서양의학 발전은 제한적이었습니다. 당시 서양에서 병원은 현대적 의미의

장 미엘로의 초상화

1450~1460년, 미테랑 국립도서관, 프랑스 파리. 15세기 작가이자 번역가인 장 미엘로가 필사하는 모습입니다. 필사는 글을 그대로 베껴 쓰는 작업으로, 이를 담당했던 필경사는 수확기를 제외하면 밭일에 빠질 수 있었고 기도와 예배도 면제받을 수 있었습니다.

치료 시설이라기보다 종교적 자선을 목적으로 세워진 교회나 수도원의 숙박시설이었습니다.* 수도사들이 의학 문헌을 보존하는 임무를 맡으면서 의사의 역할도 겸했지요.[44] 그 결과 세속 의사의 모습은 점차 자취를 감추었습니다. 성모 마리아와 많은 수호성인이 여러 형태로 숭배되었고,

---

*   19세기 초까지만 해도 병원은 치료 공간이라기보다 죽음을 기다리는 장소로 인식되었습니다. 나폴레옹의 주치의로 알려진 장 니콜라 코르비사르 Jean-Nicolas Corvisart 조차 "인류는 의술의 도움으로 건강해질 것을 기대해선 안 된다"라고 말하면서 당대 의학의 한계와 무력감을 인정했습니다. 그러나 19세기 후반에 접어들면서 병원은 점차 현대적인 치료 기관으로 탈바꿈했고 사람들의 인식도 크게 달라졌습니다.

자연적 원인에 따른 질병

고대 주술적 의학과 마술적 의식이 기독교적으로 변형되어 합리성과 초자연적 모습이 뒤섞인 의학이 널리 퍼졌습니다.

12세기 이후 대학이 등장하면서 필사본의 수요가 증가했고, 지식 전승의 중심이 수도원에서 대학으로 이동했습니다. 독서층과 교육 수요의 증가에 따라 대학은 필사실과 도서관을 갖추었고, 경제적 여유가 있는 학생들이 전문 필경사筆耕士에게 교과서 필사를 의뢰하는 일이 많아지면서 대학 주변에 필경사가 늘어났습니다.

870년경 이탈리아 살레르노에서 의학 활동이 본격화되며, 고대 이후 유럽 최초의 세속적 의학교인 살레르노 의학교 Schola Medica Salernitana 가 점차 형성되었습니다.* 이는 수도원 중심의 의학 교육 체계에 변화를 가져왔고, 보다 체계적인 의학 교육의 기반이 마련되는 계기가 되었습니다.[45] 이탈리아 남부 나폴리를 중심으로 의술 행위가 번성하는 가운데 살레르노에서 서양 최초로 의학 관련 실무 교육과 문헌에 기초한 교육 활동이 이루어진 것입니다.[46] 살레르노는 이후 몇 세기 동안 의학이 매우 번성하여 '히포크라테스의 도시 Citivas Hippocratica'라고 불렸습니다.

살레르노 의학교는 의학이 대학 교육과정의 일부로 인정받는 데 막대한 영향을 미쳤습니다.[47] 1088년에 설립된 볼로냐 대학은 종합 대학으로서 법학과 함께 의학 교육을 발전시켰고, 1180년경에 몽펠리에 의과대학이 설립되면서 중세 대학에 정형화된 의학 교육 체계가 정착되기

---

* 살레르노 의학교는 점진적으로 형성되었기 때문에 정확한 설립 연도라기보다 의학 활동이 시작된 대략적인 시기로 보는 것이 더 타당합니다.

시작했습니다.* 르네상스에 200년이나 앞서 조성된 학문적 분위기는 근대 의학이 출현하는 데 지적 자양분이 되었지요.[48] 또한 의학이 전문화되고 학문의 영역에 편입되어 갈수록 의사와 성직자가 점차 분리되었습니다. 그 결과 의사는 성직자에게 요구되던 높은 도덕적 기준을 유지하면서도 전문직으로 자리매김했습니다.[49]

고요 속에서 변화를 준비하던 중세 서양 사회는 인쇄술의 발명, 흑사병의 대유행, 르네상스 예술가의 출현, 신대륙의 발견에 힘입어 격랑의 소용돌이에 휩싸였습니다. 이러한 분위기는 체액병리학에서 벗어나 질병을 바라보는 새로운 관점의 출현을 안내하는 것이기도 했습니다.

---

* 유럽에서 가장 오래된 대학 중 하나인 볼로냐 대학은 초기에는 주로 법학과 자유학예에 중점을 두었습니다. 의학 교육은 상대적으로 늦게 도입했기에 다른 대학들에 비해 의학 교육의 중심지 역할은 제한적이었습니다.

3.
특정 장소에 놓이게 된 질병

몸 내부를 들여다본 인간은
무엇을 발견했나?

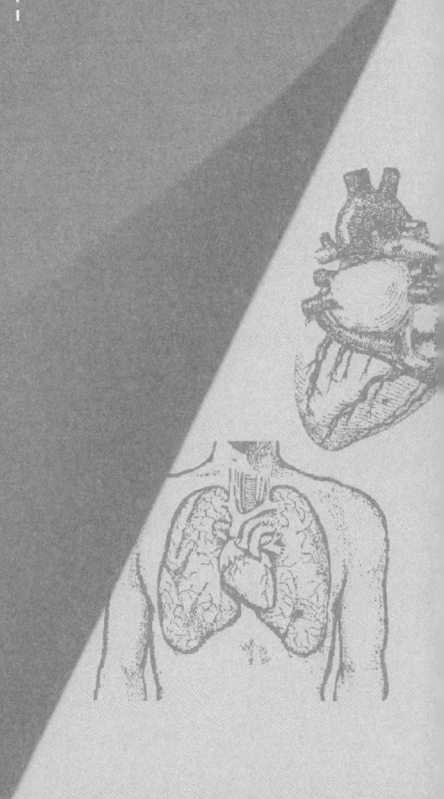

"증상은 고통받는 장기의 비명이다."

조반니 바티스타 모르가니

인간은 왜 해부를 시도하고 장기에 주목했을까?

인간의 뇌는 다른 어떤 동물보다도 에너지를 많이 소비합니다. 이것을 가능하게 한 진화적 전략 가운데 하나로 채식 위주 식단에서 에너지가 풍부한 육류 위주 식단으로 바뀐 것을 들 수 있습니다.[1] 육류를 섭취하려면 사냥한 동물을 손질하는 해부 과정이 필수적이니, 육식의 역사는 곧 해부의 역사와 맞닿아 있다고 해도 과언이 아니겠지요. 이러한 점에서 볼 때, 인간은 아주 오래전부터 동물의 내부 장기 구조를 관찰해왔을 것으로 짐작됩니다. 그렇다면 단순한 관찰을 넘어, 장기 구조를 기록으로 남기기 시작한 것은 과연 언제부터였을까요?

스페인 핀달 동굴의 벽에는 심장을 그린 최초의 해부학 그림이 있습니다. 놀랍게도 후기 구석기 화가가 매머드의 단순한 외양뿐만 아니라 심장을 그려 넣었지요.[2] 마치 야수주의의 선구자 앙리 마티스Henri

매머드

핀달 동굴 벽화. 기원전 1만 5,000년경, 스페인. 원래 이미지를 보면 동굴 벽에 황토색으로 윤곽이 그려져 있습니다. 겉으로 보이는 부분과 해부해야지만 보이는 부분을 하나의 화면에 상징적으로 재구성하는 고도화된 추상 능력을 보여줍니다.

새 머리 남자와 들소

라스코 동굴 벽화, 기원전 1만 5,000년경, 프랑스. 들소의 창자가 쏟아져 나온 모습도 인상적이지만, 다른 종의 머리로 교환된 새 얼굴의 사람에서 이종 장기이식의 아이디어를 엿볼 수 있다는 점에서 주목할 만합니다.

Matisse의 〈이카루스Icarus〉를 연상시킵니다. 당시에도 삶과 죽음의 경계가 심장이 뛰느냐 멈추느냐에 달렸다는 사실을 충분히 인지했을 것입니다. 장기 중에서 심장만 그린 이유를 알긴 어렵지만, 아마도 벽화에 생명력을 불어넣고자 한 주술적 의식의 일환이라고 짐작해볼 수 있습니다.

최초로 창자를 그린 그림은 프랑스 라스코 동굴의 벽에서 발견되었습니다. 새 머리를 한 사람이 누워 있는 옆에 창에 찔린 들소가 쓰러져 있는 모습이 인상적입니다. 새가 하늘과 땅을 이어주는 동물이라는 점으로 추측해볼 때, 벽화 속 인물은 이러한 상징적 이미지를 구축하거나 활용하려 했던 주술사나 부족 지도자였을 것입니다. 흥미롭게도 이 벽화를 그린 후기 구석기 화가는 길고 부러지지 않은 창이 들소의 복부를 관통하여 상처 부위에서 창자가 쏟아져 나온 모습을 그려냈습니다. 창자에 어떤 의미를 부여했는지는 알 수 없지만, 적어도 고등동물의 창자를 그린 최초의 해부학 도면이라고 할 수 있습니다.[3]

고대 인류에게 장기는 어떤 의미였을까?

약 200만 년 전 직립보행을 시작한 호모 에렉투스Homo erectus는 본격적으로 사냥을 시작했습니다. 뾰족한 석기를 제작할 수 있었기에 가죽을 벗기고 살점을 발라 먹을 수 있었지요. 앞서 언급했듯, 인류가 사냥을 해서 육류를 섭취했다는 말은 동물을 해부하고 몸 내부의 구조적 특징을 비교적 자세히 관찰할 수 있었다는 뜻이기도 합니다. 가끔 사고로 큰 외상을 입은 사람을 접하면서 우연히 인체 내부를 관찰할 기회가 생기자 사람과 동물의 몸 내부 구조가 상당히 유사하다는 사실을 알아차렸을 것입니다.

더욱이 세심하게 관찰하는 능력, 이야기를 만들고 설명하는 능력, 보고 생각한 바를 기록하는 능력이 결합하면서 우리 몸의 내부 구조를 향한 관심은 더욱 커졌을 것입니다. 더욱이 세계를 바라보는 합리적 관점이 싹트면서 인체의 내부 구조와 기능에 대한 호기심이 더욱 증폭되었을 테고요. 하지만 해부학적 관찰을 머릿속에 담아두거나 말로 표현하는 데 그치지 않고 기록으로 남기기 시작한 것은 비교적 최근입니다.[4]

동굴 벽에 남겨진 장기의 그림이 해부학 지식이 체계적으로 축적된 결과라고 보기는 어렵습니다. 그저 동물의 내부 구조를 대략적으로 파악했고, 어느 정도 정교한 해부학적 관찰이 이루어졌음을 일러줄 뿐이지요. 해부학 지식을 기록할 필요성이 조금씩 드러나기 시작한 것은 역사 시대로 접어들면서부터입니다. 하지만 치료 기술의 개발과 같은 현실적 요구 때문이라기보다 주술적·종교적 이유가 컸지요.

기원전 2,000년경에 접어들어 메소포타미아에서는 장기 중에서도 간의 모습을 매우 상세히 관찰했습니다.[5] 간을 영혼이나 생명, 마음이 작용하는 자리로 여겼기 때문입니다. 제물로 바친 짐승의 간 모양을 살피면 신의 의도를 알아내고 미래를 예측할 수 있다고 생각했지요. 따라서 고대 메소포타미아에서 사제가 되려면 점토로 만든 간 모형을 활용하여 간의 해부학적 구조를 공부해야 했습니다. 당시 행해지던 간점의 흔적

바벨론 시대에 점토로 만든 간 모형

기원전 1,900~1,600년경, 대영 박물관, 영국 런던. 고대 메소포타미아의 사제들은 간의 구조를 탐구한 해부학자이기도 했습니다. 그들은 간 모형을 50여 개 구획으로 나누고, 구획마다 쐐기문자로 앞날의 징조를 새겼습니다. 이를 바탕으로 희생 짐승의 간 모양을 보고 신의 뜻을 해석했지요. 이탈리아 중부에 위치한 에트루리아 유적 등지에서도 청동으로 만든 간 모형이 발견되는 것으로 보아, 간점은 유럽으로도 상당히 널리 전파되었음을 짐작할 수 있습니다.

은 "바벨론 왕이 갈랫길 곧 두 길 어귀에 서서 점을 치되 화살들을 흔들어 우상에게 묻고 희생제물의 간을 살펴서"라는 구약성서 에스겔 21장 21절에서도 찾을 수 있습니다.

고대 메소포타미아의 사제들이 만든 간 모형은 상당히 정교하여 놀라움을 자아냅니다. 간 모형의 가운데 부분에 담낭(쓸개)이 붙어 있다는 점에서 수준 높은 해부학적 관찰력을 보여주지요. 담낭으로 이어지는 담낭관cystic duct 과 간관hepatic duct 까지도 표현되어 있고요.[6] 이 모형은 각 구멍에 표시된 간의 구역에 따라 각기 다른 예언을 할 수 있도록 만들어졌습니다. 교육 도구를 개발하고 이를 실제 교육에 활용했다는 점에서

특정 장소에 놓이게 된 질병

간의 모양을 읽어내는 능력이 당시에 얼마나 중요했는지가 느껴집니다.

고대 이집트에서는 미라를 만들 때 뇌와 내부 장기를 모두 빼냈기 때문에 사제들은 인체 구조와 장기를 상세히 관찰할 수 있었습니다. 제거한 장기는 따로 보관했는데, 특히 위·간·창자·폐의 네 가지 장기는 카노푸스 단지에 담아 보존했습니다.[7] 이 단지들은 각각 이집트 왕실을 수호하는 신 호루스의 네 아들이 보호한다고 여겨졌으며, 단지의 뚜껑은 네 아들의 머리 모양을 본떠 만들어졌습니다. 두아무테프Duamutef는 위, 임세티Imsety는 간, 케브세누에프Qebehsenuef는 창자, 하피Hapy는 폐를 보호한다고 믿었지요.

다만 심장은 영혼과 밀접한 관계가 있다고 여겼기 때문에 방부 처리해서 다시 미라 안에 집어넣었습니다. 기원전 1,600년경 작성된《에드윈 스미스 파피루스》나 기원전 1,550년경 작성된《에버스 파피루스》에 심장이나 혈관의 해부학적 관찰이 상세히 기록된 것을 볼 때, 해부학은 다분히 주술적·신비주의적 이유에서 시작되었지만 합리적 관점도 조금씩 싹튼 것으로 보입니다.

고대 인도의 일부 장례 관습에 따르면, 두 살이 넘은 아이는 화장하는 것이 일반적이었습니다. 기원전 6세기경 활동한 의사 수슈루타Sushruta는 시신을 해부하여 해부학 지식을 연구했다고 전해집니다.[8] 수슈루타는《수슈루타 삼히타Susruta Samhita》에서 시신 해부와 외과 시술 방법을 제시하면서 해부학 지식의 필요성을 강조했습니다. 그는 혈관·근육·뼈·관절·신경 등을 상세히 설명했는데, 고대 의학에서는 매우 인상적인 성과입니다. 직접적인 증거는 부족하지만, 알렉산드로스Alexandros III 대왕

의 동방 정복 이후 고대 인도의 의학 지식이 고대 그리스에 영향을 미쳤을 가능성도 제기되었습니다.⁹

고대 중국에서도 인체 구조에 대한 일정한 이해가 있었던 듯 보입니다. 기원전 2,600년경 황제黃帝 가 신하이자 명의인 여섯 사람과 나눈 의술 토론을 기록한 것으로 알려진 《황제내경黃帝內經 》에는 오장육부 개념이 등장합니다.* 오장은 간장·심장·폐장·신장·비장 같은 단단한 장기들을, 육부는 대장·소장·위·쓸개·방광·삼초三焦 처럼 속이 빈 장기들을 지칭합니다. 고대 중국에서도 장기의 형태와 물리적 특성을 어느 정도 인식하고 있었다는 뜻이지요.

고대 그리스에서는 철학이 싹트면서 동물 해부학 역시 발전했습니다. 앞서 언급했듯 기원전 6세기경 철학자 알크메온은 동물을 해부하는 실험적 접근으로 해부학과 생리학의 기초를 세웠습니다. 기원전 4세기경 아리스토텔레스도 상당히 많은 동물 종을 해부하고 연구해서 《동물지Historia Animalium 》나 《동물의 부분들De Partibus Animalium 》 같은 문헌을 발표했습니다. 아리스토텔레스는 인체 구조를 이해하려면 사람과 비슷한 동물을 해부하여 비교해봐야 한다고 생각했습니다. 찰스 다윈Charles Darwin 은 "칼 폰 린네와 조르주 퀴비에Georges Cuvier 는 나의 위대한 스승이었지만, 아리스토텔레스와 비교하면 그들은 단순한 학생에 불과하다"라고 평가하기도 했지요. 아리스토텔레스가 해부학 용어를 사용하고 구

---

* 여기서 황제黃帝는 '제왕'을 뜻하는 황제皇帝 가 아니라, 삼황三皇 다음에 등장하는 오제五帝 가운데 첫 번째 전설상의 제왕을 가리킵니다.

체적 관찰 내용을 기술했다는 점에서 그를 최초의 해부학자로 봐야 한다는 주장도 있습니다.[10]

이 시기 동물 해부가 주목받은 이유는 의학적 치료 때문이라기보다 주로 지적 호기심 때문이었을 것으로 보입니다. 새로운 지식이 발견되면 우리가 얼마나 무지했는지 새삼 깨닫게 되지 않던가요? 새로운 지식의 발견은 무지의 발견을 이끄므로 더 많이 알수록 무엇을 몰랐는지도 더 많이 알게 됩니다. 새로운 발견과 무지의 발견이 수용되는 사회문화적 분위기가 조성되면 서로 생각을 교환하는 지적 상호작용이 활발해지지요. 지적 상호작용은 공동체적 활동으로 변모하기에 왕성한 연구 활동이 가능해집니다. 해부학 연구에서 이러한 공동체적 활동은 기원전 3세기경 이집트 알렉산드리아에서 본격적으로 등장했습니다.

인체 해부의 시작, 탈진실로부터의 해방

고대 그리스에서 등장한 자연적 질병관은 의사가 신이나 악령이 아닌 환자의 몸에 집중하도록 만들었습니다. 하지만 당시 의학 체계에서 해부학적 지식은 큰 의미를 갖지 못했습니다. 인체 해부가 금지되고 대부분의 장례가 화장으로 치러진 이유도 있었으나, 무엇보다 체액의 조화와 균형이라는 관점에서 질병을 설명하고 치료법이 제안되었기 때문에 해부학에 관심을 기울일 필요가 없었습니다.

변화의 조짐은 기원전 3세기경 이집트 알렉산드리아에서 시작되었습니다. 연구를 장려하는 풍토와 개방적 분위기는 알렉산드리아가 학문의 중심지로 발전하는 데 한몫했습니다.[11] 알렉산드로스 대왕이 죽은 후 이집트를 다스린 프톨레마이오스Ptolemaios I Soter 는 알렉산드리아에 당대 최고의 학술연구소 '무세이온museion'과 고대 최대 규모의 도서관 '비블리오테카'를 세워 서양 학문의 비약적 발전을 이끌었습니다. 나아가 유클리드Euclid 나 아르키메데스Archimedes 같은 유명한 학자들이 알렉산드리아에서 열정적인 연구와 논쟁을 이끌면서 새로운 지적 흐름과 학문 발전에 기여했지요.

알렉산드리아는 알렉산드로스 대왕의 스승인 아리스토텔레스의 영향을 크게 받으면서 실증적으로 탐구하는 과학적 의학이 발전할 만한 분위기가 조성되었습니다.[12] 기원전 3세기 후반에는 사형수의 인체 해부가 허용될 정도였지요.[13] 공포심을 조장할 목적도 있었기에 죄수의 사체 해부가 공공장소에서 이루어지기도 했습니다. 따라서 인체 해부는 학술적 풍토, 통치자의 성향, 정치적 필요성 등이 어우러진 결과로 볼 수 있습니다. 다만 해부학의 발전은 질병 이론의 발전이나 치료 기술의 진보와는 무관하게 호기심을 충족하고 경험적 성취를 이루려는 학술적 차원에서 이루어진 것으로 보입니다.

알렉산드리아 의학을 이끈 대표적 인물로는 헤로필로스Herophilos 와 에라시스트라토스Erasistratus 를 꼽을 수 있습니다.[14] 두 사람이 남긴 저서는 알렉산드리아 대화재로 모두 소실되었지만, 갈레노스에 의해 그들의 업적이 전해졌습니다. 그들은 인체 해부로 큰 명성을 얻었지만 논란도

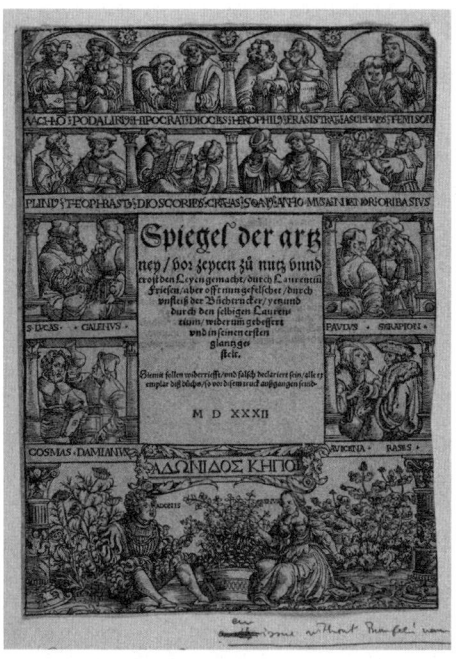

《의학의 거울》 권두화

독일의 의사이자 점성술사 로렌츠 프라이스가 쓴 《의학의 거울》 권두화, 1532년. 24명의 의사 초상화 중 가장 상단의 세 번째 칸, 다섯 번째와 여섯 번째 의사가 헤로필로스와 에라시스트라토스입니다.

상당했는데, 아무리 범죄자라지만 잔인하게도 살아 있는 상태에서 해부했다는 의심을 받았기 때문입니다. 라틴 신학의 아버지 테르툴리아누스는 그들을 도살자라고 비난했고, 의학저술가 켈수스는 범죄자가 산 채로 해부되었다고 강력히 비판했습니다.[15]

헤로필로스는 히포크라테스 학파의 신봉자인 프락사고라스Praxagoras에게 철학과 의학을 배웠습니다. 테르툴리아누스에 따르면 헤로필로스는 600구 정도의 인체를 해부했다고 합니다.[16] 최초로 해부학 연구를 체계적으로 수행했기에 헤로필로스는 흔히 해부학의 아버지로 불립니다. 그럼에도 헤로필로스는 히포크라테스의 체액설을 받아들였기 때문에 해부학적 관점에서 새로운 질병 이론을 만들어내지는 못했습니다.

에라시스트라토스도 헤로필로스처럼 해부학자였는데, 해부학적 특징을 묘사하는 데서 그치지 않고 장기의 기능을 탐색하려고 노력한 최초의 생리학자이기도 했습니다. 그는 심장의 박동 기능과 신경의 감각 및 운동 유발 기능을 알아냈습니다.[17] 놀랍게도 에라시스트라토스는 병에 걸리면 인체 장기에 국소적인 변화가 일어난다는 사실을 확인하여 히포크라테스의 체액병리학 이론을 반박했습니다. 이와 같은 이유로 에라시스트라토스를 병리학의 아버지로 칭하기도 합니다. 하지만 에라시스트라토스의 이론은 체액병리학 이론을 지지한 갈레노스의 벽에 막혀 더 이상 주목을 받지 못했습니다.[18]

헤로필로스와 에라시스트라토스가 남긴 저서는 모두 소실된 반면, 로마제국의 위대한 의사 갈레노스가 남긴 방대한 분량의 저서는 상당히 잘 전승되었습니다. 2세기 중반부터 인체 해부가 엄격히 금지되었기 때문에 갈레노스는 기존 해부학 지식과 동물 해부에서 유추한 지식을 합쳐서 인체 해부학과 생리학에 관한 이론 체계를 구축했습니다. 갈레노스의 이론은 그럴듯하고 완벽하게 우리 몸의 구조와 기능을 설명하려고 했기 때문에 중세 시대 의학 규범으로 자리 잡을 수 있었지만, 그만큼 오류가 많이 포함될 수밖에 없었습니다.

동물의 장기는 사람의 장기 구조와 비슷하지 않은 부분도 있으므로 동물 해부에 기반하여 유추한 인체해부학 지식은 오류를 포함할 가능성이 높습니다. 또한 잘 모르는 부분을 그럴듯한 설명으로 메우는 방식은 과학적 진실을 왜곡할 위험이 큽니다. 오늘날의 시각으로 표현하면 갈레노스의 해부학 체계는 사실보다 신념과 권위에 기대는 탈진실post-truth적 요소를 포함했다고 평가할 수 있겠지요. 완벽한 세계라는 이상에 사로잡혀 객관적 증거에만 의존하는 것이 아니라 설득력 있는 서사와 신념에 호소하는 방식이 동원된 것입니다.

하지만 과학이 발전하여 지식이 축적되고 과학적 사고가 널리 퍼지면 사실이 아닌 사실스러움은 점점 더 설 자리가 없어집니다. 르네상스를 거치면서 정교한 근대적 해부학이 탄생하자 갈레노스의 의학 이론은 비판의 대상이 되었습니다. 갈레노스 이론을 비판하는 것이 곧 의학의 발전이라고 할 수 있을 정도였지요. 갈레노스의 평판은 서서히 추락했고 기어코 의학 발전을 저해한 인물로까지 몰렸습니다. 의학의 역사에서 갈레노스만큼 한 인물에 대한 평가가 시대에 따라 극단적으로 변한 사례는 찾기 힘듭니다.

갈레노스는 엄청난 연구 업적을 이루었지만 제자를 두거나 학교를 세우지 않았습니다. 그런데다가 중세 동안에는 체액병리학 이론과 기독교 교리가 지배했기에 해부학 연구가 큰 진전을 이룰 수 없었지요. 더군다나 온전한 신체에서 영혼이 부활한다는 기독교 전통에서 인체 해부는 쉽게 허용되지 않았습니다.

이후 12세기 대학이 등장할 때까지 수도원은 유일하게 고전 문헌을 정리하고 필사하는 곳이었습니다. 필경사의 노력에 힘입어 1,000년 넘는 세월 동안 갈레노스의 저서들이 보존되었지만, 한편으로는 지식이 전승되기만 하면서 갈레노스의 의학 이론은 교조적 성격을 띠었습니다. 또한 "이미 있던 것이 후에 다시 있겠고 이미 한 일을 후에 다시 할지라 해 아래에는 새 것이 없나니"라는 전도서의 한 구절이 말해주듯, 새로움이 없다는 생각이 중세 시대를 지배했습니다. 따라서 중세 동안에는 해부학의 발전이나 새로운 해부학적 발견을 기대하기 어려웠습니다.

이외에도 해부학이 발전하지 못한 이유로 삽화에 대한 인식이나 기술적 문제도 있었습니다. 갈레노스의 저술에는 삽화가 수반된 적이 없었고 심지어 갈레노스는 삽화에 가치가 없다고 말하기까지 했습니다. 사실 인쇄술이 개발되기 이전 필사로 책을 제작하던 시절에는 필경사의 예술적 소질에 따라 필사한 그림의 품질이 크게 좌지우지되었습니다. 해부학적 관찰을 삽화로 옮길 만한 회화 기법의 발전 또한 없었지요.

아우구스티누스Augustinus 는 신플라톤주의를 바탕으로 기독교 신학 체계를 세웠으며, 이러한 관점에서 인체 구조를 소우주 혹은 우주의 축소판이라고 보았습니다. 다만 인체의 신비로운 질서를 강조했을 뿐, 인체 구조를 이해하기 위한 해부학적 탐구에는 주목하지 않았습니다. 그럼에도 해부학의 불씨는 완전히 꺼지지 않았는데, 이는 주로 이슬람 문명권에서 의학이 발전하고 13세기 이후 유럽에서 제한적으로나마 시신 해부가 이루어진 덕분이었습니다.

원근법의 등장이 의미하는 것

십자군 전쟁 이후 유럽 사회는 도시의 성장, 고딕 예술의 태동, 그리스 철학과 학문의 부활 같은 큰 사회적 변화를 겪었습니다. 11세기 이후 경제가 호전되면서 지식을 추구하는 사람들이 유럽 곳곳을 여행하며 뛰어난 학자를 찾아다니는 학문적 성지순례를 떠날 여건이 마련되었고, 수도원을 벗어난 곳에서 다양한 학문 활동이 활발히 이루어졌습니다.[19] 이러한 흐름 속에서 이탈리아 볼로냐를 시작으로 학생과 교수가 자발적으로 모여 강의를 듣는 공동체가 생겨났고, 이는 자연스럽게 대학의 형태로 발전했습니다.

따라서 초기 대학은 특정한 기획 아래 설립된 제도적 기관이 아니었으며, 처음에는 고정된 공간도 없이 학문적 만남을 중심으로 운영되었습니다. 학문 공동체의 자발적 형성과 지식 탐구라는 측면에서 고대 그리스의 아카데메이아Académeia 나 리케이온Lykeion 을 떠올리게 하지요. 중세학자 찰스 해스킨스Charles Homer Haskins 는 이런 지적 열풍을 '12세기의 르네상스'라고 불렀습니다. 이 시기에 세속적 학문과 종교 교리가 공존할 토대가 마련되었고, 경험을 지식의 원천으로 인식하기 시작하면서 과학적 연구로 성서의 타당성을 설명할 수 있으리라는 기대가 생겨났습니다. 문예부흥 운동에 200년 앞서 일어난 학문부흥 운동은 의학이 지닌 본질적인 경험적 속성에 힘입어 근대 의학, 특히 근대 해부학이 출현하는 데 중요한 지적 자양분이 되었습니다.

14세기 중반 흑사병이 창궐하면서 유럽은 엄청난 변화의 소용돌이에 빠져들었습니다. 흑사병의 참상으로 구원은 비참함을 통해서만 온다는 기독교적 믿음과 교황의 권위가 약화되었습니다. 하지만 인구의 3분의 1이 줄면서 생존자의 실질 임금이 크게 오르자 새로운 번영의 시기가 시작되었습니다. 부가 쌓이고 시장에 활기가 돌면서 학자와 장인이 만나 소통할 기회가 늘어났지요.[20] 학자의 추상적 이론은 장인들이 전통 기술과 관습을 검토하고 향상하는 데 활용되었고 장인의 실용적이고 경험적인 기술은 학자들이 전통적 이론을 의심하고 비판하는 데 크게 기여했습니다.

한편 15세기 중반 요하네스 구텐베르크Johannes Gutenberg가 인쇄술을 개발하자 책값이 크게 떨어졌고, 학자가 아니더라도 누구나 비교적 쉽게 책을 소유할 수 있었습니다. 인쇄술은 지식이 지리적 장벽을 넘어 정확하고 빠르고 폭넓게 확산되고 전승되게끔 해주었고, 지식의 표준화라는 결과를 낳았습니다. 손으로 필사할 때마다 일어나는 저마다 다른 오류가 사라지고, 어느 장소에 있든 동일한 글을 읽고 검토할 수 있게 된 것이지요. 무엇보다 인쇄술은 지적 권위를 비판하고 새로운 생각을 펼칠 자유를 가져다주었습니다.

르네상스 시기 갈레노스가 저술한 의학 서적이 많이 발굴되고 인쇄본으로 출간되자 의학 지식의 화신으로 여겨지던 갈레노스 이론의 오류가 두드러지게 드러났습니다. 더 이상 갈레노스 의학의 문제점을 필경사의 실수 탓으로 돌리기 어려워졌지요. 새로운 해부학의 탄생과 더불어 인쇄술의 발전과 고전 문헌의 재보급은 옛날 의학 이론 체계의 문제점을 깨닫고 새로운 학문적 발전의 필요성을 절감하는 계기가 되었습니다.

　인쇄술은 또한 개인적 경험과 지식이 공동의 경험과 지식으로 전환되는 일을 촉진했습니다. 그뿐만 아니라 서로 다른 지식의 상호작용도 활발하게 일어나도록 했지요. 특히 서로 상반되는 사실들을 쉽게 알아차리도록 하거나, 끊임없는 사실 검증을 조장함으로써 진위를 판별할 사고와 방법의 고안을 자극했습니다. 이는 공통적 지식 기반의 확립과 비판적 공동체의 형성 및 성장을 안내하는 일이기도 했습니다. 인쇄술의 등장으로 출판 시장과 지식 공유 문화가 형성되지 않았더라면 새로운 발견의 우선권을 다투는 일도, 지식이 공적으로 수용되는 일도 가능하지 않았을 것입니다.

　인쇄술에 앞서 기록 매체의 변화 역시 근대 해부학의 탄생에 매우 중요한 역할을 했습니다. 파피루스로 만든 두루마리 형태의 서적은 대부분 내구성이 길어야 100년에서 200년밖에 되지 않아서 주기적으로 다시 옮겨 써야 했습니다. 양피지로 만든 책인 코덱스$_{codex}$는 200년 내지 300년에 한 번씩 필사해서 보존해야 했지요. 중세에도 내구성이 뛰어난 종이가 다마스쿠스를 거쳐 유럽에 수입되기는 했지만, 가격이 매우 비쌌습니다. 하지만 흑사병 이후 사망자가 크게 늘면서 종이의 원료인 누더기 천이 남아돌았고, 제지 기술이 유럽 전역에 퍼지면서 발전하자 종이 가격이 크게 떨어졌습니다.

　이런 격변의 분위기 속에서 이탈리아를 중심으로 도시가 번영하면서 도시국가가 출현했습니다. 새롭게 제도가 정비되고 시민문화가 형성되었지요. 이러한 사회적·경제적 토대 위에서 '위대했던 로마의 부흥'이라

수태고지

레오나르도 다빈치, 1472년, 우피치 미술관, 이탈리아 피렌체. 20살의 레오나르도가 이 그림에서 구현한 정확한 원근법은 알베르티가 《회화론》에 묘사한 구조의 전형을 보여줍니다.

는 생각이 가속화되었고, 나아가 새로운 시대를 열어야 한다는 믿음*이 퍼져나갔습니다.[21] 특히 도시국가의 군주들은 자신들의 통치 권력에 정당성을 부여해야 했기에 궁정을 짓고 인문주의자와 예술가를 불러들여 군주를 위대하게 미화하는 작업을 하도록 했습니다.

르네상스 시기의 사회문화적 변화는 예술가들이 원근법을 활용하기 시작한 데서 잘 드러납니다. 이전과 다른 새로운 인간의 위치와 역할을 보여주었지요. 원근법은 철저한 수학적·기하학적 계산으로 공간의 깊이를 재구성하고 재현하는 기법입니다. 이는 신의 관점에서 세계를 이해하는 방식에서 벗어나 인간 자신이 중심이 되어 세계를 이해하고 해

---

*   '르네상스'라는 용어는 프랑스 역사학자 쥘 미슐레 Jules Michelet 가 고대 학문과 예술 유산의 복원 또는 재탄생을 강조하고자 만든 개념입니다. 다만 이 용어의 의미와 시기에 관해서는 여러 비판적 시각이 존재한다는 점을 염두에 둘 필요가 있습니다.

석하기 시작했음을 알리는 것으로, 중세 세계관에서의 탈피를 보여줍니다.[22] 원근법을 뜻하는 'perspective'는 '명확하게 본다see clearly'는 뜻의 라틴어 'perspicere'에서 유래하였는데, 독일 화가 알브레히트 뒤러는 이를 '통하여 본다see through'고 표현한 바 있습니다.

르네상스 예술가들은 헬레니즘 예술가들의 위대한 성취와 노력에 주목하여 인체의 조화를 재현하려면 인체 내부와 외부 구조를 잘 알아야 한다고 생각했습니다. 이탈리아 건축가 레온 바티스타 알베르티Leon Battista Alberti는 "동물의 뼈를 각각 분리하고, 그 위에 근육을 붙이고, 그 모든 것 위에 피부를 덮어라"라고 말하면서 인체 구조를 아는 일의 중요성을 강조했습니다.[23] 알베르티의 생각은 레오나르도 다빈치Leonardo da Vinci를 포함하여 많은 르네상스 예술가에게 영향을 주었지요. 이처럼 해부학을 향한 르네상스 예술가들의 관심은 심미적 동기에서 비롯되었으나, 근대 해부학의 탄생과 의학 발전에 지대한 영향을 끼쳤습니다.

레오나르도의 스승이자 조각가인 안드레아 델 베로키오Andrea del Verrocchio는 모든 제자에게 피부를 벗긴 시신을 관찰하도록 했습니다. 레오나르도는 "화가는 훌륭한 해부학자일 필요가 있다. 그래야 인간의 나체 골격을 설계하고 힘줄, 신경, 뼈, 근육의 구조를 알 수 있다"라고 했고, 자신의 노트에 해부는 이단적 행위가 아니라 신의 작품을 잘 이해하는 방법이라고 기록해 두기도 했습니다. 의학이 예술과 만나지 않았다면 복잡한 해부 구조를 생생하게 재현해내기 쉽지 않았겠지요.

근대 해부학의 탄생과 발전에서 르네상스 예술가의 공헌은 다른 곳에서도 찾을 수 있습니다. 해부학적 관찰을 글로만 표현하면 해부 구조의 형태를 머릿속에서 쉽게 연상하고 이해할 수 있을까요? "한 장의 그림이 천 마디 말보다 낫다"라는 공자의 말처럼, 지식을 이미지로 시각화하면 문자로 표현하기 힘든 지식을 훨씬 수월하게 전달할 수 있습니다. 르네상스 예술가들이 바로 이를 구현해낸 것이지요. 그들에 의해 판화 기술이 발전하면서 아주 정교하고 세밀한 그림도 손쉽게 대량으로 제작되고 확산되었습니다. 그림 인쇄가 가능해지자 이성을 훈련하는 일에 시각적 수단이 갖는 중요성이 주목받기 시작했습니다.

플라톤과 아리스토텔레스는 둘 다 예술을 세계에 대한 모방이라고 생각했지만, 전혀 다른 의미로 파악했습니다. 플라톤에게 예술은 이데아를 모방한 현상을 또다시 모방한 것에 불과했습니다. 이와 달리 아리스토텔레스는 인간에게 모방하려는 본성이 내재되어 있다고 보았으며, 이를 다른 동물과 구별되는 특성으로 생각했습니다. 또한 아리스토텔레스에게 예술은 세계를 형상화하고 나아가 이상화하는 중요한 도구였습니다. 13세기 토마스 아퀴나스가 기독교 교의를 이성적으로 조명하고 통찰하면서 아리스토텔레스 사상을 적극적으로 수용했기 때문에 예술의 중요성도 상당한 인정을 받았지요.

이렇듯 흑사병의 창궐, 도시와 경제 번영, 제지술과 인쇄술의 혁신, 예술의 발전 등 다양한 요인이 복합적으로 결부되면서 중세의 견고한 기독교적 토대에 균열이 일어났습니다. 이는 새로운 해부학의 탄생을 안내하는 일이자, 의학 분야에서의 코페르니쿠스적 대전환을 예고하는 일이었습니다.

반면 중국과 인도를 비롯한 동양에서는 서구에 비해 체계적인 해부학 연구가 제한적이었습니다. 유교·힌두교·불교의 영향으로 시신 해부에 종교적 금기가 강했으며, 인체를 기氣나 도샤dosha* 등 기능 중심으로 이해하는 전통이 지배적이었기 때문이지요. 여기에 고전 의학서의 권위를 중시하는 학문 문화와 해부를 뒷받침할 제도적 기반의 부재가 더해지면서 실증적 해부학이 뿌리내리기 어려웠습니다. 동양은 기존 질서와 세계관을 근본적으로 흔들지 못한 반면, 서양은 균열을 내면서 새로운 의학의 지평을 연 것입니다. 게다가 동양에서는 의사들이 황제에게 직업적 충성을 바치는 신하의 위치에 머물렀고, 민간 의사의 지위와 사회적 위상이 낮았기 때문에 의사가 독립된 전문 직업이나 자율적 조직으로 발전하기 어려웠습니다.

우리는 흔히 과학과 의학의 '결과'만을 보곤 합니다. 그러다 보면 꼭 학문이 외부와는 무관하게 스스로의 논리만으로 발전해온 것처럼 착각하기 쉽습니다. 하지만 과연 그럴까요? 과학과 의학이 오늘날의 모습을 갖추기까지는 시대의 흐름에 따른 사회문화적 영향이 깊이 작용했습니다. 이것이 과학과 의학의 발전 뒤에 숨은 역사적 맥락을 함께 봐야 하는 이유입니다.

뒤에서 다시 설명하겠지만, 의학은 아직도 무궁무진한 도전을 눈앞에 두고 있습니다. 앞으로 의학은 어떤 모습으로 변화할까요? 의학의 발전

---

*　도샤는 아유르베다 의학의 핵심 개념으로, 개인의 고유한 생체 에너지 또는 체질을 뜻합니다. 아유르베다에 의하면 인간의 몸과 마음은 세 가지 도샤, 즉 바타Vata, 피타Pitta, 카파Kapha에 의해 조절됩니다. 바타는 움직임, 피타는 소화와 대사, 카파는 구조와 안정성을 담당합니다. 세 도샤의 균형은 건강 유지에 필수적이며, 아유르베다는 도샤의 불균형을 조절해서 건강을 회복하고 증진하는 데 중점을 둡니다.

이 어떤 모습을 하게 될지는 지금 시대를 살아가는 우리의 고민과 판단에 달려 있겠지요. 그러니 우리는 멈추지 말고 치열하게 공부하고 생각하고 고민해야 하지 않을까요?

예술가는 어쩌다
근대 의학을 열어젖혔나?

르네상스를 대표하는 인물로 가장 먼저 언급되는 레오나르도 다빈치는 해부학에도 깊은 관심과 식견을 지녔습니다. 레오나르도는 1489년 처음으로 사람 두개골을 해부하고 내부 구조를 탐구하여 해부도를 남겼습니다. 두개골의 겉면과 내강을 함께 볼 수 있는 획기적인 기법을 선보였지요. 19세기까지도 구조물의 절단면을 묘사하거나 설명하는 기법이 크게 유행하지 않았다는 점에서 그의 천재성이 잘 드러납니다. 또한 두개골의 정면뿐 아니라 측면을 관찰한 해부도는 그의 입체적 재구성 능력을 잘 드러냅니다.

레오나르도는 피렌체의 산타마리아 누오바 병원과 로마의 산토스피리토 병원 등에서 인체 해부에 참여하여 240여 개의 해부도와 1만 3,000개 단어에 달하는 글을 노트에 남겼습니다.[24] 그는 밀라노의 파비아 대학 의대 교수였던 마르칸토니오 델라 토레Marcantonio della Torre 와 함께 진행한 해부학 연구를 정리하여 서적으로 출간하려 했습니다. 하지만 토레가 30세의 나이에 흑사병으로 갑자기 세상을 떠나면서 해부학 저서 발표 계획은 수포로 돌아가고 말았지요.[25] 현재까지 전해진 레오나르도의 해부학 도면은 윈저 왕립 컬렉션에서 확인할 수 있습니다.

해부학과 병리학의
연결고리를 찾다

기독교 교의가 지배한 중세 시대에는 종교적·사회적 분위기로 인해 인체 해부 연구에 제약이 따랐습니다. 온전한 신체에서 영혼이 부활한다는 기독교 전통과 사회적 금기로 인체 해부가 쉽게 받아들여지지 않았지요. 하지만 13세기에 들어서면서 볼로냐 등지에서 시신 해부가 극히 제한적으로 시도되었습니다.[26] 한편 십자군 전쟁 시기 전사자의 심장을 별도로 고향에 매장하려는 풍습이 생기면서 시신을 처리할 실용적 필요가 생겼고, 이에 따라 시신 내부를 다루는 행위에 따른 사회적 거부감이 점차 완화되었습니다.

1209년 교황 인노켄티우스 3세Innocentius III 는 사망 이유가 의심스러울 때 경험이 풍부한 의사에게 체계적인 사후 검증을 받으라고 권고했습니다.[27] 신성 로마 제국의 황제 프리드리히 2세Friedrich II 는 1231년 반포한 살레르노 칙령Edict of Salerno 에서 의과대학이 5년마다 적어도 한 구

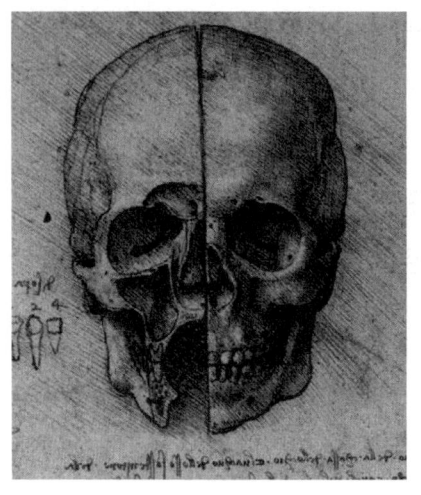

레오나르도 다빈치가 해부한 두개골 습작 일부

1489년, 윈저 왕립 컬렉션, 영국 런던.
레오나르도는 얼굴의 내강이 어느 지점에 위치하는지를 쉽게 파악할 수 있도록 앞면을 잘라낸 두개골(왼쪽 절반)과 그렇지 않은 두개골(오른쪽 절반)을 함께 그렸습니다.

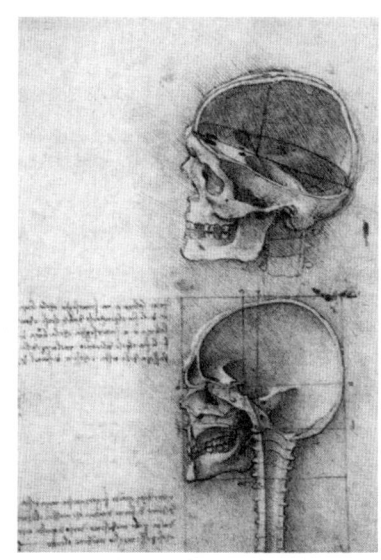

위는 왼쪽 두개골 4분의 1을 절단한 이미지이고 아래는 왼쪽 두개골 2분의 1을 절단한 이미지입니다.

레오나르도 다빈치의 해부학 연구는 옆의 QR 사이트에서 더 많이 살펴보실 수 있습니다.

의 인체를 해부하도록 허용하여 해부학 연구와 교육의 활성화에 크게 기여했습니다.[28] 1315년경 이탈리아 볼로냐 의과대학 교수 몬디노 데 루치 Mondino de Luzzi 는 부검을 정식 교과목으로 채택했습니다. 부검을 뜻하는 'autopsy'는 원래 직접 본다는 뜻으로 경험주의와 정확성을 상징하는 용어입니다. 1348년 교황 클레멘스 6세 Clemens VI 는 시에나에서 역병으로 사망한 환자의 시신을 부검하라고 명령하기도 했습니다.

과학적 병리학의 창시자로 불리는 15세기 피렌체 의사 안토니오 베니비에니 Antonio Benivieni 는 사망과 질병의 다양한 원인을 설명하고자 부검을 시작했습니다.[29] 베니비에니 사후에 발표된 《질병과 치료의 숨겨진 이상한 원인에 대하여 De abditis nonnullis ac mirandis morborum et sanationum causis 》에는 그가 조사한 111건의 임상 사례와 20건의 부검 연구 내용이 담겨 있습니다. 해부학과 병리학의 연결고리에 호기심이 싹트기 시작했다고 해석할 수 있겠지요.

1482년 교황 식스투스 4세 Sixtus IV 는 기독교 의식에 따라 유해를 매장한다면 사형수의 시신을 해부하는 일에 반대하지 않겠다면서 사체 해부를 제한된 범위에서 허용했습니다.[30] 이후 16세기 중반부터 해부의 인기는 대학을 넘어 일반 대중에게까지 퍼졌습니다. 많은 군중이 공개 해부를 보기 위해 모여들 정도였지요.[31] 인체 해부가 허용되고 인기를 얻어가는 분위기 속에서 의사와 예술가가 해부학 연구에 협업하는 일이 본격화되었습니다.

레오나르도는 베로키오 공방 시절 동물을 해부하기 시작한 이래 40년 이상 해부학을 연구했습니다. 레오나르도는 30구의 시신을 해부했다고

몬디노의 해부학 수업

1493년 출간된 《인체해부학》의 삽화. 몬디노 데 루치가 1316년에 집필한 그의 저서는 중세 후기의 가장 중요한 해부학 교과서 중 하나로 평가받으며, 1475년경 파도바에서 처음 인쇄되었습니다. 시체 해부자가 의자에 앉은 교수의 지시에 따라 해부를 실시하고 있지요. 몬디노는 사람을 해부하는 방법과 순서를 잘 확립하고 상세히 기술했기 때문에, 그를 '해부학의 재건자'라고 부르기도 합니다.

말한 것으로 전해지지만 실제로 그가 직접 해부한 것은 10구 이내로 보입니다.[32] 이를 바탕으로 해부학적 구조를 매우 정교하게 시각화하여 재현해냈지요.

레오나르도의 해부도는 상당히 정확한 관찰을 기반으로 합니다. 심장 꼭대기 부분에 왕관처럼 보이는 관상동맥을 최초로 정확하게 묘사했고, 심장이 네 개의 방으로 구성되어 있다는 사실도 알아냈지요.[33] 100세 노인의 사인을 밝히는 과정에서는 최초로 동맥경화 소견을 밝혔습니다.

"나는 이처럼 감미로운 죽음의 원인을 알아보고자 시신을 해부했다. 심장에 영양을 공급하는 동맥과 그 아래 다른 부분에 혈액이 부족하여 죽음이 시작된다는 사실을 발견했다. 그 동맥은 아주 건조하고 가늘고 시들어 있었다. 두 살짜리 아이를 해부하면서는 모든 것이 노인의 해부와 반대되는 것을 발견했다"라고 노트에 적어 두었지요.[34]

레오나르도의 해부학이 얼마나 대단한지는 중세 의학을 대표하는 이븐 시나의 《의학 규범》 속 해부학 삽화를 보면 금방 알 수 있습니다. 이븐 시나는 아리스토텔레스와 갈레노스의 이론 체계를 바탕으로 이슬람 의학을 집대성했기 때문에 체액병리학의 관점에 묶여 있었습니다. 따라서 질병 치료에 해부학이 의미를 갖기 어려웠지요. 이런 배경은 왜 이렇게나 해부학 삽화가 어설펐는지를 일러줍니다. 앞서 잠깐 설명했듯 갈레노스도 여러 저서를 남겼지만 삽화나 도해를 거의 넣지 않았고, 필사로 책을 옮길 때 그림의 질이 유지되기 어렵다는 문제도 있었습니다.

레오나르도는 르네상스를 대표하는 예술가이자 해부학의 선구자였지만, 여전히 갈레노스와 중세의 전통에서 벗어나지 못하는 전환기적 모습을 보였습니다. 갈레노스의 해부학적 오류를 그대로 반복하는 면도 있었고, 사람과 동물의 장기를 혼합하여 표현하기도 했으며, 실제 존재하지 않는 이상적인 형태의 해부도를 묘사하기도 했습니다. 이는 레오나르도가 과학적 측면이 아니라 예술적 측면에서 신체를 효과적으로 표현할 보편적 기준을 정리하려는 의도가 강했기 때문으로 보입니다. '예술 해부학'을 추구한 것이지요.

레오나르도는 뛰어난 관찰력과 묘사력을 바탕으로 전례 없이 방대한

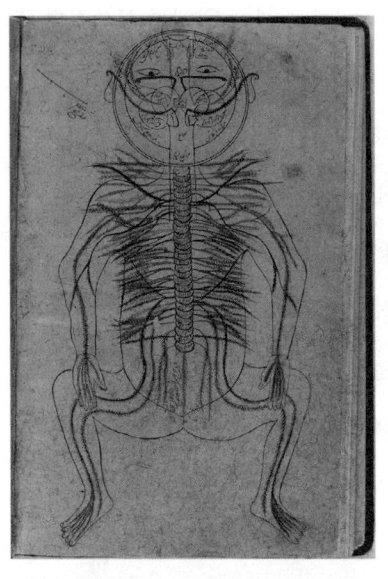

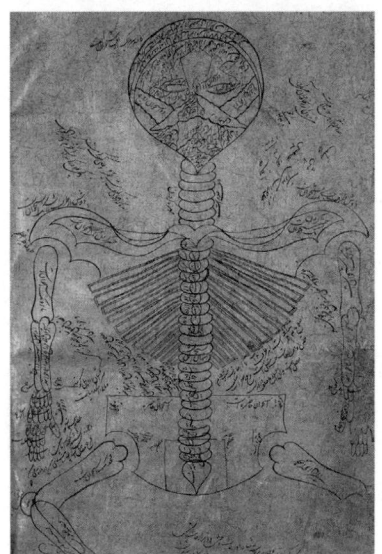

《의학 규범》속 해부도

이븐 시나, 1020년경, 웰컴 라이브러리, 영국 런던. 위쪽부터 차례로 신경 구조, 내장, 골격 해부도입니다.

분량의 정밀한 해부 도면을 남겼습니다. 그의 해부학 연구는 심미적 동기가 강했다고 하더라도 의학 분야에 큰 영향을 미치지 않았을까요? 안타깝게도 레오나르도의 노트는 그의 살아생전 빛을 보지 못했습니다. 1519년 레오나르도가 세상을 떠나자 그의 애제자인 프란체스코 멜치 Francesco Melzi 가 노트를 물려받았는데, 이후 경위는 확실하지 않지만 레오나르도의 해부도는 1690년경 영국 윈저성의 왕실도서관으로 넘어갔습니다.

1778년 영국 국왕 조지 3세 George III 의 사서였던 리처드 돌턴 Richard Dalton 이 레오나르도의 해부도를 발견하여 당대 가장 저명한 해부학자이자 남자 조산사 man-midwife 인 윌리엄 헌터 William Hunter 에게 보여주었습니다. 이를 본 헌터는 "레오나르도야말로 당대 최고의 해부학자였다"라는 말로 찬사를 보냈습니다. 헌터는 최초로 레오나르도의 해부도와 그에 따른 논평을 묶어서 출판하려 했으나 그전에 죽음을 맞이하고 말았습니다. 레오나르도의 해부도는 1796년이 되어서야 출판되어 대중에게 알려졌습니다.

르네상스 예술가에 의해 큰 진전을 이룬 해부학 드로잉 기법은 16세기 근대 의학의 탄생에 지대하게 공헌했습니다. 하지만 레오나르도의 해부학 도면은 잠시 흔적을 감추었다가 200년 만에 발견되었기 때문에 안타깝게도 당대 해부학 발전에는 별다른 영향을 미치지 못했습니다. 이런 이유로 레오나르도를 '숨겨진 해부학의 아버지'라고 부르기도 합니다.[35] 레오나르도의 해부학이 일찍 알려졌더라면 그는 해부학의 아버지로 칭송받고 의학의 발전을 한발 더 앞당겼을 가능성이 큽니다. 이는 지식이 기록되어 전파되고 전승되는 일이 얼마나 중요한지 선명하게 보여줍니다.

원래 해부는 의사의 몫이 아니었다고?

중세에는 새로움이 없다는 생각이 팽배했기 때문에 기존 지식을 검증할 필요도, 새로운 탐구를 해야 할 이유도 없었습니다. 중세에도 "경험은 위대한 교사다"라는 격언이 널리 퍼져 있었으나, 이미 알고 있는 것을 경험한다는 뜻일 뿐 경험을 통해 기존의 지식을 비판하거나 새로운 지식을 추구한다는 의미가 아니었습니다.[36] 하지만 대항해 시대가 열리면서 신세계에서 새로운 동물과 식물이 물밀듯이 밀려들고 대륙 간 생태적 교환이 일어나자 고전적 지식의 정확성과 새로운 것이 없다는 믿음에 균열이 일어났습니다.* 이는 바라보는 방식이 바뀌면 구세계에서도 얼마든지 새로운 발견이 가능하다는 뜻이기도 합니다. 기존에 알려지지 않은 무언가를 발견하거나 발명하는 일이야말로 자연철학의 자랑이자 가장 큰 목적이 되기 시작했지요.

혁신의 분위기 가운데 새로운 의학의 탄생은 베네치아의 파도바 대학

---

* 콜럼버스의 아메리카 대륙 발견은 잘못된 아이디어라도 세계를 크게 변화시킬 수 있다는 점을 잘 보여줍니다.

이 주도했습니다. 볼로냐 대학에서 상당수의 교수와 학생이 학문적 자유를 좇아 파도바로 이주하면서 파도바 대학의 역사가 공식적으로 시작되었습니다. 파도바 대학의 정신은 "파도바의 자유, 그 누구에게나 모두를 위해 Universa Universis Patavina Libertas"라는 모토에서 잘 드러납니다. 파도바 대학이 혁신의 전초기지가 될 수 있던 데는 몇 가지 이유가 있는데, 다음과 같이 짧게 정리해볼 수 있습니다.[37]

첫째, 베네치아는 로마나 볼로냐처럼 교황령에 속하지 않은 독립적인 공화국 체제였기 때문에, 상대적으로 종교적 통제에서 벗어나 유연한 지적 환경을 갖출 수 있었습니다. 둘째, 동로마 제국이 몰락한 이후 베네치아는 동지중해와 서유럽, 이슬람 지역을 잇는 교역 거점으로서의 역할을 계속 이어갔습니다. 다양한 문화권과의 접촉이 활발해지면서 인문학적 이해의 필요성과 지적 생산이 더욱 중요해졌지요. 타문화를 이해할 필요성이 커지면서 인문학자와 번역가의 활동이 활발해졌고, 베네치아 공화국이 지배하던 파도바 대학교 등에서는 이들을 양성하고 지원하는 기반이 마련되었습니다. 셋째, 베네치아는 유럽 인쇄 문화의 중심지로 떠오르면서 아리스토텔레스 저작과 그에 대한 주석서들을 비롯해 다양한 고전 텍스트를 출판했고, 이에 따라 새로운 학문적 토대가 마련되었습니다. 또한 다양한 출신의 상인과 난민, 망명자들이 모여서 형성한 도시였던 만큼, 실용적이고 상대적으로 관용적인 분위기를 유지하려 노력했습니다.

파도바 대학은 이처럼 부유하고 학문적 자유와 열정이 넘쳐흘렀기 때문에 우수한 프로테스탄트 교수와 학생을 받아들이고 도전적인 교육과정을 구성할 수 있었습니다.[38] 이러한 분위기 속에서 안드레아스 베살리우스Andreas Vesalius 의 등장에 힘입어 해부학에 바탕을 둔 의학, 근대 의학이 탄생했습니다. 베살리우스는 파리 대학에서 자코부스 실비우스Jacobus Sylvius 에게 해부학을 배울 때 파리 인근의 공동묘지에서 시체를 구해 올 정도로 해부 연구에 심취한 인물이었습니다.*

파도바 대학에서 해부학 연구에 몰두한 결과로 베살리우스는 1543년 250여 점의 해부학 삽화가 실린 해부학 저서 《인체 구조에 관하여De Humani Corporis Fabrica》를 발표했습니다. 화가 티치아노 베첼리오Tiziano Vecellio 의 제자 얀 스테판 반 칼카르Jan Stephan van Calcar 등과 함께 공동 작업한 결과였습니다. 의사와 화가의 협업은 인체 구조를 매우 정교하고 정확하게 재현하도록 해주었고, 인쇄술의 발전 역시 해부학의 발전에 빼놓을 수 없는 공로를 세웠습니다. 이븐 시나의 《의학 규범》에 나오는 해부학 삽화와 비교해보면 베살리우스의 해부학이 얼마나 대단한지 금세 드러납니다. 의학적 측면에서 중세 시대를 갈레노스 사망 이후부터 《인

---

* 해부학의 발전 이면에는 종종 묘지 도굴이나 시신 도난과 같은 불법 행위가 따랐으며, 이 과정에서 해부학자가 도굴꾼과 은밀히 거래하기도 했습니다. 이는 당시 해부 실습과 교육에 필요한 시신 수요가 공급을 크게 초과했음을 보여줍니다. 당시에는 시신을 보존할 마땅한 방법이 없어서 시신이 금세 부패했기 때문에, 해부에 사용할 신선한 시신에 대한 수요가 더욱 높아질 수밖에 없었습니다. 이런 상황에서 벌어진 대표적인 사건이 바로 윌리엄 버크William Burke 와 윌리엄 헤어William Hare 의 연쇄 살인이었습니다. 이들은 해부용 시신을 판매하기 위해 16명 이상을 살해하고, 시신을 당시 에든버러 의과대학의 저명한 해부학자 로버트 녹스Robert Knox 에게 넘겼습니다. 사건이 드러난 뒤 버크는 교수형을 당했고, 그의 해골은 지금도 에든버러 대학에 전시되어 있습니다. 이 사건은 결국 1832년 해부법 제정으로 이어져, 해부용 시신 확보의 제도적 정비를 촉진하는 계기가 되었습니다. 한편 해부학자들은 부족한 시신 문제를 해결할 방법으로 조각가들과 협업하여 왁스(밀랍)로 해부 모형을 만들어서 교육에 활용하기도 했습니다. 가장 대표적인 왁스 조각의 달인 중 한 명이 가에타노 줌보Gaetano Zumbo 입니다.

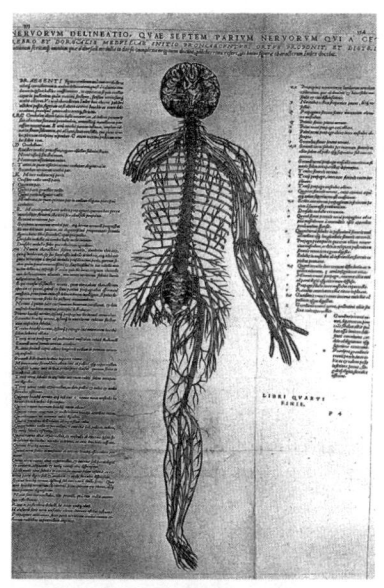
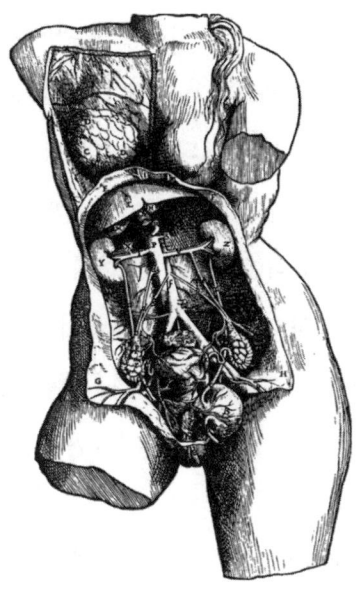
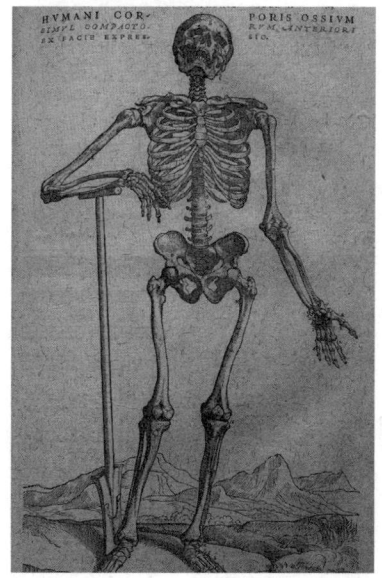

《인체 구조에 관하여》 속 해부도

안드레아스 베살리우스, 1543년. 위쪽부터 차례로 신경 구조, 내장, 골격 해부학 삽화입니다.

특정 장소에 놓이게 된 질병　137

체 구조에 관하여》 출간 전까지로 잡아도 큰 무리가 없을 정도지요.

《인체 구조에 관하여》는 과학과 예술과 문화가 결합한 산물로 베살리우스가 파도바 대학 교수가 된 후 해부 강의를 진행하면서 쌓은 경험과 지식이 토대가 되었습니다. 당시 해부는 신분이 낮은 이발사-외과의사barber surgeon*의 몫이었으나 베살리우스는 금기를 깨고 직접 해부를 시행했습니다. 18세기 초까지 외과의사는 대개 이발사를 겸해서 의사-외과의사로 불렸지요.[39] 베살리우스 이전 해부학 수업의 모습은 요하네스 케탐Johannes de Ketham 의《의학 집성 Fasciculus Medicinae》에 잘 나타납니다. 《의학 집성》은 최초로 해부학 삽화가 인쇄된 책으로도 잘 알려져 있습니다.

《의학 집성》에 나오는 해부학 수업 장면을 보면 소수의 학생을 두고 해부학 교수가 성직자처럼 상단 의자에 앉아 있습니다. 중세 시대의 지식 위계에 따라 해부학 교수는 충분히 안전한 거리의 상석에서 비판의 여지가 없는 갈레노스의 해부학 서적을 낭독했지요. 해부학 수업은 단지 갈레노스가 말한 것을 실제로 보여주는 과정일 뿐이었습니다. 아래쪽에서는 이발사-외과의사가 칼을 들고 해부하고 있으며, 그 옆에서 지시인이 막대기로 해부 지점을 가리키고 있습니다. 교수는 자리에 앉아서 교과서를 낭독만 할 뿐 직접 손을 써서 해부하는 일은 없었습니다.

반면《인체 구조에 관하여》권두화에서는 베살리우스가 상석 의자에

---

* 나라별로 차이는 있었지만, 19세기 전까지 외과의사는 대체로 내과의사보다 신분이 낮았습니다. 의사, 외과의사, 이발사, 이발사-외과의사 사이 다양한 경쟁과 갈등은 수백 년에 걸쳐 얽혀 있기 때문에, 이들의 관계를 단순히 요약하기는 쉽지 않습니다.

앉지 않고 직접 수술용 칼로 해부하는 모습을 보여줍니다. 해부학 지식은 의사 자신이 꼼꼼히 해부하면서 얻을 수 있다는 그의 생각이 잘 드러납니다. 골학骨學이 해부학의 기반이라는 베살리우스의 신념을 보여주듯 상석에는 의자 대신 인체 골격이 자리 잡고 있습니다.[40] 두 명의 이발사-외과의사는 해부용 탁자 아래로 밀려 나가 해부학 도구를 두고 논쟁을 벌일 뿐입니다. 갈레노스가 주로 해부했던 개와 원숭이 역시 귀퉁이로 밀렸는데, 이는 동물이 아닌 인체 해부의 중요성을 강조하는 것이지요. 그래서 철학자 막스 피셔Max Fisch 는 이 권두화를 가리켜 "교육 개혁 선언문"이라고 부르기도 했습니다.[41]

《인체 구조에 관하여》의 권두화에서 베살리우스는 엄청나게 많은 청중에 둘러싸인 채 해부학 수업을 진행하고 있는데, 해부학이 아주 인기 있는 과목임을 보여주려는 의도인 듯합니다. 또한 파도바 시장, 총장, 시의원, 교회와 귀족 대표 등이 해부를 지켜보는 모습은 해부학 수업의 권위를 알도록 해줍니다. 권두화 윗부분의 기둥은 새로운 학문과 세계를 나타내는 코린트 양식으로 구성되어 있습니다. 베살리우스는 교수가 직접 해부를 수행하기를 혐오하고 과거 권위에 무조건 복종하는 일은 시대착오적일 뿐만 아니라 의료 행위에 위험하다고 생각했습니다.

15세기 이후 인체 해부가 활발해지면서 갈레노스 이론의 문제점이 조금씩 드러났지만, 흔히 시체의 결함으로 치부되었습니다.* 베살리우스

---

*   갈레노스의 해부학 이론에 최초로 본격적인 비판을 가한 해부학자 중 한명은 야코포 베렌가리오 다 카르피 Jacopo Berengario da Carpi 입니다. 그는 인체 해부를 근거로 갈레노스 이론의 오류를 지적하면서 경험에 기반한 해부학 지식의 중요성을 강조했습니다.

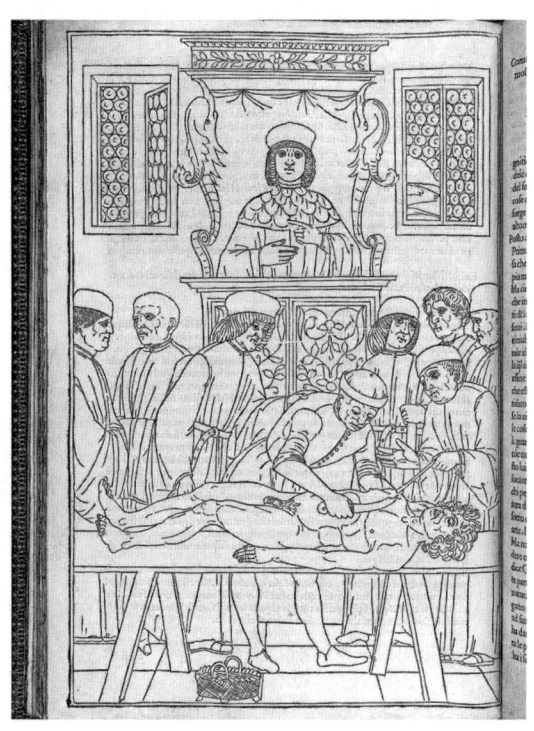

《의학 집성》의 해부 장면

요하네스 케탐, 1495년. 중세 시대의 지식 위계에 따라 해부학 교수는 직접 해부를 행하는 이발사-외과의사와 눈도 마주치지 않은 채, 충분히 떨어진 상석에서 반론의 여지가 없는 갈레노스의 해부학 저서를 낭독했습니다.

《인체 구조에 관하여》 권두화

안드레아스 베살리우스, 1543년. 이 책이 출간된 해 니콜라우스 코페르니쿠스의 《천체의 회전에 관하여》도 함께 발표되었습니다. 코페르니쿠스의 지동설이 과학 혁명의 서막을 열었다면, 베살리우스의 해부학은 의학 혁명의 기점을 마련했다고 볼 수 있습니다. 베살리우스의 영향력은 토머스 제미누스 등 많은 학자가 이 책을 표절했다는 점에서도 확인할 수 있습니다.

의 스승인 야코부스 실비우스Jacobus Sylvius 역시 갈레노스의 절대적 추종자였기 때문에 갈레노스 의학 체계의 완벽함을 향한 변함없는 신념으로 1,000년 사이에 인체 구조에 미세한 변화가 일어났다고 해명하기도 했지요.[42] 베살리우스의 해부학은 쉽게 수용되지 않고 격렬한 비판을 받기도 했지만 갈레노스의 권위를 무너뜨리는 데 결정적으로 기여했습니다.[43] 베살리우스 덕분에 경험에 근거한 의학적 사실의 중요성이 부각되었고, 갈레노스가 오류가 범했다는 사실을 거리낌없이 말할 수 있게 되었기 때문입니다.

베살리우스는 《인체 구조에 관하여》에서 "진리를 향한 사랑에 이끌린 제자는 점차 과거의 사고방식을 버리고 단정적이기보다 유연하고 개방적인 태도를 취하여 갈레노스의 저서보다 자신의 이성을 신뢰할 것이다. 다른 사람의 성과를 맹목적으로 신뢰하는 것이 아니라 스스로 연구할 것이며, 다수의 권위자에게 의지하지 않고 스스로 입증한 모순을 동료에게 알리고 싶어 할 것이다"라고 말했습니다. 이는 지적 독립과 비판적 공동체를 추구하던 근대 과학의 정신을 잘 보여줍니다.

베살리우스의 해부학은 화가의 인체 재현을 향한 관심 증가, 경험을 중요시하는 아리스토텔레스 사상의 확산, 베네치아의 풍요로운 경제 상황, 파도바 대학의 자유로운 학문 풍토, 제지술과 인쇄술의 발전과 같은 사회적·문화적·기술적 배경 속에서 등장했습니다. 베살리우스의 정교한 해부학 도해는 전통과 혁신의 긴장 속에서 근대 의학의 시작을 알리기에 충분했고, 환원주의에 근거한 생의학적 지식 체계가 축적되는 출발점이 되었습니다. 지식은 대상을 세밀히 관찰해서 보여줄 때 비로소 의미를 지닌다는 개념도 구체화되었습니다. 무엇보다 베살리우스의 해부학은 연구자들이 해부학적 발견의 우선권을 주장하고 인정받는 기준을 제공했다는 점에서 의의가 있습니다.

하지만 해부학 지식은 임상의학과 거리가 멀었고 생리학이나 병리학적 질문을 해결하는 데에는 크게 기여하지 못했습니다. 이는 크게 놀라운 일은 아닌데, 16세기 의학도 여전히 갈레노스의 체액병리학이라는 이론적 틀에서 벗어나지 못했기 때문입니다. 베살리우스조차도 새로운 해부학 지식과는 별개로 환자를 치료할 때 사혈법을 즐겨 사용했다는 사실은 해부학 지식이 실제 치료에는 활용되지 못했음을 단적으로 보여줍니다. 새로운 해부학 지식은 17세기에 들어서야 인체의 기능을 탐색하는 데 접목되었지요.

해부학과 병리학은 어떻게 결합해 의학 발전을 주도했는가?

르네상스 시기에 학술 문화와 장인 문화가 상호작용하면서 가치의 전환이 일어났습니다. 그림이 지식 생산에 중요한 영감을 주고 지식 확산에 유용하다는 점이 부각된 것도 그중 하나였지요. 이는 곧 관념적인 이론 중심의 지식뿐만 아니라 수작업으로 얻은 지식도 수용되기 시작했음을 의미합니다. 《인체 구조에 관하여》에서 베살리우스가 손과 팔을 직접 해부하는 독특한 초상화는 이러한 가치의 전환을 연상시킵니다.

새로운 발견은 인체를 해부하는 의사의 몫이었지만 발견을 시각적으로 재현하는 일은 예술가의 몫이었습니다. 의사와 예술가의 협업으로 수작업 지식 manual knowledge 과 시각적 지식 visual knowledge 의 중요성이 크게 각인되었지요. 우리 몸에 관한 새로운 지식은 사람의 몸이 분명한 구조로 이루어져 있고 물질적으로 세상과 분리되어 있음을 확실히 보여주 었습니다. 또한 인체와 세계의 경계를 물리적으로 침범해야 몸속 구조를 연구할 수 있다는 사실이 명확해졌습니다.

왜 극장에서 해부를 시연했을까?

인체 해부를 공개적으로 시연하는 해부학 극장theatrum anatomicum 의 설립은 새로운 의학의 부상을 두드러지게 보여준 징표 중 하나였습니다. 베살리우스의 제자였던 가브리엘 팔로피우스Gabriel Fallopius 밑에서 해부학을 공부한 히에로니무스 파브리치우스Hieronymus Fabricius 는 1594년 파도바 대학에 해부학 극장을 세웠습니다.[44] 많은 관중이 모인 공공장소에서 인체 해부를 공개 시연한다는 것은 반복적 관찰과 훈련을 거쳐 그만큼 해부를 숙련했다는 말이기도 하겠지요.

공개 시연을 한 가장 큰 이유는 의과대학의 의사가 다른 의사와 달리 인체를 해부할 만큼 객관성과 합리성을 갖춘 지식인이라고 과시할 수 있기 때문이었습니다. 해부학은 기성 권위를 향한 도전과 합리적인 지식의 전파 수단으로도 각광받았습니다. 이러한 분위기에 힘입어 해부학 지식은 교양인이 갖추어야 할 필수 요소로 자리 잡았지요. 인체 구조에 관한 지식을 바탕으로 인체를 예술적으로 재구성하는 단계를 넘어, 인체의 기능과 질병의 관계를 탐색하는 단계로 나아가는 길이 열린 셈입니다.

《인체 구조에 관하여》 속 베살리우스의 초상화

칼카르가 28세의 베살리우스의 모습을 직접 그린 초상화입니다. 팔뚝과 손을 의사의 주요 도구로 인식한 베살리우스의 생각이 잘 드러납니다.

프랜시스 베이컨Francis Bacon을 필두로 등장한 경험주의 사조는 해부학 연구를 더욱 가속화했습니다. 더군다나 유럽 대학들은 유럽 전역에서 더 많은 학생을 유인하고자 저마다 해부학 극장을 지어 대학과 도시의 경제적 이익을 도모했습니다.[45] 이탈리아의 볼로냐 대학, 네덜란드의 레이던 대학, 프랑스의 파리 대학도 해부학 극장 설립에 앞장섰지요. 시연이라는 시각적·해설적 방식의 해부학 강의는 일반 대중을 끌어당기기에도 충분했습니다. 특히 공공장소에서 이루어진 해부 시연은 갈레노

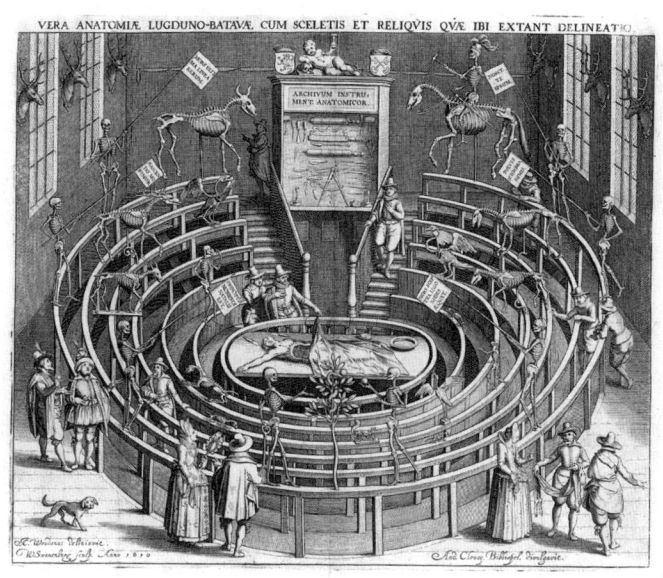

레이던 대학의 해부학 극장

빌럼 반 스바넨뷔르흐, 1610년, 암스테르담 국립미술관, 네덜란드. 계단형 좌석 바깥에 사람과 동물 뼈가 전시되어 있습니다. 학생들뿐만 아니라 일반 시민들도 해부 시연을 구경하는 모습을 볼 수 있습니다.

스의 권위를 무너뜨리는 공적 활동의 역할도 했습니다.

해부학과 공개 시연에 관한 대중의 인식은 17세기 이후 의사가 해부하는 모습을 담은 초상화로 가늠해볼 수 있습니다. 가장 유명한 초상화로는 바로크 미술의 거장 렘브란트 하르먼스 판 레인Rembrandt Harmenszoon van Rijn 의 〈튈프 박사의 해부학 수업The Anatomy Lesson of Dr. Nicolaes Tulp 〉(화보 3)을 꼽을 수 있습니다. 1632년 니콜라스 튈프Nicolaes Tulp 는 교수형을 당한 아리스 킨트Aris Kindt 의 시신 해부를 공개 시연했는데, 이때

외과 길드가 렘브란트에게 그룹 초상화를 의뢰했습니다.[46]

렘브란트는 튈프가 복부 대신 왼팔을 해부하는 장면을 담아냈습니다. 그림에서 튈프는 오른손에 든 겸자를 이용해 팔뚝과 손가락 근육의 형태적 특징을 설명하고 있으며, 왼손으로는 손가락의 움직임을 시연하고 있습니다. 앞선 베살리우스의 초상화에서 볼 수 있었듯, 튈프 역시 팔뚝과 손을 의사의 가장 중요한 도구로 인식했습니다. 이러한 점을 고려할 때 튈프가 17세기의 베살리우스를 자처했음을 짐작할 수 있지요.[47] 혹은 손을 신의 존재에 대한 가시적 증거로 여긴 시각이나 아리스토텔레스의 손을 향한 찬양 등의 영향을 받은 것으로도 보입니다.

새로운 해부 구조의 발견을 두고 경쟁적 분위기가 조성되자 누가 최초 발견자인지 우선권 논쟁이 일어났습니다. 특히 17세기에 접어들고 나서 경쟁이 더욱 격렬해졌습니다.[48] 17세기 중반에는 림프계의 발견을 두고 토마스 바르톨린 Thomas Bartholin 과 올로프 루드벡 Olof Rudbeck 사이에서 수년간 치열한 논쟁이 벌어졌습니다. 17세기 후반에는 난자의 발견을 둘러싸고 레이니르 더 흐라프 Reinier de Graaf 와 얀 스바메르담 Jan Swammerdam 이 논쟁을 벌였고, 판결은 런던 왕립학회의 몫으로 넘어갔습니다. 조사에 나선 왕립학회가 두 사람이 아닌 니콜라우스 스테노 Nicolaus Steno 에게 우선권을 부여하는 일이 발생하기도 했지요.

우선권을 주장하고 인정한다는 것은 무엇을 의미할까요? 우선 해부학 지식을 공유할 기반이 마련되었다는 뜻입니다. 우선권 논쟁이 일어났을 때 이를 판단할 기준이 마련되었다는 말이기도 하지요. 또한 판결을 내릴 비판적 전문가 공동체의 형성을 보여주기도 합니다. 이러한 지적 분위기는 제지술과 인쇄술이라는 기술적 토대로 지식을 공유하고 공적으로 승인받는 출판 문화가 자리 잡는 데 크게 기여했습니다.

베살리우스의 해부학 이후 갈레노스의 지적 권위는 무너지고 새로운 의학이 태동했습니다. 우리 몸의 구성요소를 알아내고 구조적 특징을 탐구하는 방향으로 의학이 변모하기 시작한 것입니다. 해부학이 발전하고 관련 서적 출판이 활발해지면서 교육은 텍스트를 읽고 이해하는 데 그치지 않고 직접 보고 경험하는 방식으로 이행되었습니다. 또한 공개 시연은 인체 해부가 학문적 틀 속에 갇히지 않고 사회문화의 일부로 확장될 수 있음을 보여주었습니다.

17세기에 접어들면서 해부학은 인체 기능 연구에 도움을 주기 시작했습니다. 1628년 윌리엄 하비 William Harvey 는 《동물의 심장과 혈액의 운동에 관하여 Exercitatio Anatomica de Motu Cordis et Sanguinis in Animalibus 》에서 1,500년 동안 의심의 여지가 없던 갈레노스의 이론을 반박했습니다.[49] 갈레노스는 마치 대지가 빗물을 받아들여 생명을 싹틔우고 유지하듯, 혈액은 순환하지 않고 동맥과 정맥을 따라 말초조직으로 이동한 뒤 소모된다고 여겼습니다.[50] 하비는 혈관 구조에 관한 해부학 지식을 바탕으로 혈액량을 수학적으로 추산하고 여러 실험을 동원하여 인체의 혈액이 말초 부위로 이동해서 소모되는 것이 아니라 순환한다는 사실을 밝혔습니다.[51] 하비는 심장이 한 번 수축할 때 약 60밀리리터의 혈액을 내보내고 분당 72회 박동한다고 가정하면 1분에 약 4.3리터의 혈액이 배출된다고 추산했습니다. 이를 토대로 계산하면 하루 동안 심장이 순환시키는 혈액의 양은 6,000리터를 훌쩍 넘습니다. 하비는 이렇게 막대한 양의 혈액이 매번 새로 생성되어 소모된다고는 도저히 볼 수 없다고 지적하며 혈액이 몸속에서 끊임없이 순환한다는 결론에 도달했습니다. 하비의 혈액 순환 이론은 근대 생리학의 탄생을 알리는 발견이었습니다.

또한 하비는 정맥 판막의 구조를 관찰하여 판막이 혈액 역류를 방지한다고 추정했고, 팔뚝을 끈으로 묶으면 심장 쪽이 아닌 말초 부위의 혈관이 부풀어 오른다는 간단한 실험으로 혈액이 말초에서 심장 쪽으로 돌아온다는 사실을 밝혀냈습니다.* 혈액이 계속해서 소모되고 새롭게 만들어지는 일이 성립할 수 없음을 논리적으로 증명했을 뿐만 아니라 동물 생체해부로 혈액 순환을 직접 확인하기도 했지요.[52]

근대 임상 교육의 선구자 헤르만 부르하버가 "하비 이전의 서적 중에서는 더 이상 고려할 만한 것이 없다"라고 평했을 정도로 하비의 발견은 의학사의 새로운 이정표이자 전환점이었습니다.[53] 하비 덕에 의학은 상세한 관찰에만 머무르지 않고 실험과학으로 옮겨갈 수 있었습니다.

하지만 해부학의 발전에도 불구하고 해부학은 상당 기간 질병의 이해와 치료 기술의 발전에 별다른 도움을 주지 못했습니다. 인체 구조와 기능의 관계, 나아가 질환과의 관계를 연결 짓고 설명하는 데까지 오랜 시간이 걸렸지요. 즉 의학 지식은 즉각적인 효용을 만들어내지 못했고 지식의 축적과 기술의 진보 및 문제 해결 사이에는 늘 상당한 지연이 있었습니다.

―――

* 하비의 혈액 전신 순환 이론에 앞서, 13세기 이븐 알나피스 Ibn al-Nafis 와 15세기 미카엘 세르베투스 Michael Servetus 가 폐 순환의 가능성을 제기했습니다. 베살리우스의 제자인 마테오 레알도 콜롬보 Matteo Realdo Colombo 도 폐동맥이 폐에 영양을 공급하는 기능치고는 너무 굵고, 혈액이 폐를 통과하면 밝은 붉은색으로 변한다는 점을 토대로 폐 순환을 주장했습니다. 흥미롭게도 《황제내경》에는 심장이 인체의 모든 혈액을 조절하고 맥박은 순환하는 혈액의 흐름을 조절한다는 내용이 담겨 있습니다.

"질병의 증상은
고통받는 장기의 비명"

질병의 원인을 인체 장기의 국소적 손상에서 찾은 고대 그리스 크니도스 학파의 통찰은 2,000년이 훌쩍 지난 18세기에 체계적으로 입증되었습니다. 2장에서 잠깐 살펴봤듯, 크니도스 학파는 질병의 국소적 특성에 관심을 두었고 코스 학파는 일반적 특성에 더 관심이 많았습니다.[54] 따라서 크니도스 학파는 영향받는 장기에 따라 질병을 분류하는 등 환자보다 질병에 집중한 반면, 코스 학파는 질병보다 환자를 강조했습니다.

15세기 피렌체 의사 안토니오 베니비에니는 질병의 원인을 찾기 위해 20건의 부검을 진행하여《질병과 치료의 숨겨진 이상한 원인에 대하여》를 발표했습니다. 1679년 스위스 의사 테오필루스 보네투스Theophilus Bonetus 는《부검 실례 Sepulchretum sive Anatomica Practica 》에서 부검 소견과 임상 증상을 연관시키면서 병의 원인을 찾고자 했습니다.[55] 근대생리학의 아버지 윌리엄 하비도 질병으로 사망한 환자를 부검하는 일의 중요성을 인식했습니다. 프랜시스 베이컨 역시 1605년 발표한《학문의 진보Of the Proficience and Advancement of Learning, Divine and Human 》에서 질병의 직접적 원인은 내부 장기의 변형으로 생기는 경우가 많으므로 환자가 죽으면 부검을 해서 밝혀야 한다고 주장했지요.[56]

하지만 체액병리학 관점의 지배적 위치, 부정확한 관찰과 해석 등의 이유로 해부학적 측면에서 질병을 이해하려는 시도는 다른 학자들에게 별다른 영향을 주지 못했습니다. 18세기 후반에 들어 히포크라테스와 갈레노스의 체액병리학 이론 체계에 결정적 타격을 가하는 일이 벌어졌는데, 그 핵심 주역은 베살리우스와 하비에 이어 파도바 의과대학이 배출한 걸출한 의사 조반니 바티스타 모르가니였습니다. 모르가니는 이른 나이에 교수가 되어 해부학 지식과 부검 경험을 풍부하게 쌓았지요.

모르가니의 연구는 《부검 실례》의 결함을 바로잡으려는 생각에서 비롯되었습니다. 모르가니는 700여 명의 환자를 생전에 관찰한 임상 소견과 환자가 사망한 후 부검한 소견의 관련성을 조사했습니다.[57] 그러면서 부검으로 드러난 장기의 손상, 즉 병리학적 특징이 생전 임상 소견의 원인이었을 것이라고 결론 내렸지요. 1761년 모르가니는 《질병의 장소와 원인에 관하여 De sedibus et causis morborum per anatomen indigatis》에서 질병은 특정 장소인 장기에 자리 잡고 있으며, 장기에서 일어난 손상이 질병의 원인이라고 주장했습니다.

모르가니는 질병이 추상적인 체액의 불균형이 아니라 특정 장기의 손상에서 비롯된다고 보았습니다. 달리 말해 질병이 신체의 구체적인 부위, 즉 장기라는 물리적 장소에서 발생한다고 본 것입니다. 그는 질병이 특정 장소에 자리한다는 특성을 강조하기 위해 "질병의 증상은 고통받는 장기의 비명이다"라고 표현하기도 했습니다.[58]

모르가니는 자신의 저서에서 질병의 과정을 이해하는 의사는 겉으로 드러난 증상뿐만 아니라 나타나지 않은 증상까지도 고려하여 환자에게 적절한 치료를 제공할 수 있다고 강조했습니다. 모르가니의 연구는 해부학에 바탕을 둔 해부병리학, 즉 근대 병리학의 탄생을 알리는 일이었습니다. 질병의 원인을 이해하는 방식에 대전환이 일어난 것이지요.* 체액병리학에서 해부병리학으로 질병을 설명하는 관점과 이론적 틀을 바꾼 모르가니의 주장은 과연 코페르니쿠스적 대전환이라고 할 만합니다. 이로 인해 질병의 진단과 치료 분야에서 혁명적 발전의 발판이 마련되었고[59] 생물학적 방법으로 질병의 기전을 탐색하고 분석할 기반이 제공되었습니다.

모르가니가 위대한 연구 업적을 남길 수 있던 이유로는 해부학 연구 역량이 뛰어났다는 점과 함께 해부학을 목적이 아닌 수단으로 간주했다는 점을 들 수 있습니다. 또한 어떻게 해야 환자를 더 잘 치료할 수 있을까 하는 고민과 목표 의식이 방대한 연구를 이끌었습니다. 세포병리학의 창시자 루돌프 피르호Rudolf Virchow는 《질병의 장소와 원인에 관하여》가 출간된 이후 체액 이론에 바탕을 둔 고대 의학의 독단이 막을 내리고 의학이 비로소 진정한 가치를 지니게 되었다고 밝히기도 했습니다. 질병을 다룰 때 관념적인 체액 이론이 아니라 실증적인 해부학 자료와 증거, 귀납적 추리에 의존하면서 의학이 본격적으로 과학으로 변모했기 때문이지요.

해부학적 관점에서 질병을 설명하자 환자는 병든 장기를 가진 사람이 되었습니다. 무엇보다도 점점 더 몸속 깊은 곳에 숨은 손상의 흔적을 찾는 일이 매우 중요해졌지요. 이는 우리의 감각 경험에 의지해서 해결할 수 있는 문제가 아닙니다. 주관적 경험을 객관화하고 감각 경험의 범위

---

* 질병을 증상에 따라 분류하려던 초기 시도는 점차 해부병리학적 관찰을 기반으로 한 분류로 전환되었습니다. 그러나 부검으로 얻은 결과는 주로 질병의 말기 상태를 반영하기 때문에, 질병의 발생 메커니즘이나 진행 과정을 충분히 설명하기에는 한계가 있었습니다.

를 확장해줄 도구가 필요하지요. 가장 대표적인 것이 바로 현미경입니다. 현미경은 맨눈으로 관찰하거나 측정할 수 없던 미시 세계를 과학연구의 영역으로 포섭하도록 도와주었습니다.

현미경 기술이 없었더라면 혈액이 우리 몸을 순환한다는 하비의 이론도 쉽게 수용되기 어려웠을 것입니다. 하비는 혈액 순환 이론을 발표하여 갈레노스의 이론을 반박했지만, 혈액이 순환하는 구조적 원리를 밝혀내지 못했기에 비판도 만만치 않았습니다. 그러던 차에 조직학의 아버지로 불리는 마르첼로 말피기Marcello Malpighi가 현미경을 이용하여 개구리의 폐에서 동맥과 정맥을 연결하는 모세혈관을 발견했고, 혈액이 순환하는 해부학적 원리가 밝혀지자 하비의 이론은 제대로 받아들여질 수 있었습니다.*

현미경의 도움으로 질병의 장소 역시 더욱 미시적인 수준으로 내려갔습니다. 18세기 후반 마리 프랑수아 그자비아 비샤Marie François Xavier Bichat는 질병이 장기의 구성요소인 조직에 위치한다고 주장했습니다.[60] 하나의 장기는 여러 조직으로 구성되기 때문에 장기 내에서도 어떤 조직이 손상을 입느냐에 따라 서로 다른 질병이 생길 수 있습니다. 서로 다른 질병이 하나의 장기에 자리 잡을 수 있다는 말도 되지요. 예를 들어, 심근경색은 심장의 근육조직 손상으로 발생하고, 부정맥은 신경조직 이상으로 생깁니다. 이처럼 질병의 원인을 조직 수준에서 탐구하는 조직병리학의 등장은 의학이 보다 환원론적이며 기계론적인 성격을 갖추

---

* 하비는 혈액 순환론을 주장했지만, 정작 본인은 동맥과 정맥이 서로 연결될 수 없다고 생각했습니다.

는 계기가 되었습니다.

해부학과 병리학은 베살리우스의 해부학이 등장하고 200여 년이 지나서야 결합되었습니다. 상당한 시간 간극이 있었지만, 한번 해부학적 관점에 질병을 이해하는 방식이 결합되자 진단과 치료의 근본적 방향이 바뀌었습니다. 체액 불균형과 그에 따른 증상의 변화가 들어설 자리가 없어졌지요. 대신 살아 있는 환자의 인체 내부 손상을 찾는 방법과 손상을 복구하여 건강한 상태로 되돌리는 방법을 연구할 중요성이 점점 더 부각되었습니다. 물론 질병을 탐구할 더 미시적인 영역은 여전히 남아 있었습니다. 살아 있는 환자의 장기 손상을 어떻게 발견할 것인가와 같은 기술적 문제 역시 해결되지 않은 상태였지요.

18세기 중반 레오폴트 아우엔브루거 Josef Leopold Auenbrugger 는 흉부를 두드려서 발생하는 진동음을 듣고 내부 질환을 진단하는 타진법 percussion 을 개발했습니다.[61] 이어 19세기 초 르네 라에네크 René Laennec 가 청진기를 발명하여 신체에서 발생하는 소리를 직접 듣고 병을 진단하는 청진법 stethoscopy 을 고안했지요.[62] 이로써 환자 내부의 해부학적 손상이 만들어내는 미세한 소리의 차이를 감지할 수 있었고, 해부병리학과 임상의학이 본격적으로 연결되는 전기가 마련되었습니다. 나아가 의학 지식이 실제 치료에 적용되어* 환자에게 실질적인 도움을 주었지요.[63] 이는 곧 관점의 전환에 이어 기술의 혁신이 수반되어야 실질적인 의학의 진보가

---

* 프랑스 대혁명 이후 진행된 의학 교육 개혁을 계기로, 내과와 외과는 이전보다 더 긴밀히 통합되었으며, 의학은 하나의 학문 영역 안에서 통합적으로 발전해나갔습니다. 이 과정에서 임상 증상을 중시한 내과의 관점과 인체 구조를 중시한 외과의 관점이 연결되었고, 해부학과 임상 진료의 결합이 본격적으로 촉진되었습니다.

가능하다는 사실을 보여줍니다.

환자 몸속에서 일어나는 해부병리학적 문제를 눈으로 확인하는 기술은 20세기에 들어서야 비로소 개발되었습니다. 그전까지 인체 내부를 들여다보는 일은 죽음을 전제로 한 부검에 의해서만 가능했습니다. 피부와 점막 상피층이라는 생물학적 장벽을 넘어야만 내부 장기를 확인할 수 있기 때문이지요. 하지만 엑스선의 발견 이후 환자의 인체 내부를 비침습적으로 시각화하는 기술들이 개발되었고, 진단의 측면에서 해부병리학과 임상의학의 간극이 상당 부분 좁혀졌습니다. 이후 컴퓨터단층촬영 Computed Tomography; CT, 자기공명영상 Magnetic Resonance Imaging; MRI, 양전자방출단층촬영 Positron Emission Tomography; PET 같은 기술의 개발은 인체 내부를 더욱 선명하고 정밀하게 들여다볼 수 있게 해주었습니다. 또한 음파의 반사에 기반한 초음파 영상 기술 역시 인체 내부 구조를 시각적으로 재현하는 데 중요한 역할을 하고 있지요. 다만 이러한 영상이 실제로 의미 있는 정보를 제공하려면 전문가의 해석이 반드시 수반되어야 합니다.

해부병리학의 등장은 인체 장기에 대한 외과 수술이 환자에게 실질적 혜택을 주는 의술로 발전할 길을 열어주었습니다. 병의 원인이 되는 장기 일부를 제거하거나, 장기의 구조를 변형시켜 정상 기능을 회복시키는 일이 가능하다는 인식을 뿌리 내린 것이지요. 물론 수술에 수반되는 극심한 통증, 감염 위험, 과다 출혈 문제를 해결하기 위해서는 안전한 수혈을 포함한 지식과 기술의 축적이 선행되어야 했습니다.

현미경의 등장이
현대 의학의 탄생에 끼친 영향

17세기 영국 왕립학회는 왕의 후원을 받기 위해 인상적인 선물을 찾고 있던 로버트 훅Robert Hooke에게 현미경으로 관찰한 연구 결과를 책으로 펴내라고 지시했습니다. 이에 따라 훅은 1665년 자신이 현미경으로 관찰한 내용을 그림으로 담아 《마이크로그라피아Micrographia》를 발표했습니다.[64] 특히 훅은 코르크 조각에서 무수히 많은 작은 방과 같은 구조를 관찰하여 '셀cell'이라고 불렀습니다. 지금은 대부분 셀을 세포라고 알고 있지만, 원래는 '수도원의 작은 방'을 뜻하는 단어였습니다.

현미경은 맨눈으로 볼 수 없는 미시 세계를 관찰하고 생명의 기본 단위에 관한 질문에 답하도록 해주었습니다. 현미경 기술의 발전 덕분에 19세기에 들어 훅이 관찰한 무수히 작은 방의 실체가 밝혀졌습니다. 1838년 식물학자 마티아스 슐라이덴Matthias Schleiden은 모든 식물 조직이 세포로 구성되어 있다는 기념비적 논문을 발표했습니다. 이어 슐라이덴의 친구 테오도어 슈반Theodor Schwann이 식물뿐만 아니라 동물 역시 세포로 이루어져 있다는 보편 원리를 주장했습니다.

생물을 이루는 기본 단위가 세포라는 생물학의 근본 원리가 수립된 뒤 생물학은 비약적으로 발전했습니다. 세포에서 어떤 일이 일어나는지 연구하는 일이 생명현상을 이해하는 데 더욱 중요해졌지요. 세포 이론은 독일의 병리학자 루돌프 피르호에 의해 의학적 측면에서 큰 주목을 받았습니다. 피르호는 1858년 《세포병리학Die Cellular Pathologie》에서 모

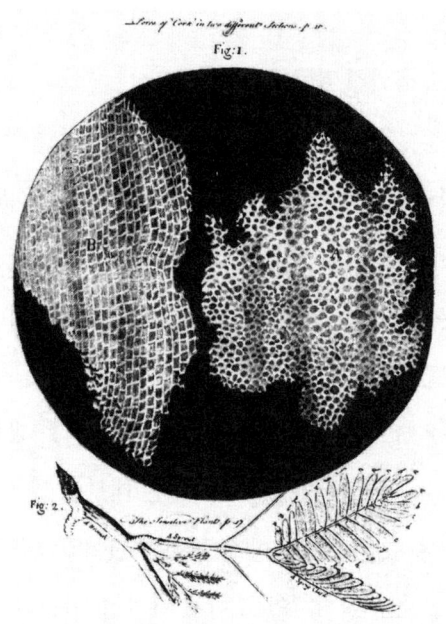

현미경으로 관찰한 코르크 이미지

로버트 훅, 1665년. 《마이크로그라피아》는 현미경으로 관찰한 이미지를 공유한 최초의 저서로 왕립학회의 사명을 높이는 데 크게 기여했습니다.

든 질병은 정상세포의 손상에서 비롯한다는 관점을 제시했습니다. 달리 말해 질병은 조직을 이루는 세포에서 시작되며, 세포가 질병의 기본 단위라는 말이지요. 모르가니가 밝힌 질병의 장소적 특성이 마침내 세포 수준으로까지 내려온 것입니다. 예를 들어볼까요? 췌장의 베타세포가 파괴되어 인슐린 분비가 부족해지면 제1형 당뇨병이 발생합니다. 또한 우리가 알고 있는 대부분의 암은 상피세포에서 유전자 돌연변이가 일어나 세포 특성이 변하면서 발생합니다.

세포의 비정상적 변화가 곧 질병이라는 피르호의 세포병리학 관점은 20세기 의학과 질병 이해의 기초가 되었고, 그를 의학 역사에서 가장 위대한 스승의 반열에 올려놓았습니다. 피르호는 질병을 이해하려면 정상적인 구조뿐만 아니라 문제를 일으키는 기능의 변화를 연구해야 한다고 생각했습니다. 의학 연구의 방향과 깊이에 새로운 이정표를 제공한 것이지요. 《세포병리학》이 발표된 이후 세포의 비정상적 구조와 기능 변화를 연결하는 연구와 세포 안에서 일어나는 물리화학적 사건을 분석하는 연구가 본격화되었습니다.

피르호는 질병을 이해하고 치료하려면 우리 몸의 일탈한 구조적 상태를 파악하고 정상적 기능이 어떻게 비정상적으로 바뀌는지 탐구해야 한다고 생각했습니다.[65] 따라서 비정상적으로 바뀐 생리 기전을 탐구하는 병태생리학pathophysiology은 과학적 의학의 기초를 이루며, 건강한 상태를 회복하는 치료법 개발의 열쇠인 셈입니다. 피르호는 병상에서 환자를 관찰하여 질문을 이끌어낸 후 해부병리학적 관점에 입각한 동물실험으로 해답을 얻어야 한다고 생각했습니다. 피르호의 생각은 오늘날 의학 연구의 초석이 되었지요.

피르호의 세포병리학 이론은 근대 병리학의 토대를 마련했다고 평가받으며 의학 역사에서 중대한 성취로 손꼽힙니다. 그의 저작《세포병리학》은 베살리우스의《인체 구조에 관하여》, 하비의《동물의 심장과 혈액의 운동에 관하여》, 모르가니의《질병의 장소와 원인에 관하여》와 함께 의학 역사에 주요한 전환을 이룬 대표 저술로 간주됩니다. 특히 피르호는 질병의 원인을 세포 내 변화로 환원함으로써 세포 안에서 일어나는 사건을 주목하도록 만들었다는 점에서 첨단 의학의 길을 연 선구자로 평가받기도 합니다.

장기, 조직, 세포의 변화 또는 손상이 질병을 구성하는 핵심 요소라는 해부학적 질병 개념은 현대 의학에서 널리 받아들여지고 있습니다. 질병이 발생하는 부위를 정확히 규명하고, 병리학적 변화가 진행되는 과정을 밝히려는 시도는 여전히 의학 연구의 본질적 목표입니다. 오늘날 의학의 주요 과제는 이러한 손상을 어떻게 조기에 감지하고 회복시켜서 정상 생리로 되돌릴지를 규명하는 데 집중되어 있습니다. 따라서 질병 치료 전략을 심층적으로 논의하려면 분자 수준에서 일어나는 생화학적 변화를 정밀하게 탐색하는 과정이 꼭 필요합니다.

4.

분자가
좌우하는
질병

보이지 않는 존재로 생명과
질병을 어디까지 밝혀내었나?

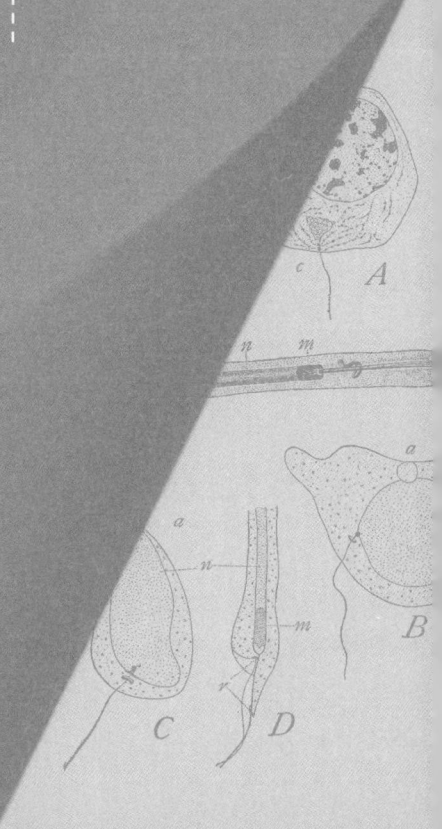

"인생에서 두려워할 것은 아무것도 없다.
단지 이해해야 할 것뿐이다."

마리 퀴리

과학에서 '측정'과 '실험'은 어떤 의미일까?

니콜라우스 코페르니쿠스의 《천체의 회전에 관하여 Revolution Orbitum Coelestium》가 발표된 1543년, 베살리우스의 《인체 구조에 관하여》도 출간되었습니다. 코페르니쿠스의 지동설이 클라우디오스 프톨레마이오스 Claudius Ptolemaeos 의 천동설을 비판하고 과학 혁명의 시작을 알렸듯이, 베살리우스의 해부학은 갈레노스의 의학 이론을 비판하고 의학 혁명의 시작을 선포했지요. 이후 과학 혁명의 성과를 적극적으로 받아들인 의학은 실험과 측정을 도입하여 인체의 구조와 기능을 과학적으로 설명하려는 면모를 보입니다.

"물질이 있는 곳에 기하학이 있다"라거나 "인간의 정신은 양적 관계에서 가장 분명하게 파악된다"라는 요하네스 케플러 Johannes Kepler 의 말은 질적 차이를 양적 관계로 환원하는 근대 과학의 방법과 정신을 압축적으로 보여줍니다. 또한 갈릴레오 갈릴레이 Galileo Galilei 는 "측정할 수 있는 모든 것을 측정하라. 이제까지 한 번도 측정된 적이 없는 것들도 측정 가능하게 하라"라는 말로 자연현상의 수치화를 강조했습니다. 근대 과학을 이끈 선구자들이 측정을 얼마나 중요하게 여겼는지 잘 드러나지요. 르네상스 시대 예술가들이 원근법을 활용해 3차원 공간을 2차원 화면에 재현하려 한 시도는 세계를 보다 정밀하게 관찰하고 수학적 원리를 시각적으로 구현하고자 한 당시 지적 흐름을 반영하며, 이후 수학적 관점과 과학적 사고의 확산에도 일정 부분 영향을 미쳤다고 볼 수 있습니다.

실증적 접근의 힘

측정은 세상의 규칙과 질서를 기록함으로써 자연현상을 합리적으로 설명하고 이해하도록 돕는 핵심 도구이며, 과학 연구에 빠져선 안 될 필수 요소이기도 합니다. 우리는 측정으로 세계에 대한 경험을 조직화하고 인식을 구체화합니다. 그러므로 정확한 측정이 어렵다면 실험의 수행도, 과학의 발전도 기대하기 어렵습니다. 막스 베버 Max Weber 가 근대의 특징으로 꼽은 '세계의 탈주술화'도 측정의 힘으로 과학이 발전했기에 가능한 일이었습니다. 켈빈 경으로 널리 알려진 윌리엄 톰슨 William Thomson 은 "당신이 말하는 것을 측정할 수 있고 숫자로 표현할 수 있다면 당신은 그것을 안다고 할 수 있다"라고 주장한 바도 있습니다.[1]

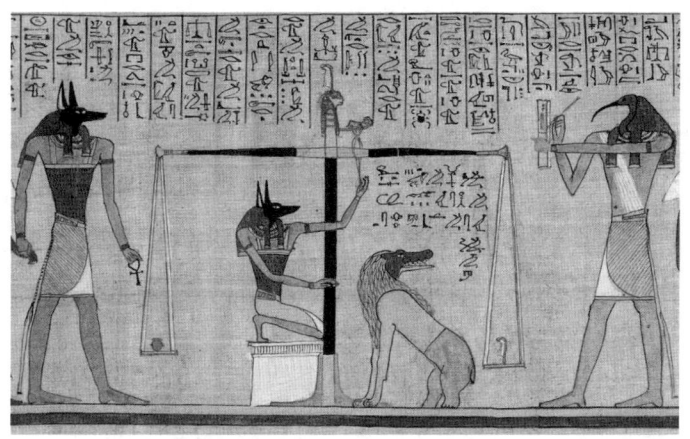

후네페르의 심장과 깃털을 저울질하는 아누비스

기원전 1,300년경, 대영 박물관, 영국 런던. 고대 이집트인들은 죽은 자의 영혼이 영생의 신 오시리스 앞에서 심판을 받는다고 믿었습니다. 심판은 생전의 기억과 마음이 모두 기록된 심장의 무게를 재는 것으로 이루어졌습니다. 자칼의 머리를 한 죽음의 신 아누비스가 죽은 자를 안내하고 따오기 머리를 한 지혜와 정의의 신 토트가 서기를 봅니다. 저울 위에는 토트의 아내이자 정의의 여신인 마아트를 상징하는 깃털이 올려져 있습니다. 이 저울이 기울지 않고 심장의 무게와 평형을 이룬다면 죽은 자의 영혼은 내세인 두아트로 갑니다. 그러나 심장이 깃털보다 무거우면 죽은 자는 사자, 하마, 악어를 합친 모습의 암무트에게 잡아먹혔습니다.

측정의 중요성은 기원전 1,300년경 고대 이집트에서 작성된 《사자死者의 서書》에서도 확인됩니다.[2] 당시 사람들은 심장과 깃털의 무게를 저울로 측정했을 때 평형을 이루면 죽은 자의 영혼이 내세로 간다고 생각했습니다. 구약성경의 〈지혜의 서 Book of Wisdom〉에는 "신이 만물을 잘 재고 세고 달아서 정하셨다"라는 구절이 나옵니다.[3] 또한 1440년 중세 철학자이자 신학자 니콜라우스 쿠자누스 Nicolaus Cusanus 는 《박학한 무지 De Docta Ignorantia》에서 "신이 세상을 창조하실 때 산수, 기하학, 음악, 천문학을 사용하셨다"라고 말했습니다.

실험experiment 은 우연으로 쌓이는 경험experience 과 달리 특정 질문에 따른 해답을 얻기 위해 통제된 조건에서 특별한 장치를 이용하여 측정하는 의도적 활동입니다. 측정 없는 실험은 상상할 수 없으므로 과학 연구를 대표하는 핵심 활동이라고 말해도 지나치지 않지요. 물론 정밀하고 정확한 측정이 가능하려면 측정 단위의 표준화와 측정 기술의 발전이 필요합니다. 특히 측정 기술의 발전은 우리가 가진 감각 기관의 한계를 극복하고 지식의 지평을 넓히는 데 결정적 역할을 했습니다.

과학 혁명의 시기를 거치면서 의학 연구에서도 본격적으로 측정 방법이 동원되었습니다. 갈릴레이의 친구였던 이탈리아 의사 산토리오 산토리오Santorio Santorio 는 1614년 발표한 《의학의 척도De Statica Medicina 》에서 신체 기능의 변화를 측정하여 수치로 표현했습니다.[4]

18세기에 이르러서는 스티븐 헤일스Steven Hales 가 혈압 측정에 도전했습니다. 인체 기능을 수치화하려는 시도는 인체 구조를 시각화하려는 노력과 함께 과학적 의학 시대의 도래를 알리는 중요한 신호였습니다. 19세기 저명한 생리학자 요하네스 페터 뮐러Johannes Peter Muller 는 혈압을 측정한 헤일스의 업적이 하비의 업적보다 더 중요하다고 평가하기도 했습니다. 이런 노력들이 축적되어 이제는 수치로 관리되지 않는 의학의 모습을 상상하기 어렵지요. 의학 드라마를 보면 의료진이 응급환자에게 다가와 활력징후vital sign 를 확인하는 장면이 흔히 등장합니다. 활력징후는 환자의 건강 상태와 변화를 파악하는 기본 요소로, 혈압·맥박·호흡·체온을 포함하며 모두 수치로 표현됩니다.

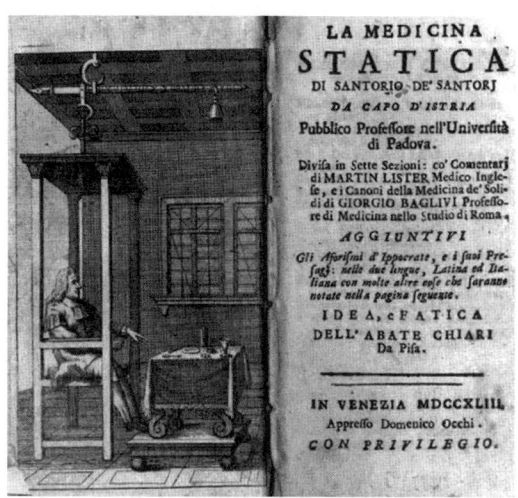

《의학의 척도》 권두화

산토리오 산토리오, 1743년판. 산토리오는 생명현상과 인체의 속성에 적극적으로 수치를 부여했습니다. 《의학의 척도》에서 그는 신체 기능의 변화를 이해하기 위해 대사저울 의자를 제작하여 음식물과 수분을 섭취하고 배설한 후 시간에 따른 몸무게 변화를 측정했습니다. 신체 기능에 수치를 부여했다는 말은 의학 분야에서 정량 측정의 중요성이 인식되기 시작했다는 뜻입니다.

오늘날 의학의 측정 범위는 분자 수준까지 내려갔습니다. 유전자의 돌연변이나 분자 지표의 변화를 측정한 결과를 토대로 질병의 양상을 진단하고 최적의 치료 방법을 선택하지요. 의학에서 측정은 인체의 구조와 기능에 수치를 부여하는 행위로써 우리 몸에 개입할지 말지를 결정하는 판단 근거를 제공하기 때문에 매우 중요합니다. 특히 혈압이나 혈당을 측정하는 경우를 보면, 측정이라는 행위가 사람의 행동을 유도하고 조절하는 힘이 매우 강하다는 점을 금세 알아차릴 수 있습니다.

측정은 대상이 가진 전체 속성 가운데 한 가지 속성만 선택하여 집중하는 작업입니다. 그래서 측정은 과학이 환원주의적 성격을 띠도록 만듭니다. 비교적 명료하고 결정적인 하위 수준을 이해하여 복잡한 상위 수준의 현상을 설명하려 한다는 말입니다. 그래서 복잡하고 추상적인 개념을 측정하고자 할 때 늘 고민이 깊어질 수밖에 없습니다. 예를 들어 지능과 같이 물리적 실체가 아니어서 셀 수 없는 개념을 측정하려면 어떻게 해야 할까요? 우리가 흔히 알고 있는 아이큐IQ 테스트로 지능을 온전히 측정할 수 있을까요?

아무리 측정 규칙을 정하고 정교한 방법을 만든다고 해도 측정은 한계를 내포합니다.[5] 대상의 어느 한 면만 본다는 측정의 한계를 제대로 이해하지 못하여 결과를 맹신하거나 잘못 받아들이면 심각한 문제가 생길 수도 있습니다. 대표적인 사례로 프랜시스 골턴Francis Galton의 우생학을 꼽을 수 있지요.[6] 우생학은 생물 통계를 바탕으로 서구 사회에서 오랫동안 이어져온 인간 개량의 욕망을 구현하려고 한 사이비 과학입니다. 인간의 자질은 극히 일부만 측정하고 파악할 수 있는데도, 우생학 추종자들은 인위 선택으로 인간의 자질을 개선하고 사회적 진보를 이루려 했습니다.

알프레드 비네Alfred Binet의 아이큐 테스트는 또 다른 사례를 제공합니다. 비네의 아이큐 테스트는 단순히 교실에서 도움이 필요한 아이를 찾아낼 의도로 개발된 도구였습니다. 비네는 인지 능력이 너무 복잡해서 하나의 단위로 측정할 수 없다고 단호하게 주장했습니다. 하지만 미국의 심리학자 헨리 고더드Henry Goddard는 우생학적 관점에서 개인의 지능을 파악할 도구로 아이큐 테스트를 활용했지요. 이념을 무분별하게 탑재한 측정은 사회적·문화적·정치적 편견을 정당화하는 수단이 되어 버렸습니다. 이와 같이 측정에는 분명 한계가 있다는 점에서 관점의 중요성을 다시 한번 강조할 수밖에 없습니다.

측정은 의학에 두 가지 중요한 혁신을 가져왔습니다. 첫째, 수량적 방법의 도입으로 숫자가 진단 기준을 설정하고 치료 효과를 평가하는 핵심 도구로 자리 잡았습니다.* 둘째, 측정의 범위가 분자 수준까지 확장되면서 질병을 객관적으로 이해하는 일이 단순한 이상이 아니라 실현 가능한 현실로 정착했습니다. 이로써 질병을 치료하는 것과 치료하지 않는 것 중 어느 쪽이 더 큰 해악인지를 계량적으로 비교할 수 있게 되었고, 약물의 효과 역시 정교하게 분석할 기반이 마련되었습니다. 나아가 의학의 계량화는 과학 역량과 임상 능력이 의료 윤리의 핵심 원칙으로 자리매김하는 데 중요한 전환점을 제공했습니다.

---

* 　의학통계학의 아버지로 불리는 19세기 프랑스 의사 피에르 루이 Pierre Louis 는 경험과 일화에 의존하던 의학에 수량적 방법을 도입했습니다. 그는 통계를 분석하여 사혈 치료가 오히려 폐렴 환자의 사망률을 높일 수 있음을 입증했으며, 이는 근거 중심 의학 evidence-based medicine 의 출발점이 되었습니다. 그의 연구는 의학이 과학적·객관적 방법으로 나아가야 한다는 인식을 확산하면서 현대 의학의 기초를 마련했습니다.

원자론, 연금술, 그리고 실험실의 등장

세포가 질병의 시작 장소이자 기본 단위라는 루돌프 피르호의 관점이 수용되자 질문의 내용이 크게 달라졌습니다. 세포에서 관찰되는 생리현상은 어떤 구성요소가 어떻게 작용해서 나타나는지, 또 세포 안에서 어떤 사건이 일어났기에 세포가 병적 상태로 바뀌는지를 답하는 일이 중요해진 것입니다. 질병현상을 이해하려면 해부학 연구에 더해 물리학과 화학을 연구할 필요성이 매우 커지기도 했지요. 또한 생체분자 수준까지 측정할 수 있을 만큼 측정 방법과 기술이 더욱 정교해져야 한다는 뜻이기도 했습니다.

사실 세계를 아주 작은 입자 수준에서 이해하려는 시도는 고대 그리스까지 거슬러 올라갑니다. 기원전 5세기경 레우키포스Leucippus 와 데모크리토스Democritus 는 세계를 구성하는 모든 물질이 더 이상 분할되지 않는 원자atom 로 이루어져 있다는 원자론을 주장했습니다.[7] 두 철학자의 원자론은 놀라우리만큼 근대 과학의 관점과 유사했고 17세기에 일어난 과학 혁명과 근대 원자론 탄생에 중요한 지적 원천이 되었습니다.

레우키포스는 "어떤 것도 그저 생겨나지 않는다. 오히려 모든 것은 이유와 필요에 따라 생겨난다"라는 말로, 그의 제자로 알려진 데모크리토스는 "페르시아의 왕이 되기보다 차라리 하나의 인과법칙을 발견하겠다"라는 말로 인과론의 중요성을 강조했습니다. 이처럼 원자론자는 엄격한 결정론적 관점에서 세계를 이해하려 했고 모든 일은 자연법칙에 따라 일어난다고 생각했습니다. 목적론적 관점의 플라톤이나 아리스토텔레스와 달리 다분히 유물론적·기계론적 관점에서 세계의 인과적 작동 원리를 파악하려 했지요. 따라서 원자론은 고대 그리스에서 제안된 이론 중 가장 현대 과학에 근접한 견해라고 말할 수 있습니다.

15세기 들어 인쇄본으로 출간된 고대 로마 철학자 루크레티우스Titus Lucretius Carus 의 《사물의 본성에 관하여 De Rerum Natura 》는 종교를 거부하고 원자론을 옹호하는 내용을 담고 있음에도 엄청난 인기를 누렸습니다.[8] 이는 중세를 지나면서 고대 물질 체계인 엠페도클레스의 4원소설을 향한 믿음에 균열이 생기기 시작했음을 보여줍니다. 이후 로버트 보일 Robert Boyle 과 앙투안 라부아지에 Antoine-Laurent de Lavoisier 등이 새로운 물질 체계를 세우고 존 돌턴 John Dalton 이 근대 원자설을 정립하면서 4원소설이 완전히 무너졌습니다.

자연의 변성 과정을 제어하려고 했던 연금술도 분해될 수 없는 작은 입자가 세계를 구성한다는 생각과 상당히 맞닿아 있습니다. 연금술의 기본 원리는 의학적으로 응용될 잠재력을 가지고 있었습니다. 16세기 의화학 iatrochemistry *의 선구자 파라셀수스 Paracelsus 는 '아르케우스 archeus '

---

* 의화학과 의물리학 iatrophysics 은 의학의 과학화를 이끈 주요 접근법입니다. 의화학은 16세기 파라셀수스에 의해 약물 중심의 화학적 치료 개념으로 시작되었으며, 18세기 말 화학의 급속한 발전과 함께 생리현상을 대사나 효소 반응 같은 화학적 과정으로 설명하려는 시도로 이어졌습니다. 이 흐름은 생기론 vitalism 을 배격하고, 생체 내 화학 성분을 분석하고 약물 작용의 화학적 원리를 강조하는 방향으로 나아갔습니다. 반면 의물리학은 17세기 기계론적 생명관에서 기원을 찾을 수 있으나, 19세기 중반 열역학과 전자기학의 발전으로 본격화되어 생체 기능을 에너지 변환이나 전기 신호 같은 물리 법칙으로 이해하려 했습니다. 의화학이 생체의 화학적 구성과 반응에 주목했다면, 의물리학은 생리현상의 물리적 메커니즘에 중점을 두었으며, 이 두 분야는 현대 생화학과 생리학의 기초를 닦았습니다.

라 불리는 몸속 연금술사에 의해 우리 몸에 온갖 변화가 일어난다고 생각했습니다. 우리 몸의 생리작용을 연금술에서 다루는 물질의 변성 원리에서 찾으려 했던 것이지요. 파라셀수스는 환자를 치료할 때 황, 납, 수은, 비소, 철 등을 조합하여 처방하도록 가르쳤습니다. 이는 화학적 방식으로 우리 몸의 문제를 제어하려는 시도로 근대 의학 발전의 기초를 닦았습니다.

연금술은 비록 과학적 지위에 오르지 못하고 18세기 이후 점차 설 자리를 잃어버렸지만, 연구 장비의 개발과 발전을 이끌었고 실험실이라는 새로운 지식 공간의 중요성과 필요성을 인식시켰습니다.[9] 이는 서양 과학이 과거와의 급격한 단절로 탄생한 듯 보이지만, 사실 연속성과 전환의 맥락 속에서 발전해왔음을 보여줍니다. 연금술은 실험실 문화의 형성과 함께 화학 발전을 견인했고, 점성술은 천문학으로, 범지학pansophy은 자연분류학으로 이어지면서 현대 과학의 토양을 이루었습니다.

실험실은 탈맥락화된 장소입니다. 연구 결과가 나라나 지역에 따라 달라지지 않고, 서로 쉽게 비교와 대조가 가능한 지식을 생산하기에 최적화된 곳이지요. 또한 실험실은 연구 결과에 영향을 줄 만한 교란 요인을 최대한 제거하고 변수를 쉽게 통제할 수 있는 곳이기 때문에 타당하고 신뢰할 만한 지식을 생산하고 검증하기에 매우 유리합니다. 따라서 실험실은 가히 근대 과학의 요람이라 할 수 있습니다.

근대 과학의 문을 연 갈릴레오 갈릴레이의 실험은 대부분 장소에 구애받지 않았습니다. 그렇다면 연금술은 왜 실험실이라는 특별한 장소가 필요했을까요? 기본적으로 연금술은 불을 많이 다루는 용해, 분해, 증류,

《백과전서》에 묘사된 화학 실험실의 모습

1765년. 실험 장비들이 질서 있게 배치되어 있고 연구자들은 각기 다른 위치에서 서로 다른 실험을 수행하고 있습니다. 이러한 모습에는 공간의 재구성과 공간적 질서 위에서의 연구 인력 운영을 고민한 흔적이 엿보입니다.

승화 같은 실험에 크게 의존했습니다. 이런 실험을 수행하려면 특별히 고안된 장소에 실험 장비, 기구, 탁자, 선반 등을 채워야 했지요. 18세기 계몽주의 철학자들이 편찬한 《백과전서 Encyclopedie》에서는 실험실을 용광로 등의 화학 장비가 구축된 밀폐 작업장이라고 표현했습니다.[10]

18세기를 주름잡은 라부아지에, 헨리 캐번디시 Henry Cavendish, 조지프 프리스틀리 Joseph Priestley 같은 저명한 화학자는 고가의 측정 장비를 갖출 여력이 되었습니다.[11] 특히 라부아지에는 실험 장비 확보가 얼마나 중요한지 일찌감치 주목한 과학자이기도 합니다.[12] 하지만 당시 대부분의 화학자는 고가의 첨단 장비를 갖추어 연구할 만한 상황이 아니었습니다. 따라서 실험실을 고가 장비로 채울 능력은 지식 생산의 범위와 정확성을 결정하고 연구력의 차이를 만드는 주요 요인이었지요.

실험실에 실험 시설과 장비를 채우는 일은 오늘날과 마찬가지로 예전에도 쉽지 않았습니다. 1731년 영국 의사 피터 쇼Peter Shaw 는 "용광로와 용기를 제작, 조달, 사용하는 데 드는 어려움, 불편함, 부담감은 화학 실험을 수행하려는 의욕을 상당히 꺾어놓는다"라고 말하기도 했습니다.[13] 최초의 과학학술지《철학회보Philosophical Transactions》의 출간을 주도한 헨리 올덴부르크Henry Oldenburg 역시 실험실 마련의 재정적 어려움을 인정했습니다. 실험실의 장치화는 호기심, 열정, 노력, 역량에 자본이 더해져야 가능했습니다.[14]

자연현상을 기계론적·환원주의적 관점에서 설명하려 한 원자론은 18세기를 지나면서 정교한 실험 장비와 정밀한 측정 기술이 발전하고 나서야 관념적 틀에서 벗어나 실증적 접근이 가능해졌습니다. 더군다나 19세기 들어 독일 화학자 유스투스 폰 리비히Justus von Liebig 를 시작으로 연구와 교육을 결합한 실험실 체제가 구축되었지요.[15] 비로소 대학이 더 이상 단순히 지식을 수집하고 정리하는 데 그치지 않고 아이디어, 지식, 담론이 교환되는 장소로 자리 잡은 것입니다.[16] 이러한 변화는 인체의 생리 작용, 특히 세포 안에서 일어나는 생체분자들의 작동 원리를 규명하는 길을 안내하는 것이기도 했습니다.

19세기에는 프랑스와 독일에서 실험 의학이 본격적으로 발전하면서 의학이 더 이상 해부학에만 얽매이지 않고 과학적 탐구로 전환되는 전기를 맞았습니다. 프랑스에서는 클로드 베르나르Claude Bernard 가 통제된 실험으로 생리적·병리적 현상을 탐구하면서 실험 의학의 이론적 토대를 마련했고, 독일에서는 카를 루트비히Carl Ludwig 와 헤르만 폰 헬름홀

츠Hermann von Helmholtz 등이 정량적 분석과 물리학적 기법을 도입하여 이를 조직적이고 체계적으로 실천했습니다. 특히 독일은 연구소 중심의 교육과 자연과학의 융합으로 실험 의학을 제도화하면서 의학의 과학화를 주도했고, 이는 현대 생의학biomedicine 의 기반을 형성하는 데 결정적인 역할을 했습니다.*

비판적 공동체의 등장과 지식의 확산

루돌프 피르호는 "진정한 지식은 자신의 무지를 깨닫는 것이다"라고 말한 바 있습니다. 그의 말대로 과학은 지식의 빈틈과 무지의 자각을 일깨우면서 세계의 구성과 실체에 점점 더 다가서도록 해줍니다. 무생물과 달리 생물에는 특별한 힘이 있다는 생기론과 생물은 정해진 목적을 향해 나아간다는 목적론은 과학의 발전에 힘입어 20세기에 들어서야 과학의 영역에서 완전히 퇴출되었습니다.[17]

과학을 뜻하는 영어 단어 'science'는 진실하고 탄탄하게 뒷받침된 지식을 뜻하는 라틴어 '스키엔티아scientia'에서 비롯되었습니다. 과학 지식이 타당한 증거와 논증으로 신뢰성을 확보하자 세계를 이해하는 방식

---

* 철도 사업가 존스 홉킨스Johns Hopkins 가 설립한 의과대학과 병원은 연구 중심의 독일 의학 전통과 임상 중심의 프랑스 의학 전통을 융합하여 계승했고, 교육과 연구에 전념하는 전일제 교수진 제도를 도입하는 등 현대 의학 교육의 표준을 세우는 데 기여했습니다.

으로서 과학이 막강한 힘을 발휘했습니다. 이는 과학이 자연현상의 발생과 세계의 작동 원리를 만족스럽게 설명해냈다는 뜻이기도 했습니다. 하지만 불변의 진실이란 과학 연구를 이끄는 이상일 뿐만 아니라 종교 지배의 흔적이라는 사실을 늘 인식해야 합니다. 과학 지식은 수많은 논쟁과 수정을 거쳐 탄생한 업적입니다.

한마디로 근대 과학은 새로운 발견을 평가하고 수용하는 비판적 공동체가 형성되었기에 성공했다고 말할 수 있습니다.[18] 과학자들이 지식과 의견을 나누는 학술 모임을 결성하고 학술지에 논문을 발표하면서 조성된 지적 소속감의 표출 문화가 과학의 성공을 이끌었던 것입니다. 반면 연금술사들은 프랜시스 베이컨이 신랄하게 비판할 정도로 발견을 공유하지 않았고, 자신들의 활동을 공동체 차원으로 발전시키지 못했습니다. 그러므로 실험과 측정에 더해 비판적 과학 문화가 조성되고 학문 생태계가 구축된 것이 근대 과학의 성공 요인이라고 할 수 있습니다.

비판적 학문 공동체는 과학자들이 국경을 초월하여 편지로 지식을 교환하면서 형성되었습니다. 편지가 지식 공유 네트워크 형성에 중요한 매체로 작용하면서 15~18세기 유럽 학자들은 스스로를 흔히 서신 공화국 혹은 학식 공화국 Respublica Literaria 이라고 불렀습니다. 새로운 지식의 검증과 확산이라는 문제도 편지를 교환하면서 교류하는 방식으로 어느 정도 해소되었습니다. 편지 교류는 점차 학술 모임 결성으로 이어졌고, 연구 활동의 규범 혹은 패러다임이 확립되기 시작했습니다.

당시 대학에서는 과거 지식의 전승에만 관심을 두어 관행만 따를 뿐 학문을 이끌지 못했기에 대학과 별도로 학술 모임을 향한 수요가 상당했을 것을 충분히 짐작할 수 있습니다. 1654년 외과의사이자 연금술사 존 웹스터John Webster는《아카데미의 조사Academiarum Examen》에서 대학을 '한가하고 쓸모없는 공론에만 관심을 두는 곳'이라고 비판하면서 학생은 더 많은 시간을 자연 연구에 할애하고 석탄과 용광로를 만져봐야 한다고 주장했습니다.[19]

베이컨이《새로운 아틀란티스New Atlantis》에서 솔로몬의 집과 같은 새로운 연구기관을 구상한 것도 비슷한 맥락이라고 생각할 수 있습니다. 사실 15세기 말부터 새로운 지식을 체계적으로 추구하는 학술 모임이 출현했습니다.[20] 인쇄업자이자 인문주의자 알두스 마누티우스Aldus Manutius가 베네치아에 설립한 알디나 아카데미Accademia Aldina는 고전 문헌 인쇄와 관련된 문헌학 문제를 비롯해 새로운 사상을 정기적으로 모여서 논의하는 곳이었습니다.

이어 1560년 잠바티스타 델라 포르타Giambattista della Porta가 나폴리에 설립한 자연의 신비 아카데미Academia Secretorum Naturae, 1603년 페데리코 체시Federico Cesi가 로마에 설립한 린체이 아카데미Accademia del Lincei, 1657년 갈릴레오의 제자들이 피렌체에 설립한 델 치멘토 아카데미Accademia del Cimento를 포함해 여러 학술 모임이 등장했습니다. 비록 당시 대부분의 학술 모임이 후원자의 사망이나 사정에 따라 존속 여부가 결정되었지만, 일단 학술 모임이 등장했다는 것은 과학의 발전 속도가 빨라지고 과학의 사회정치적 성격이 본격적으로 드러났다는 의미입니다.

1660년 영국에서 오늘날까지도 존속되고 있는 공식 학술 모임이 등장했습니다. 베이컨의 이상을 실현하고자 노력한 과학 혁명의 주역들이 보이지 않는 대학Invisible College 과 실험 철학 클럽Experimental Philosophical Club 같은 비공식 모임을 바탕으로 물리·수학·실험 학습을 촉진할 대학을 설립했고, 2년 뒤 찰스 2세Charles II 국왕에게 런던 왕립학회로 인정받았습니다. 왕립학회의 모토는 "누구의 말도 의지하지 말라Nullius in Verba"로 "확신에서 출발하면 의심으로 끝나지만 의심에서 출발하면 확신으로 끝난다"라는 베이컨의 비판적 정신이 잘 드러납니다.

저명한 철학자 카를 포퍼Karl Popper 는 왕립학회의 모토를 "말에는 아무것도 없다"라고 번역하며, "사실이 말보다 더 중요하다"라는 해석을 내놓았습니다. 일견 타당해 보이지만, 원문의 맥락을 충분히 반영하지 못한 해석이었습니다. 이 모토는 고대 로마의 시인 호라티우스Horatius 의 편지에 등장하는 "나는 그 어떤 주인의 말에도 충성을 맹세할 의무가 없다. 폭풍이 나를 어디로 데려가든 그곳을 안식처로 삼겠다Nullius addictus iurare in verba magistri, quo me cumque rapit tempestas, deferor hospes"라는 문장에서 유래한 것입니다. 왕립학회 창립 멤버인 존 이블린John Evelyn 은 이 문장에서 'Nullius in verba'라는 세 단어만을 발췌해 학회의 모토로 삼았지요. 진화생물학자 스티븐 제이 굴드Stephen J. Gould 는 원문을 분석하며, 이 표현이 '말 자체의 무의미함'을 뜻하는 것이 아니라 '누구의 말도 무비판적으로 따르지 말라'는 자유로운 사고의 선언임을 강조했습니다.[21] 체계화된 불신과 의심이 새로운 과학의 토대가 된 것이지요.

학술 모임이 공식적 기구가 되었다는 말은 연구 활동의 규범과 패러다임이 확립되었고, 상호 비판과 경쟁이 성장으로 이어질 체계가 마련

《왕립학회의 역사》 권두화

토머스 스프랫, 1667년. 천사가 왕립학회의 후원자인 찰스 2세에게 화관을 씌어주고 있습니다. 왼쪽에는 왕립학회 초대 회장인 윌리엄 브롱커가, 오른쪽에는 프랜시스 베이컨이 있습니다. 한쪽 벽에는 서적이 진열되어 있고 그 옆에 각종 측정 장치와 실험 도구가 보입니다. 찰스 2세의 흉상 아래에 왕립학회의 모토가 적혀 있습니다.

되었으며, 연구 성과를 평가하고 인정하는 공동체가 공고해졌다는 뜻이기도 합니다. 특히 학술 모임은 연구 결과를 편지로 교환하는 방식에서 정기적으로 학술지를 출간하는 방식으로 전환하는 데 결정적 역할을 했습니다. 1665년 발행된 최초의 과학 전문학술지 《철학회보》는 왕립학회의 과학 연구 성과를 유럽 전역에 확산했습니다.

편지로 연구 결과를 공유하는 방식에는 많은 동료가 동시에 지식을 교환하기 쉽지 않다는 한계가 있었습니다. 서적의 형태로 출판할 정도로 연구 결과를 모으면 완성도는 올라가지만 지식 순환 속도에 제약이 생기지요. 따라서 과학자의 편지(지금의 논문)를 모아 학술지로 출간하는 방식은 지식의 순환 속도를 높이면서도 많은 동료 과학자가 함께 지식을 공유하도록 해준다는 장점이 있었습니다. 유럽의 과학자는 《철학회보》를 매개로 새로운 발견과 지식을 공유하고 우선권을 인정받았고, 지리적 장벽을 뛰어넘어 학문 공동체로서의 자의식을 높였습니다.

학술지를 통한 지식 공유가 보편화되고 실험실이 널리 보급되면서 지식 생산은 늘어났지만 실험 연구의 제약도 명료하게 드러났습니다. 실험실의 이상적인 조건과 실제 세계에서 벌어지는 사건 사이에는 상당한 차이가 존재할 수밖에 없기 때문입니다. 인위적 수단으로 자연현상을 재현할 수 있다는 생각과 변수를 통제하여 인과관계를 명확하게 한다는 생각은 쉽게 받아들이기 어려운 거대한 개념적 도약이기도 했습니다. 통계학자 조지 박스George Box는 "기본적으로 모든 모델은 다 틀렸다. 하지만 일부는 유용할 수 있다"라는 말로 실험 연구의 한계와 제약을 지적했습니다.

지금까지 살펴봤듯, 측정과 실험의 발전 및 비판적 공동체의 등장은 의학을 해부학적 관찰에서 세포·분자 수준의 탐구로 이끌고, 질병의 분자 메커니즘을 이해하게 만든 결정적 전환점이었습니다.

분자생물학은 얼마나 획기적으로 질병현상을 추적하는가?

실제 세계를 충실히 반영하는지에 관한 논쟁은 있었지만, 자연을 실험실로 옮겨 놓을 수 있게 되자 단순한 관찰에서 벗어나 인위적 방식으로 자연을 조사하고 심문하는 일이 가능해졌습니다. 17세기에 접어들어 법률가들이 주로 사용하던 조사investigation, 증거evidence, 사실fact, 심리enquire 라는 용어가 과학에서도 널리 사용되기 시작했습니다.[22] 연구research 역시 탐색search 에서 나온 말로 원래는 수사나 심문을 가리킬 때 쓰는 단어였습니다.

베이컨은 실험을 이야기할 때 '자연에 대한 심문inquisition of nature'이라거나 '괴롭혀진 자연nature vexed'이라는 표현을 자주 사용했습니다. 어려울 때 친구가 진짜 친구라는 말처럼 사람의 본성이 위기 상황에서 잘 드러나듯, 자연의 비밀 역시 방임했을 때가 아니라 기술을 이용하여 조작을 가했을 때 제대로 드러난다고 생각했지요. 법률가가 피의자를 조사하고 심문하여 범죄 사실을 밝히는 사람이라면, 과학자는 자연을 조사하고 심문하여 실체를 드러내는 사람이 된 것입니다.

새로운 지적 세계로의 항해

16세기 이후 우리 몸의 생리작용을 연금술의 원리에서 찾으려는 흐름이 생겨났고, 18세기 후반을 지나면서 생체분자에 관한 화학 연구가 본격적으로 이루어졌습니다. 생체분자를 발견하고 특성을 분석하는 연구에서 생체분자를 실험실에서 인위적으로 합성하는 연구까지 이르렀지요. 이는 우리 몸의 작동 원리를 과학의 기반 위에서 물질주의적·환원주의적으로 이해하려고 했다는 말이기도 합니다.

1773년 프랑스 화학자 일레르 루엘Hilaire Rouelle이 포유동물의 소변에서 요소urea를 처음 발견했습니다. 이후 1821년 프랑스 화학자 조제프 루이 프루스트Joseph Louis Proust가 요소를 순수하게 분리해냈지요. 이어 1828년 독일 화학자 프리드리히 뵐러Friedrich Wöhler가 실험실에서 요소를 화학적으로 합성하는 데 성공했습니다. 요소와 같은 생체유기분자를 생명력의 작용 없이 체외에서 만들 수 있다는 사실을 증명한 사건이었습니다. 생명현상이 독특한 활력에 기초한다는 생기론에 상당한 타격을 가하는 일이기도 했지요.[23]

19세기 말 살아 있는 개체에서 일어나는 화학 작용을 탐구하는 생화학biochemistry이 출현했습니다. 생체유기분자 합성에 이어 생명현상까지 실험실에서 인위적으로 재현하는 데 성공한 것이지요. 1897년 독일 화학자 에두아르트 부흐너 Eduard Buchner 는 죽은 효모의 추출물도 살아 있는 효모처럼 발효 반응을 일으킨다는 사실을 증명했습니다. 부흐너는 죽은 효모에서 추출한 단백질protein 만으로도 충분히 발효가 일어난다는 생화학적 사실을 밝혔고, 공로를 인정받아 1907년 노벨 화학상을 받았습니다.[24]

1833년 프랑스 화학자 앙셀름 파이앵 Anselme Payen 이 탄수화물을 분해하는 아밀레이스amylase 를 처음 발견한 이후, 세포 안에서 화학 반응이 일어나는 이유가 효소라는 단백질 때문이고 시험관 내에서도 특정 조건이 갖추어지면 효소 활성이 나타난다는 사실이 밝혀졌습니다. 효소 작용을 제대로 이해하려면 반응의 속도뿐만 아니라 반응의 특이성도 파악해야 했고요. 효소 반응을 이해하는 데 중요한 생물학적 특이성이라는 개념은 분자 구조의 상보성complementarity 이나 약한 결합weak bond 같은 물리화학적 언어로 환원하여 설명했습니다.

효소학enzymology 에서 상보성이란 효소와 기질이 마치 퍼즐 조각처럼 서로 구조적으로 잘 맞아 상호보완적으로 결합하는 성질을 뜻합니다. 이러한 결합은 주로 반데르발스 결합, 수소 결합, 소수성 결합, 이온 결합 같은 약한 결합으로 이루어집니다. 라이너스 폴링 Linus Pauling 은 단백질 변성 실험으로 단백질 내에 가역적인 약한 결합과 비가역적인 강한 결합이 존재한다는 사실을 밝혔고, 1954년 노벨 화학상을 수상했습니다.

생화학 연구는 효소와 기질의 화학 반응을 바탕으로 우리 몸에서 일어나는 대사 과정, 즉 생명현상을 재현할 수 있음을 보여주었고, 이는 생기론의 소멸에 결정타를 날렸습니다. 특별한 힘을 상정하지 않고 생화학적으로 생명현상을 설명할 수 있게 되었다는 말이니까요. 1931년 유전학자 존 홀데인John Haldane은 "생물학자들은 거의 만장일치로 공인된 믿음으로서의 생기론을 폐기한다"라고 자신 있게 선언했습니다.[25]

한편 19세기 후반부터 유전현상의 물질적 원리에 접근하는 연구 결과들이 등장했습니다. 1869년 독일의 화학자 프리드리히 미셰르Friedrich Miescher는 세포의 핵 속에 존재하는 물질을 분리하여 '뉴클레인nuclein'이라는 이름을 붙였습니다.[26] DNA를 최초로 발견한 연구 성과였지요. 미국의 생화학자 어윈 샤가프Erwin Chargaff는 미셰르를 DNA 발견의 진정한 공로자로 꼽았는데, 뉴클레인의 발견이 DNA의 화학적 구성과 특성을 파악하도록 이끌고 그레고어 멘델Gregor Mendel이 제안한 유전인자의 물질적 실체를 규명하기에 이르렀기 때문입니다.

피르호가 질병의 기본 단위를 세포 수준으로 좁힌 후, 세포 안의 물질적 구성요소와 화학 반응을 이해하려는 시도와 유전현상을 담당하는 물질의 실체를 찾아내어 물리화학적 원리를 규명하려는 시도가 맞물리면서 20세기 생물학의 큰 흐름이 바뀌었습니다. 분자생물학molcuker biology[*]은 이렇듯 여러 질문이 제기되고 교차하는 과정에서, 특히 생화학과 유전학이 만나면서 탄생했습니다. 생명현상은 분자 구성요소와 화학 반응

---

[*] 덩어리를 뜻하는 라틴어 'moles'에서 유래된 '분자molecule'는 매우 작은 덩어리라는 뜻으로 18세기 프랑스에서 널리 사용되었습니다.

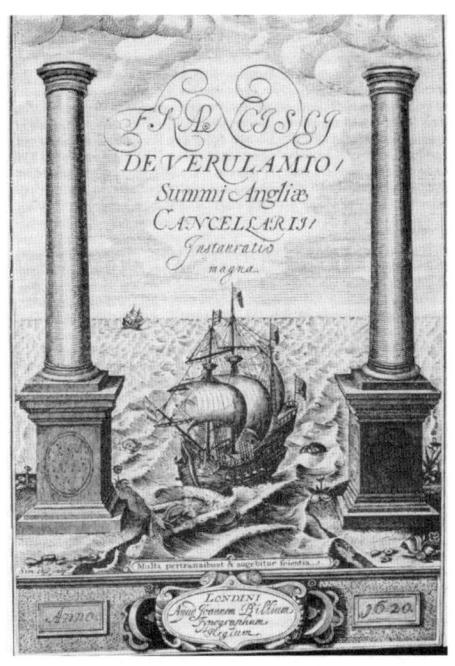

《신기관》 권두화

프랜시스 베이컨, 1620년. 고대 도리아 양식의 헤라클레스의 기둥(지브롤터해협 양쪽)을 지나 미지의 대서양으로 향하는 범선의 모습은 구세계의 질서와 틀에서 벗어나야만 새로운 지적 세계에 도달할 수 있음을 암시합니다.

과정으로 세분화되고 분석 가능한 대상으로 전환되었으며, 이를 '생명 현상의 분자화'라고 부릅니다. 눈에 보이는 명백한 현상보다 눈으로 볼 수 없는 원인을 중시하는 생각이 비로소 구체적으로 구현되는 단계에 이른 것입니다.

베이컨의 저서 《신기관 Novum Organum》 권두화를 보면 구세계 질서를 뒤로하고 새로운 지적 세계를 향해 떠나는 범선의 모습이 나옵니다.

범선 아래 적힌 "많은 사람이 왕래하며 지식이 더하리라Multi pertransibunt & augebitur scientia"라는 인용구에서 '대혁신Instauratio Magna'의 길에 관한 베이컨의 고민이 잘 나타납니다. 베이컨이 꿈꾼 지적 세계를 향한 항해처럼 분자생물학 역시 수많은 사람의 지적 모험과 지식 교류 속에서 탄생했습니다. 많은 사람이 왕래하며 지식이 더한다는 그의 말은 새로운 학문의 형성 과정에서도 여전히 유효하게 작용했습니다.

생명현상을 인위적으로 재현한다?

인류는 다분히 호기심 넘치고 실험을 좋아합니다. 그렇기에 150만 년 전에 이미 불을 사용하는 방법을 터득했겠지요.[27] 불은 기생충이나 독성 물질을 제거하므로 불로 요리를 하자 먹을 수 있는 음식의 종류와 영양가치가 크게 늘어났습니다. 만여 년 전에는 야생동물 가축화와 야생식물 작물화에 성공하면서 농경 생활이 정착되었고, 도시 문명이 발달할 기반이 만들어졌지요. 이쯤 되면 거대한 역사적 전환이 인류의 실험적 성향에서 비롯되었다고 해도 지나치지 않아 보입니다.

1492년 이후 대항해 시대가 열리자 새롭게 발견된 동식물의 연관성을 찾고 분류하는 일이 큰 주목을 받았습니다. 그 결과 '자연사natural history'라는 학문의 정체성이 뚜렷하게 나타나기 시작했지요. 19세기에 접어들면서 생물학이 표본을 수집하고 분류하는 데 그치거나 눈에 보이는 현상만 그럴듯하게 설명하는 데 만족해서는 안 된다는 생각이 두

드러졌습니다. 또한 단순히 생명현상에 관한 그럴듯한 이론만 제안하는 데서 그치지 말고 인과성을 제대로 설명할 기전을 연구해야 한다는 생각이 팽배했지요. 즉 생물의 발생 규칙이나 생명현상의 기저에 놓인 인과성 같은 내부 관계를 연구해야 한다는 말입니다.[28]

생물학 분야에서 인과성을 확인하는 실험은 17세기에 이미 이루어진 바 있습니다. 프란체스코 레디 Francesco Redi 가 자연발생설의 진위를 확인하기 위해 변수를 통제하는 방식으로 실험을 수행한 것이지요. 레디는 신선한 고기 한 조각을 병에 넣은 후 뚜껑을 열어두거나 닫거나 뚜껑 대신 천으로 병을 덮는 실험을 진행하여 파리가 접근하지 못하면 구더기도 생기지 않는다는 사실을 보여주었습니다. 레디의 통제 실험 controlled experiment 은 최초의 근대적 실험 중 하나로 꼽힙니다.[29]

분자 수준에서 생명현상의 인과성을 밝히는 연구는 유전학의 발전 속에서 더욱 두드러지기 시작했습니다. 1865년 멘델은 완두콩의 형질 차이를 통계적 방식으로 수량화하여 유전법칙을 발견했습니다.[30] 이로부터 35년이 지난 1900년, 세 명의 과학자 휘호 더프리스 Hugo De Vries, 카를 코렌스 Carl Correns, 에리히 체르마크 Erlich von Tschermak 에 의해 멘델의 유전법칙이 거의 동시에 재발견되자 유전현상의 물질적 원리와 이를 매개하는 물리적 실체에 관한 질문이 본격적으로 제기되었습니다.

18세기에 프랑스 수학자 피에르 루이 모페르튀이 Pierre-Louis Maupertuis 가 유전을 체액이 아닌 입자의 전달로 설명하기 시작했습니다. 이어 입자의 특성을 추론하면서 찰스 다윈은 제뮬 gemmule, 휘호 더프리스는 판젠 pangen, 아우구스트 바이스만 August Weismann 는 비오포어 biophor 라는 이름

그레고어 멘델이 1866년 발표한 논문의 첫 페이지

멘델은 1856년에서 1863년까지 교배 실험을 진행하여 얻은 완두콩 2만 8,000여 개의 형질을 조사하여 멘델의 유전법칙을 정리했습니다. 하지만 멘델의 유전법칙은 단순한 경험에서 나왔을 뿐 이성과 사고에서 비롯하지 않았다는 폄하와 함께 35년 동안 인정받지 못했습니다. 또한 멘델은 당시 전형적인 주변부 인물이었습니다. 직업은 수도사였고, 지리적으로도 지방도시에 거주했습니다.

을 붙였습니다. 제뮬, 판젠, 비오포어는 유전현상을 설명하기 위해 제안된 서로 다른 개념입니다. 다윈은 몸의 각 부분에서 생성된 미세 입자인 제뮬이 혈액을 통해 생식세포로 이동하여 후손에게 전달된다고 보았으며, 이로써 획득 형질도 유전될 수 있다고 주장했습니다. 반면 더프리스는 세포 내부에 유전 입자인 판젠이 존재하며, 이 입자들의 조합과 분리로 유전현상이 일어난다고 설명했습니다. 바이스만은 생식세포에만 유전 정보가 존재한다고 보고 그 구성 요소로 비오포어를 제안했는데, 체세포의 변화가 유전에 영향을 주지 못한다고 주장한 점에서 다윈과는 정반대의 입장을 취했습니다. 이처럼 세 개념은 유전의 실체를 규명하려는 서로 다른 시도이자, 현대 유전자 개념이 정립되기 이전의 과도기적 설명들입니다.

1909년에 이르러 덴마크 식물학자 빌헬름 요한센Wilhelm Johannsen이 멘델의 유전 단위를 설명하기 위해 '유전자gene'라는 용어를 고안했고, 개인의 유전적 특징과 그로 인해 나타나는 외양적 특성을 '유전자형genotype'과 '표현형phenotype'으로 나누어 구분했습니다.

1881년 독일 식물학자 에두아르트 차하리아스Eduard Zacharias 는 조직학적 개념인 염색체chromosome*가 화학적 실체인 뉴클레인으로 구성되어 있다고 설명했습니다.[31] 1903년 독일 동물학자 테오도어 보베리Theodor Boveri 와 미국 유전학자 월터 서턴Walter Sutton 이 각자 염색체가 멘델의 유전법칙을 설명하는 유전 단위라고 주장했지요. 나아가 1933년 노벨 생리의학상을 수상한 미국 유전학자 토머스 헌트 모건Thomas Hunt Morgan 이 유전자가 염색체의 특정 부위에 위치한다는 사실을 알아냈습니다.

20세기 전반기 동안 생화학은 어떤 효소가 어떤 대사 경로에 관여하

---

* 염색체라는 용어는 1888년 독일의 해부학자 하인리히 발다이어Heinrich Wilhelm Waldeyer 가 처음 고안했습니다. 염색 기술로 쉽게 식별할 수 있는 물체라는 뜻으로 지은 것입니다.

는지를 밝혀냈고, 유전학은 유전 현상을 담당하는 유전자가 염색체에 자리 잡고 있다는 사실을 알아냈습니다. 하지만 생화학이나 유전학만으로는 유전물질의 실체를 알아내고 유전현상의 본성을 추적하기 어려웠습니다. 이러한 문제를 해결하려는 맥락 가운데 생화학과 유전학이 만나 결합하면서 새로운 융합 학문인 분자생물학이 등장했습니다. '분자생물학'이라는 용어는 1938년 록펠러 재단에서 자연과학 분과장을 맡은 워런 위버 Warren Weaver 가 향후 중점 지원할 학문 분야를 가리키기 위해 최초로 사용했습니다.[32]

분자생물학의 등장은 세포 추출물로는 생명현상을 이해할 수 없다고 본 19세기 생리학자들의 입장과 결별하고, 인위적인 조건의 체외 시험관에서도 생명현상을 탐구할 수 있다는 새로운 관점을 받아들인다는 전환적 의미를 지닙니다. 분자생물학이 직면한 핵심 과제는 생체 분자들의 정체를 밝히고 활성을 측정하는 일이었습니다. 맨눈은 물론 현미경으로도 볼 수 없는 유전자나 단백질의 존재와 활성을 어떻게 분석할 수 있을까요? 분자생물학 실험은 대부분 분자 탐침 probe *을 처리한 뒤, 그에 따른 반응을 측정해서 분자의 존재나 활성을 간접적으로 확인하는 방식을 취합니다. 예를 들어 탐침이 단백질과 반응하면 색이 변하거나 형광을 발하는데, 이를 정교한 실험 장치로 측정합니다. 이런 간접적 방식은 위양성이나 위음성과 같은 오류 가능성을 본질적으로 내포하기 때문에,

---

* 분자 탐침은 어떤 유전자나 단백질 같은 생체분자의 존재나 활성을 찾아내거나 알려주는 아주 작은 꼬리표를 말합니다. 꼬리표에서 색이나 형광 같은 신호가 나오기 때문에 이를 측정하면 생체분자의 존재나 활성을 정량적으로 파악할 수 있습니다.

지식의 확실성과 완전성을 끊임없이 고민할 수밖에 없습니다.

생화학과 유전학이 구체적으로 결합한 데는 1958년 노벨 생리의학상을 공동 수상한 미국의 유전학자 조지 비들 George Beadle 과 에드워드 테이텀 Edward Tatum 의 공이 컸습니다.[33] 1941년 비들과 테이텀은 붉은빵곰팡이 Neurospora crassa 에 방사선을 쪼여서 유전자 돌연변이를 유발한 뒤, 일부 균주가 정상적으로 자라지 못하는 현상을 관찰했습니다. 이때 어떤 균주는 아르지닌 arginine 을 배지에 첨가하면 성장이 회복되었고, 또 다른 균주는 오르니틴 ornithine 을 첨가하자 성장이 회복되었습니다. 이러한 결과는 균주의 성장이 어떤 생화학 물질을 보충하느냐에 따라 달라질 수 있다는 점을 보여주며, 유전자의 돌연변이가 특정 효소의 결함을 초래하여 생화학적 문제를 일으킨다는 사실을 시사합니다. 다시 말해 서로 다른 유전자가 서로 다른 효소의 합성을 조절한다는 사실을 밝혀낸 것입니다. 비들과 테이텀의 연구는 유전학과 생화학을 결합한 실험적이고 선구적인 시도로, 유전자의 작용을 분자 수준에서 설명하고 개념을 정립하는 데 결정적인 기여를 했습니다.

미국 유전학자 노먼 호로비츠 Norman Horowitz 는 유전자가 효소 생합성 과정을 거쳐 유전현상을 통제한다는 비들과 테이텀의 발견을 '1유전자 1효소 가설'이라고 불렀습니다.[34] 비들과 테이텀의 발견은 발견 자체에 이름이 붙을 정도로 분자생물학 역사에서 중요한 이정표였습니다. 이후 유전자는 효소뿐만 아니라 다양한 종류의 단백질 합성을 조절한다는 사실이 밝혀지면서 '1유전자 1폴리펩티드 polypeptide 가설'로 발전했습니다. 참고로 영어 단어 폴리펩티드는 단백질과 동의어라고 보시면 됩니다. 지금은 하나의 유전자로부터 하나 이상의 리보핵산Ribonucleic Acis; RNA (이하 RNA)이나 단백질 같은 기능적 산물이 합성된다는 사실이 분명해졌습니다.

하지만 1940년대 초까지도 여전히 유전자의 물질적 실체가 무엇인지 정확한 답을 내리지 못했습니다. 염색체는 크게 단백질과 DNA로 구성되어 있는데, DNA는 구성 성분이 너무 단순해서 많은 과학자가 단백질이 유전물질일 것이라고 추정했습니다. 1946년 노벨 생리의학상을 수상한 미국 유전학자 허먼 조지프 멀러 Hermann Joseph Muller 는 단백질이 유전적 특징을 나타내며 DNA는 에너지를 저장하거나 공급하는 역할을 한다고 생각했습니다.

1944년 미국 내과의사이자 미생물학자 오즈월드 에이버리Oswald Avery는 단백질이 아니라 DNA가 유전자의 물질적 실체임을 증명하는 중요한 실험 결과를 발표했습니다.[35] 에이버리는 폐렴쌍구균 실험을 진행하여 폐렴을 일으키는 감염성 박테리아의 DNA가 비감염성 박테리아를 감염성으로 전환시킬 수 있음을 확인했습니다. 하지만 에이버리의 결과는 쉽게 받아들여지지 않았습니다. 1969년 노벨 생리의학상을 수상한 막스 델브뤼크Max Delbrück 가 '멍청한 분자stupid molecule'라고 부를 정도로 DNA가 너무 단순한 고분자이기 때문이지요. 또한 당시에는 세균에 유전자가 있다는 사실 자체도 잘 받아들여지지 않았습니다.

록펠러 대학의 분자생물학자 앨프리드 머스키Alfred Mirsky 는 에이버리의 DNA 유전물질설에 비판적인 입장을 고수하며, 단백질이 유전물질이라는 당시 주류 관점을 지속적으로 옹호했습니다. 스웨덴 물리화학자

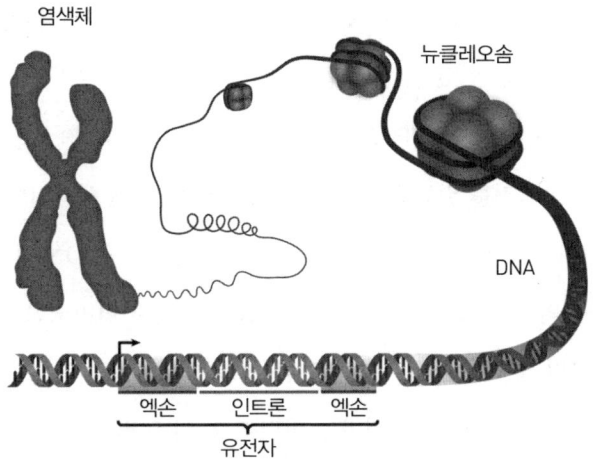

염색체와 뉴클레오솜의 모식도

뉴클레오솜은 염색체를 구성하는 기본 단위로, DNA와 이를 감싸는 히스톤 단백질로 이루어져 있습니다. DNA는 뉴클레오티드라는 기본 단위가 화학 결합에 의해 길게 연결된 고분자이며, 이 중 일부 구간이 유전자의 기능을 수행합니다.

에이나르 함마르스텐 Einar Hammarsten 역시 에이버리의 주장을 인정하지 않았고, 노벨상 선정 과정에 간접적인 영향력을 행사했을 가능성도 제기되었습니다. 안타깝게도 에이버리는 끝내 노벨상과 인연을 맺지 못한 채 세상을 떠나고 말았습니다.[36] 역설적이게도 노벨상을 받지 못했기 때문에 에이버리는 오히려 과학사에서 가장 부끄러운 노벨상 누락 사례 중 하나로 거론되며, 분자생물학의 역사에서 누구보다도 강렬하게 기억되는 과학자가 되었습니다.

1953년 4월 25일 제임스 왓슨 James Watson 과 프랜시스 크릭 Francis Crick 이 DNA의 이중나선 구조를 밝혀내면서 DNA가 유전물질로 작동하는 기계적 원리를 설명할 수 있게 되었습니다. 이후 아서 콘버그Arthur Konberg와 세베로 오초아Severo Ochoa가 DNA 가닥을 주형으로 삼아 새로운 DNA를 합성하는 'DNA 중합효소polymerase'를 발견하면서 DNA 복제의 핵심 원리를 밝혀냈고, 이 공로로 1959년 노벨 생리의학상*을 수상했습니다.³⁷ 이어 마셜 니런버그Marshall Nirenberg 등은 DNA를 구성하는 네 종류의 뉴클레오티드nucleotide 배열이 20가지 아미노산으로 구성된 단백질의 구조를 결정한다는 사실을 밝혀내어 유전 암호genetic code와 그 해독 원리를 이해할 기반을 마련했고, 이 업적으로 1968년 노벨 생리의학상을 수상했습니다.

유전자는 어떻게 질병을 발생시키는가?

유전을 뜻하는 영어 단어 'heredity'나 'inheritance'는 원래 상속이나 유산을 가리키는 법률 용어였습니다. 1554년 프랑스의 의사 장 페르넬Jean Fernel**은 《의학Medicina》에서 질환은 아버지의 소유이고 자식이 아버지

---

* DNA 구조를 바탕으로 유전물질의 복제 원리를 밝힌 왓슨과 크릭이 1962년에 노벨상을 수상한 반면, 실제 복제 메커니즘을 규명한 콘버그와 오초아가 그보다 앞선 1959년에 노벨상을 받은 것은 다소 의아하게 느껴집니다.

** 장 페르넬은 인체 기능과 작동 원리를 연구하는 학문을 가리켜 최초로 '생리학'이라는 용어를 사용했습니다.

를 승계하기 때문에 질환 역시 상속된다고 말한 바 있습니다.[38] 이와 같은 믿음은 20세기에 접어들어 과학적으로 밝혀졌습니다. 일부 질환은 멘델의 유전법칙을 따르는 유전현상으로, 유전자가 질환의 발생에도 관여한다는 것이지요.

알캅톤뇨증alkaptonuria 은 멘델의 유전법칙을 따르는 것으로 밝혀진 최초의 유전질환입니다.[39] 알캅톤뇨증은 호모겐티신산 산화효소homogentisic acid oxidase 의 결핍으로 호모겐티신산이 체내에 축적되어 연골과 뼈가 파괴되는 병입니다. 호모겐티신산이 포함된 소변은 공기와 접촉하면 짙은 갈색으로 변한다는 특징이 있습니다. 호모겐티신산에 관한 기록은 오래전으로 거슬러 올라갑니다. 기원전 1,500년경 제작된 이집트 미라에서 호모겐티신산이 검출되었지요.[40] 1584년 독일 의사 스크리보니우스 Scribonius 는 잉크처럼 검은 소변을 보는 소년을 목격하여 기록을 남기기도 했습니다.[41]

1859년 독일 화학자 카를 베데커 Carl Böedeker 는 소변을 갈색으로 만드는 물질인 '알캅톤alkapton'이 포함된 소변이라는 뜻의 '알캅톤뇨증'이라는 용어를 최초로 고안하여 질병 연구의 생화학적 기초를 마련했습니다.[42] 한편 1866년 루돌프 피르호는 부검 조직을 현미경으로 관찰하던 중 색소 침착을 발견하여 갈색증ochronosis 이라고 불렀습니다. 1891년에는 알캅톤의 화학적 실체가 호모겐티신산이라는 사실이 밝혀졌지요.[43] 알캅톤뇨증이 어떻게 발생하는지 생화학적 해답이 제시되기 시작한 것입니다.

20세기 초 영국 의사 아치볼드 개로드 Achibald Garrod 는 런던의 한 어린이병원에서 알캅톤뇨증이 나타나는 신생아를 봅니다. 환자의 친족을 세심하게 조사한 결과 개로드는 이 증상이 성년기에도 계속되는 집안 내력이며, 멘델식 열성인자 때문에 나타난다는 결론을 내렸습니다. 유전 단위에 이상이 생겨서 정상적인 대사 작용을 못 하는 결함 있는 효소가 만들어지기 때문에 소변 색깔이 진하게 바뀌는 현상이 대물림된다고 생각한 것입니다.[44] 즉 어떤 유전 단위의 변화로 세포의 대사 과정이 변형된 채 태어나기 때문에, 달리 말해 '선천적 대사 이상Inborn errors of metabolism'이 생겨서 소변의 조성이 달라진다는 말입니다.[45]

아치볼드의 발견은 대사 경로와 유전자의 관계에 관한 통찰을 줄 뿐만 아니라 질병현상 역시 분자 수준으로 환원하여 설명할 수 있음을 보여주었습니다. 생화학과 유전학 지식이 결합하면 훨씬 더 깊고 정밀하게 질병의 발생 메커니즘을 이해할 수 있다는 점을 보여주기도 했지요.

하지만 개로드의 생각은 빠르게 수용되고 확산되지 못했습니다. 토머스 모건은 노벨 강연에서 "내 생각에 유전학이 의학에 미친 가장 중요한 공헌은 지적인 것이다"라는 말로 가까운 미래에 유전학이 인간의 건강에 끼칠 영향이 미미하다고 에둘러 표현했습니다.[46] 사실 토머스 모건의 연구 업적도 노벨상 평가위원회에서 쉽게 인정받지 못했습니다. 유전 현상에서 염색체의 역할을 연구한 업적은 분명 중요했지만, 유전학은 생리학에도 의학에도 속하지 않는다는 이유로 한때 노벨 생리의학상 후보에서 제외되기도 했기 때문입니다.

개로드의 연구에 가장 크게 영향을 받은 후학으로 의학유전학의 아버지라고 불리는 미국 내과의사 빅터 매쿠식 Victor McKusick 을 꼽을 수 있습

《선천적 대사 이상》 첫 페이지

아치볼드 개로드. 1908년 런던 왕립의사회에서 열린 크루니안 강의에서 개로드는 처음으로 '선천적 대사 이상'이라는 용어를 소개했습니다. 개로드는 이 강의에서 알캅톤뇨증과 같은 유전적 장애가 발생하는 이유가 특정 생화학적 경로에서 효소의 활동이 부족하거나 완전히 결핍되어 있기 때문이라고 제안했습니다. 개로드는 자신의 개념을 설명하기 위해 알캅톤뇨증, 백반증, 시스틴뇨증, 펜토오스뇨증이라는 네 가지 특정 대사 장애에 초점을 맞췄습니다.

니다. 매쿠식은 유전질환을 체계적으로 목록화해서 유전자와 표현형 사이의 관계에 관한 포괄적 정보를 다루는 데이터베이스를 구축했습니다. 이렇게 수집한 정보를 바탕으로 1985년 미국 국립보건원 National Institutes of Health; NIH (이후 NIH)의 국립의학도서관과 존스 홉킨스 대학의 의학도서관이 협력하여 온라인 멘델유전 OMIM 데이터베이스[47]를 만들었고,

1987년부터 인터넷에서 누구나 자유롭게 이용할 수 있습니다.[48]

20세기 중반 선천적 오류와 질병 발생의 관계를 생화학적으로 설명할 중요한 발견이 이루어졌습니다. 1940년대 겸상 적혈구 빈혈 또는 낫모양 적혈구 빈혈 sickle cell anemia 의 유전적 특성이 많이 알려지자, 미국 화학자 라이너스 폴링 역시 겸상 적혈구 빈혈의 발생 원리에 관심을 두었습니다.[49] 적혈구 세포 안이 산소 운반을 담당하는 헤모글로빈 hemoglobin 으로 가득하다는 사실을 토대로, 폴링은 겸상 적혈구에서 얻은 헤모글로빈의 특성을 조사하는 일이 중요할 것이라고 추측했습니다.[50]

폴링 연구진은 산소가 결합된 형태와 결합되지 않은 형태의 헤모글로빈의 등전점 isoelectric point 을 조사했습니다. 단백질은 아미노산 조성에 따라 전기적 특성인 전하 charge 가 달라지는데, 단백질 전체 전하가 0이 되도록 하는 용액의 pH를 등전점이라고 부릅니다. 겸상 적혈구에서 헤모글로빈을 분리하여 산소가 결합되었을 때와 결합되지 않았을 때의 등전점을 측정했더니 각각 7.09와 6.91로 나타났습니다. 이와 달리 정상 적혈구로부터 분리한 헤모글로빈의 등전점은 각각 6.87과 6.68로 나타났지요.[51]

이런 등전점의 차이는 겸상 적혈구의 헤모글로빈이 정상 헤모글로빈보다 더욱 양전하를 띤다는 사실을 알려줍니다. 또한 겸상 적혈구 헤모글로빈의 아미노산 조성이 정상 헤모글로빈의 아미노산 조성과 달라졌음을 말해주기도 하지요. 단백질 분자에서 일어난 변화가 질병 유전에 결정적 역할을 한다는 사실이 밝혀진 것입니다. 폴링 연구진은 이와 같은 발견을 정리하여 1949년 저명학술지 《사이언스 Science 》에 〈겸상 적혈구 빈혈, 분자질환Sickle cell anemia, a molecular disease〉이라는 제목의 논문으로 발표했습니다.

'분자질환'이라는 개념을 처음 도입했다는 점에서 폴링 연구진의 논문은 큰 의미를 지닙니다. 유전자가 단백질의 존재나 부재를 결정한다는 사실을 넘어 단백질의 아미노산 조성과 구조를 제어한다는 사실을 깨닫게 해주었지요.[52] 또한 유전학과 생화학이 결합하여 탄생한 분자생물학이 질병의 발생 원인과 기전을 탐구하는 데 매우 유용함을 보여주기도 했습니다. 질병을 분자 수준에서 연구하기 시작하면서 마침내 '분자의학molecular medicine' 시대가 본격적으로 열렸습니다. 이는 프랜시스 베이컨이 '질병의 발자취'라고 부른 병변病變, 즉 질병이나 외상으로 유발된 조직의 구조적·기능적 이상을 분자 수준에서 객관적으로 추적할 수 있게 되었다는 의미입니다.

분자의학의 발전이
왜 치료의 혁신일까?

질병이 장기에 위치한다는 조반니 모르가니의 발견과 질병이 세포에 위치한다는 루돌프 피르호의 발견 이후, 20세기 중반 라이너스 폴링의 연구에 힘입어 질병의 장소 혹은 기본 단위가 분자까지 내려왔습니다.[53] 1956년 미국 생화학자 버논 잉그럼 Vernon Ingram 은 헤모글로빈의 등전점이 변하는 이유가 아미노산 하나가 바뀌기 때문이라는 사실을 확인했습니다.[54] 이어 DNA의 염기서열 변화가 아미노산 조성의 변화를 초래한다는 사실도 이해하게 되었지요.[55]

이제 우리는 일부 유전자에서 돌연변이가 일어나면 단백질의 조성과 구조가 변화하여 기능적 이상이 나타나고 질병 발생으로 이어질 수 있다는 사실을 잘 압니다. DNA를 주형으로 RNA가 합성되고 이를 바탕으로 단백질이 합성되기 때문에 DNA의 염기서열은 단백질의 아미노산 배열을 결정합니다. 이때 유전자 돌연변이가 생식세포에서 일어난다면 선천적 오류로 대물림됩니다. 반면 생식세포가 아니라 체세포(생식세포가 아닌 거의 모든 세포)에서 유전자 돌연변이가 일어난다면 오류가 대물림되지 않지요. 이렇듯 분자 수준에서 질병을 이해하는 방식은 분자생물학 지식의 축적과 기술 진보에 크게 의존했습니다.

유전자의 돌연변이가 관찰되지 않더라도 단백질 기능이 달라지고 질병 현상이 나타나기도 합니다. 주로 단백질이 정상보다 훨씬 많이 합성되거나 반대로 적게 합성되면 단백질의 활성과 기능이 비정상적으로 나타납니다. 이러한 변화는 대부분 대물림되지 않고 주로 환경적 요인에 영향을 많이 받는 후성유전학적 이유로 발생합니다. 후성유전학 epigenetics 은 DNA 염기서열이 변화하지 않는 상태에서 이루어지는 유전자 발현의 조절을 연구하는 분야입니다.*

유전자의 돌연변이로 질병이 발생한다면 돌연변이의 검출이 곧 질병을 진단하는 방법이 될 수 있겠지요. 하지만 폴링이 처음 분자질환이라는 개념을 제시했을 때는 유전공학 기술 또는 재조합 DNA 기술이 제대로 개발되기 전이어서 DNA 기반 검사가 불가능했습니다. 1960년대와 1970년대를 거치면서 유전공학 기술이 발전하고 나서야 환자 검체에서 DNA를 추출하고 DNA 돌연변이를 검출할 수 있었습니다.[56]

---

* 후성유전학은 유전 요인과 환경 요인의 상호작용에 따른 표현형 변화를 설명하는 메커니즘입니다. 환경 요인은 DNA 염기서열 자체를 바꾸지는 않지만, DNA의 화학적 조성이나 DNA를 감싸는 단백질의 화학적 변화를 유발하여 특정 유전자의 발현에 영향을 미칩니다. 이러한 변화는 대부분 효소가 매개하므로, 후성유전학과 유전학은 뚜렷이 분리되기보다는 연속선상에 놓인 개념으로 이해할 수 있습니다.

분자진단검사의 등장부터
PCR 기술 개발까지

1976년 미국 유전학자 유엣 칸Yuet Kan 연구진은 유전자 결손이 알파 지중해 빈혈α-thalassemia 을 유발한다는 발견에 근거하여 유전자 결손을 확인할 수 있는 DNA 기반 분자진단검사 방법을 개발했습니다.[57] 사람의 질병을 확인하는 데 DNA를 검사하는 방법이 최초로 사용된 사례이지요. 이어 1978년 칸 연구진은 헤모글로빈 유전자 주변의 DNA 표지를 이용하여 겸상 적혈구 빈혈을 확인할 수 있는 DNA 검사법도 개발했습니다.[58]

칸 연구진이 분자 수준에서 질병을 진단하는 DNA 검사법을 개발했지만, 실제 임상 현장에서 이를 일상적으로 사용하기에는 큰 제약이 따랐습니다. 환자 검체에서 DNA를 분리하여 특정 부위를 증폭하고 분석하는 과정이 너무나 복잡해서 검사 방법을 숙달하기가 쉽지 않았고, 결과가 나오기까지 시간이 오래 걸렸으며, 비용도 너무 비싸다는 문제가 있었습니다. 당시에는 DNA 염기서열의 변화를 직접 확인할 손쉬운 방법이 개발되지 못했다는 점도 문제였지요.

DNA 염기서열의 변화를 직접 확인하는 문제는 1977년 미국의 앨런 맥삼Alan Maxam 과 월터 길버트Walter Gilbert, 그리고 영국의 프레더릭 생어Frederick Sanger 와 그의 연구진이 DNA 염기서열을 규명하는 DNA 시퀀싱sequencing 을 개발하면서 해결되었습니다.[59] DNA의 염기서열에 관한 지식을 밝히는 것은 생명체를 이해하는 밑그림을 그리는 일과 매한 가지입니다. 길버트와 생어는 이 업적으로 1980년 노벨 화학상을 수상했지요. 1986년 이후 DNA 시퀀싱 자동화 기술이 개발되자 DNA 염기서열을 대량으로 신속하게 분석하는 일이 가능해졌습니다.[60]

1985년 미국 생화학자 캐리 멀리스 Karry Mullis 가 DNA 단편을 쉽고 빠르게 증폭하는 중합효소연쇄반응 Polymerase Chain Reaction, PCR (이후 PCR) 기술을 개발하자 분자진단검사는 황금기를 맞이합니다.[61] 그전에는 시료에서 DNA를 정제하고 탐침을 이용해서 특정 DNA 조각을 찾아낸 다음, 이를 유전자 가위로 자르고 운반체에 붙여서 박테리아에 집어넣은 후 다시 분리 정제하는 복잡하고 긴 과정을 거쳐야 했습니다. 수 주 혹은 몇 달이나 걸렸지요. 반면 멀리스가 개발한 PCR은 시험관에서 불과 몇 시간 이내에 DNA를 증폭시키는 획기적인 방법이었습니다. 이 공로로 멀리스는 1993년 노벨 화학상을 수상했습니다.

1970년 데이비드 볼티모어 David Baltimore 와 하워드 테민 Howard M. Temin 이 RNA에서 DNA를 합성하는 바이러스 유래 역전사효소 reverse transcriptase 를 발견했고, 이에 따른 공로로 1975년 노벨 생리의학상을 수상했습니다.[62] 이는 프랜시스 크릭이 주장한 '유전 정보는 DNA에서 RNA로 그리고 다시 단백질로 전달된다'는 분자생물학의 교리 dogma 에 수정을 가하는 엄청난 일이었습니다.[63] 역전사효소가 발견되자 RNA 바이러스를 검출하거나 새로운 유전자를 찾는 일이 더욱 용이해졌지요. 역전사효소까지 발견되자 PCR과 시퀀싱 기술을 결합하면 어떤 DNA나 RNA의 염기서열도 정확히 밝혀낼 수 있게 되었습니다.

한편 항원 antigen 과 항체 antibody 의 특이성 높은 반응을 이용하여 특정 단백질을 검출하는 방법도 다양하게 개발되었습니다.[64] 특히 미국 의학 물리학자 로절린 앨로Rosalyn Yalow 는 방사성 동위원소를 항체에 결합해서 미량의 항원을 검출하는 방법을 개발하여 1977년 노벨 생리의학상을 수상했습니다.[65] 더욱이 순도와 특이성이 높은 단클론항체monoclonal antibody 개발 기술이 향상하면서 면역진단검사는 획기적으로 발전했습니다. 단클론항체가 의학에 끼친 영향이 워낙 커서 닐스 카이 예르네Niels Kaj Jerne , 게오르게스 쾰러Georges Köhler , 세사르 밀스테인César Milstein 은 1984년 노벨 생리의학상을 공동 수상했습니다.

19세기 중반 이후 합성화학 분야의 성장에 따라 염료합성 기술이 비약적으로 발전했고, 19세기 후반 이후에는 옷감을 염색하는 대신 미생물이나 동물세포를 염색하려는 시도가 이어졌습니다. 세포 혹은 조직 염색법은 새로운 유형의 세포를 발견하거나 비정상적 세포를 식별하는 등 조직학과 병리학의 발전에 크게 기여했습니다. 염색 기술과 항체공학 기술의 결합으로 면역조직학법이 개발되자 특정 항원이 발현되는 세포를 선택적으로 염색하여 식별할 수 있게 되었습니다.[66]

DNA, RNA, 단백질과 같이 유전 정보의 흐름과 관련된 생체 고분자를 검출하는 분석법 말고도 인체에서 유래하는 다양한 시료에서 각종 화학 성분을 분석하는 임상화학 역시 더욱 발전했습니다.[67] 임상화학의 발전은 우리 몸이 기본적으로 화학 성분으로 구성되어 있고, 단백질의 활성이 비정상적이거나 장기에서 손상이 발생하면 각종 화학 성분의 종류와 양이 달라진다는 점에 바탕을 둡니다.[68] 따라서 특정 화학 성분을 검출하는 일은 질병의 발생, 위중도, 경과 및 예후 등을 확인하는 데 매우 유용한 임상 방법으로 자리 잡았습니다.

의학의 모습은 분자생물학 지식과 기술을 전폭 수용하면서 크게 바뀌었습니다. 생체분자의 농도나 활성을 정량적으로 분석하는 방법이 보편화되면서 보다 객관적으로 질병의 실체에 접근할 수 있게 되었지요. 또한 지식의 축적과 기술의 진보 사이 간극이 좁아지면서 의생명과학 연구가 점점 더 중요하게 받아들여졌고, 질병의 이해와 진단뿐만 아니라 치료제 개발의 영역에서도 큰 변화가 생겨났습니다.

약용 식물에서
분자 표적 치료제까지

동굴이나 유적지 무덤의 고인류학 연구에 따르면 6만여 년 전 네안데르탈인도 다양한 식물의 약효를 어느 정도 알았던 듯합니다.[69] 기원전 3,300년경 아이스맨 외치는 약용 식물을 휴대하고 다녔고, 기원전 2,600년경 수메르인이 만든 점토판 문서에는 약용 식물에서 유래한 재료를 이용한 다양한 처방이 담겨 있습니다.[70] 기원전 1,500년경 고대 이집트에서 작성된 《에버스 파피루스》에도 대부분 식물에서 유래한 재료 300여 가지를 이용한 800개가 넘는 처방이 적혀 있습니다.[71] 구전 전통을 바탕으로 서기 1~2세기경에 편집된 《신농본초경 神農本草經》에는 365가지 약재를 다루고 있고요.

전체 식물 가운데 섭취 가능한 식물이 그다지 많지 않다는 점을 고려할 때 의학적 효과를 보이는 식물은 극히 일부라는 것을 쉽게 추정할 수 있습니다. 그렇다면 옛날 사람들은 어떻게 약효를 가진 식물을 알아냈을까요? 아마도 약효와 독성을 우연히 경험한 것이 오랜 시간에 걸쳐 전승되면서 약용 식물에 관한 지식이 축적되었겠지요. 또한 식물의 모양이나 색깔, 냄새 등을 주술적으로 해석하면서 실제 약효와 독성을 체험한 측면도 클 듯합니다. 의료용 약물로 받아들여지기까지 분명 엄청난 희생과 시행착오가 따랐겠지요.

이러한 맥락 속에서 히포크라테스는 체액의 균형을 도와줄 300종 이상의 약용 식물을 분류했습니다.[72] 서구 사회에서 1,500년 이상 널리 읽힌 페다니우스 디오스코리데스 Pedanius Dioscorides 의 《약물에 관하여 De Materia Medica》* 역시 축적된 경험을 바탕으로 600종 이상의 약용 식물을 체계적으로 정리했습니다.[73] 1545년 파도바 의과대학에 설립된 세계 최초의 식물원은 약용 식물에 관한 연구가 상당했음을 보여줍니다.[74]

약용 식물로 질병을 치료하는 방식은 베살리우스의 해부학과 모르가니의 해부병리학이 등장한 뒤에도 크게 달라지지 않았습니다. 질병을 이해하는 관점의 전환이 곧바로 치료제 개발 기술의 진보로 이어지는 것은 아니라는 말이지요. 이는 해부학 지식의 축적과 치료 기술의 진보 사이에 간극을 좁히려면 또 다른 요소가 필요하다는 뜻이기도 합니다. 의학 지식의 축적에도 불구하고 19세기 전까지 치료제 개발이 힘들었던 이유는 약용 식물의 약효를 측정하거나 유효 성분을 분리하고 분

---

* 갈레노스가 이 책을 자주 인용하면서 디오스코리데스는 후대에 높은 명성을 누렸습니다.

16세기 파도바 대학의 식물원 모습
이 식물원은 약용 식물을 배우는 학생들에게 도움을 주려 했던 파도바 의대 약초학 교수 프란체스코 보나페데의 요청에 따라 설립되었습니다.

석할 표준화된 방법이 제대로 발전하지 못했기 때문이었습니다. 저분자 화합물을 합성하는 기술 역시 제대로 개발되지 못한 상태였지요.

1830년대 들어 화학 분야에서 합성화학synthetic chemistry이라는 새로운 세부 학문 분야가 등장했습니다. 특히 1856년 영국의 윌리엄 퍼킨William Perkin이 시작한 합성 염료 기술은 독일의 자본주의와 우수한 연구 인력을 만나 염료산업으로 발전했습니다. 독일 화학자 아돌프 폰 베이어Johann Friedrich Wilhelm Adolf von Baeyer는 염료 합성 연구로 유기화학과 화학산업 발전에 기여하여 1905년 노벨 화학상을 받았습니다.

독일에서 화학산업이 급성장하자 라인강을 따라 유명한 염료회사들이 들어섰습니다. 일부 염료회사는 의약품 개발까지 관심을 넓혔는데, 그중 대표적인 회사가 오늘날의 바이엘 Bayer AG 입니다. 19세기 말 바이엘은 젊은 화학자를 지원하고 육성하는 데 노력했고, 최초의 블록버스터 합성 신약인 아스피린 aspirin 을 개발했습니다.[75] 옷감을 염색하는 염료를 개발하려는 시도와 노력이 신약의 탄생을 이끈 사례는 과학기술의 발전 양상이 얼마나 비선형적이고 예측하기 힘든지를 잘 보여줍니다.

한편 합성 염료 기술은 신약 개발 혁신에 또 다른 방식으로도 기여했습니다. 1908년 노벨 생리의학상을 수상한 독일 미생물학자 파울 에를리히 Paul Ehrlich 는 합성 염료에서 착안해 항생제 개발의 아이디어를 떠올렸습니다. 만약 숙주세포와는 반응하지 않고 병원균에만 달라붙어서 독성을 나타내는 염료를 찾아낸다면 병원균만 선별적으로 제거할 수 있으리라는 발상이었지요. 에를리히는 이런 화합물이 '마법의 탄환 magic bullet'이 될 수 있을 것이라고 생각했습니다.[76] 물론 쉽지 않은 일이었지만, 에를리히는 엄청난 노력 끝에 매독균 치료제인 살바르산 salvarsan 개발에 성공했습니다.

살바르산 개발을 계기로 특정 질병은 특정 원인에 의해 생기며 특정 요법으로 치료될 수 있다는 개념적 틀이 갖추어졌습니다. 또한 숙주세포든 병원균이든 합성 염료로 선별적 염색이 가능하다는 발견은 인위적으로 합성한 화학물질과 선택적으로 결합하는 어떤 수용체가 세포 내에 존재한다는 아이디어를 제공했습니다. 치료 방법이 혁신하려면 해부학뿐만 아니라 합성화학 기술의 발전과 질병 모형 구축에 더해 분자 수준에서 질병과 약물의 작용을 이해하는 일이 매우 중요하다는 뜻이지요.

또한 분자화의 막대한 산업적·경제적 가치도 분명해졌습니다.

이러한 생각은 정신질환 영역에서도 중요하게 받아들여졌습니다. 20세기 중반을 거치면서 프랑스 외과의사 앙리 라보리Henri Laborit 가 항정신성 약물인 클로르프로마진chlorpromazine 을, 스위스 정신과의사 롤랜드 쿤 Roland Kuhn 이 우울증 치료제인 이미프라민imipramine 을 개발했습니다. 리세르그산 디에틸아미드lysergic acid diethylamide; LSD 나 메스칼린mescaline 같은 화학물질이 조현병 증상 일부를 재현한다거나 리튬이 조증 치료에 효과적이라는 사실도 밝혀졌지요.[77] 이렇게 되자 마음이나 감정이 물리화학적 작용의 결과이며 정신과적 문제 역시 화학적 통제가 가능하다는 생각이 널리 퍼졌습니다.[78]

1980년대에 이르러 유전자와 단백질 분석 기술이 빠른 속도로 발전한 결과 생명현상을 본격적으로 분자 수준에서 이해하게 되었습니다. 그전에는 질병 증상의 호전 여부만 확인할 수 있었을 뿐, 약물의 분자 표적이나 작용 기전에 관해서는 거의 아는 바가 없었습니다. 이를테면 버드나무 추출물의 해열 및 진통 효과는 기원전 1,500년경부터 알려졌지만 19세기에 들어서야 유효 성분이 밝혀지면서 아스피린이라는 합성 신약이 개발되었지요. 그리고 한참 뒤인 1971년이 되어서야 우리는 아스피린이 어떻게 해열과 진통 작용을 하는지를 알게 되었습니다. 아스피린이 염증을 억제하는 까닭은 염증을 일으키는 생체분자인 프로스타글란딘prostaglandin 을 만드는 사이클로옥시게나아제cyclooxygenase 라는 효소의 활성을 억제하기 때문이었습니다.[79]

제2형 당뇨병 치료제인 메트포민metformin 은 식물에서 유래한 합성

물질로 1994년 미국 FDA의 승인을 받았습니다. 메트포민이 혈당을 낮추고 인슐린 감수성을 향상시킨다는 사실은 잘 알려져 있었지만, 역시나 이러한 효과가 어떤 분자 메커니즘을 거쳐 나타나는지 거의 알려진 바가 없었습니다. 메트포민이 간세포에서 발현되는 AMPK라는 효소의 활성을 증가시켜 포도당 및 지방 합성을 억제한다는 사실도 2001년이 되어서야 밝혀졌지요.[80] 신약 승인 이후 메트포민은 분자 수준에서 다양한 작용 기전이 밝혀졌고, 이제는 당뇨병 치료제뿐만 아니라 항암제로서의 작용 기전도 연구되고 있습니다.[81]

아스피린이나 메트포민의 사례에서 알 수 있는 것은 약물의 분자 표적과 작용 기전이 최근 들어서야 비로소 이해되기 시작했고 아직 모르는 사실이 많다는 점입니다. 여전히 분자 표적과 작용 기전이 알려지지 않은 채 유익하게 사용되는 약물이 많고, 하나의 약물이 하나 이상의 표적과 작용 기전을 가지기 때문에 이를 완벽하게 이해하기란 매우 어렵습니다. 하지만 분자 표적 식별과 작용 기전은 약물 작용의 효과성과 특이성에 중요하고 실질적인 정보를 제공한다는 점에서 이제는 신약 승인에 상당히 중요한 선행조건이 되었지요.[82]

분자 표적 치료제의 등장

해부학의 등장은 질병 이해를 향상시켰지만, 신약 개발 같은 치료 기술의 발전에는 큰 진보가 없었습니다. 유기화학이 등장해서 합성화학 기술이 발전한 후에도 신약 개발 방식은 좀처럼 혁신하지 못했지요. 아스피린이나 메트포민, 페니실린penicillin 처럼 약용 식물이나 미생물에서 유효물질hit compound 을 밝혀낸 다음, 이로부터 유도체를 합성하는 방식이 신약 개발의 주류를 이루었습니다. 하지만 대규모로 신속하게 약물 효과를 분석할 방법이 마땅치 않아서, 수많은 종류의 저분자 화합물 가운데 치료에 유용한 활성을 지닌 유효물질을 효율적으로 선별하기 어려웠습니다. 이로 인해 유효물질에서 선도물질lead compound 로, 나아가 신약 후보물질drug candidate 까지 약리 작용이 뛰어나고 부작용이 적은 화합물을 찾아가는 신약 개발 과정이 원활하게 진행되지 못했습니다.

20세기 후반에 들어 분자생물학이 발전하면서 유효물질 및 선도물질을 발굴하는 방식에 큰 변화가 일어났습니다. 질병 모델을 구축하는 방식이 발전하면서 치료 효과를 훨씬 더 정확하고 정밀하게 측정할 수 있었지요. 또한 의약화학medicinal chemistry 기술의 발전으로 손쉽게 많은 유도체를 합성할 수 있었습니다. 무엇보다도 질병 발생에 관한 분자의학 지식이 축적되면서, 질병 발생에 중요한 분자 표적을 선택적으로 억제하는 화합물을 신속하게 확인하는 방식이 실현되었습니다. 이는 질병 현상을 억제하는 화합물을 찾던 기존 방식의 비효율성과 명백한 한계를 극복하는 전환점*이었지요.[83] 질병의 발병 메커니즘을 이해하고 치료 표적을 발굴하자 신약 개발 방식이 크게 바뀐 것입니다.

---

* 분자 표적의 활성 억제가 반드시 질병 치료로 이어지지 않는다는 사실이 밝혀지면서, 분자 모델과 동물 모델 사이의 중간 단계로서 세포 모델도 주목받았습니다. 이에 따라 세포 수준에서 다량의 화합물을 고속으로 검색할 수 있는 스크리닝 시스템이 개발되었습니다.

에이즈 치료제인 사퀴나비르Saquinavir 개발을 하나의 사례로 들 수 있습니다.[84] 1981년 처음으로 에이즈 환자가 발견된 후, 1983년 '인간면역결핍바이러스Human Immunodeficiency Virus; HIV (이하 HIV)'라는 바이러스에 감염되면 에이즈가 발병한다는 사실이 밝혀졌습니다. 이어 HIV가 가진 단백질 분해효소protease가 바이러스 증식에 중요하다는 사실도 알려졌지요. 바이러스 증식에 따른 분자 메커니즘 연구는 곧바로 바이러스 증식 억제제를 개발할 기반을 제공했습니다. 단백질 분해효소의 3차 구조를 바탕으로 선도물질을 설계하고 유도체를 합성하여 효소 활성과 바이러스 증식을 억제하는 화합물을 찾아낸 것입니다. 이렇게 해서 최종적으로 승인 난 신약품이 사퀴나비르입니다.

만성골수성백혈병chronic myeloid leukemia 치료제인 글리벡Gleevec 역시 비슷한 사례가 될 수 있습니다.[85] 대부분의 만성골수성백혈병은 염색체에 이상이 생겨서 발병하는데, 이로 인해 유전자 융합이 일어나 정상세포를 암으로 만드는 BCR-ABL 단백질이 만들어지고 ABL의 인산화 효소 활성이 크게 증가합니다. 이렇듯 발병 메커니즘을 분자 수준에서 이해하자 전통적 항암제보다 부작용이 훨씬 적은 표적 항암 치료제가 개발되기 시작했습니다.

질병 발생의 분자 메커니즘을 이해하고 단백질 활성을 대량으로 신속하게 측정하는 기술이 발전하자 1980년대 중반 이후부터 고속 대량 스크리닝High Throughtput Screening; HTS 으로 유효물질을 찾아내는 방식이 본격화되었습니다.[86] 또한 측정 장비 제작에 로봇 기술과 전산 기술이 도입되면서 실험 및 측정 절차와 자료 분석 과정이 자동화되었지요.[87] 이렇듯 질병 발생에 중요한 분자 표적을 발굴하고 검증하자 신약 개발 방식이 크게 발전했습니다. 질병이 분자화되면서 본격적으로 질병의 진단과 치료에 혁신적 변화가 일어난 것입니다.

한편 질병에 대한 분자의학적 이해를 바탕으로 인체에 존재하는 단백질 분자 자체를 치료제로 활용하려는 시도도 생겨났습니다. 이는 전통적인 신약회사 외에 바이오테크 기업의 등장과 성장을 뜻하기도 했지요. 대표적으로 인슐린이라는 단백질을 당뇨병 치료제로 개발한 사례를 들 수 있습니다. 1889년 요제프 폰 메링 Joseph von Mering 과 오스카 민코프스키 Oscar Minkowski 는 건강한 개의 췌장을 제거하면 당뇨병 증상이 유도된다는 것을 확인했고, 췌장에 포도당 대사를 조절하는 어떤 물질이 있을 것이라고 추측했습니다.

1921년 존 매클라우드 John Macleod 의 실험실을 빌린 프레더릭 밴팅 Frederick Banting 은 매클라우드의 조수인 찰스 베스트 Charles Best 와 함께 인슐린을 추출하는 데 성공했습니다. 이어 제임스 콜립 James Collip 은 순도 높은 인슐린을 정제하여 당뇨병 증상을 억제하는 데 성공했습니다. 제약회사 일라이 릴리 Eli Lilly 는 인슐린 생산의 라이선스를 확보했고, 1923년부터 당뇨병 환자를 대상으로 판매에 들어갔습니다. 밴팅과 매클라우드는 인슐린 발견의 공로로 1923년 노벨 생리의학상을 공동 수상했습니다.

50여 년 뒤인 1976년 미국 생화학자 허버트 보이어 Herbert Boyer 는 벤처 투자가 로버트 스완슨 Robert Swanson 과 힘을 합쳐 '제넨텍 Genentech'이란 벤처회사를 세웠습니다. 제넨텍은 우선 유전공학 기술을 이용하여 사람의 인슐린 유전자를 찾아냈고, 1978년에는 재조합 유전자 기술을 이용하여 사람의 인슐린 단백질을 박테리아에서 대량 생산하는 데 성공했습니다.[88] 이 성과를 이전받은 일라이 릴리는 임상시험을 진행하여 1982년 단백질 신약으로는 최초로 미국 FDA의 승인을 받았고, 생명공학 역사의 새로운 이정표를 세웠습니다.

우리 몸의 면역 작용에 중요한 항체분자 역시 치료제로 개발되면서 큰 주목을 받았습니다.[89] 항체 역시 단백질로 구성되어 있기에 생명공학 기술을 이용하여 대량 생산할 수 있습니다. 항체는 항원과 매우 특이적으로 결합하는데, 여기서 주목할 점은 항체가 항원 단백질의 어느 부위에 결합하는지에 따라 항원 단백질의 특정 활성이 억제될 수 있다는 것입니다. 만약 그 항원 단백질이 질병의 분자 표적이라면 특정 활성을 억제하는 항체를 치료제로 활용할 수 있다는 말이 됩니다. 또한 항체가 세포 표면에 있는 단백질과 결합하면 우리 몸의 면역계를 자극하여 해당 세포를 선별적으로 제거할 수도 있습니다.

최초로 FDA 승인을 받은 항체 치료제는 CD3라는 단백질의 기능을 억제하여 신장을 이식할 때 나타나는 급성 면역거부반응을 최소화하는 뮤로모납 muromonab, OKT-3 입니다.[90] 뮤로모납이 1986년 승인받은 후 항체 치료제는 특이성과 안전성 측면에서 큰 주목을 받았습니다. 1997년 CD20에 결합하여 비호지킨 림프종 세포를 제거하는 용도로 개발된 항체 치료제 리툭시맙 rituximab 이 FDA의 승인을 받았습니다. 이어 1998년 HER2라는 세포막 단백질의 활성을 억제하여 유방암 치료에 효과를 보이는 항체 치료제 허셉틴 herceptin 이 개발되면서 새로운 항암 치료제로 확고히 자리 잡았습니다. 지금까지 40여 종이나 되는 항체 치료제가 개발되어 암 치료에 사용되고 있습니다.[91]

분자생물학의 한계를 뛰어넘기 위하여

이제 우리는 수많은 과학자의 공동체적 노력에 힘입어 생체에서 관찰되는 현상을 분자 수준, 특히 유전자 수준에서 이해하고 있습니다. 하지만 질병 혹은 생명현상을 분자 수준에서 이해하기란 결코 쉽지 않으며, 현상이 복잡할수록 분자 수준으로 환원해서 파악하기 더욱 어렵습니다. 인간이 최초로 발견한 호르몬이자 췌장액 분비를 촉진하는 세크레틴 secretin 을 발견한 사례를 하나 들어보겠습니다. 현상의 발견에서 핵심적 역할을 하는 유전자의 발견까지 20세기에 모두 이루어졌지만 90년에 가까운 시간이 걸렸지요.

영국 생리학자 어니스트 스탈링 Ernest Starling 과 윌리엄 베일리스 William Bayliss 는 소장과 췌장 사이의 모든 신경 연결을 끊은 후에도 십이지장에 0.4퍼센트 염산 용액을 투여하면 췌장액 분비가 증가하는 현상을 관찰했습니다. 그들은 염산에 의해 어떤 물질이 장에서 혈액으로 분비되고, 그 물질이 췌장에 도달하여 췌장액 분비를 촉진한다는 사실을 발견하고 이를 세크레틴으로 명명했습니다. 이와 같이 췌장액 분비를 조절하는 세크레틴이라는 물질적 실체가 있다는 논문은 1902년에, 세크레틴의 아미노산 서열을 규명한 논문은 1970년에, 세크레틴 유전자의 염기

서열을 규명한 논문은 1990년에 발표되었습니다.[92]

세크레틴은 하나의 사례일 뿐입니다. 쉽지 않은 과정을 거친 끝에 이제 우리는 분자 수준에서 생명현상 혹은 질병의 발생 메커니즘에 접근합니다. 이에 따라 인체 내의 분자가 치료제의 표적이 되면서 신약 개발 방식에 혁신이 일어났고, 약물의 효과와 독성을 훨씬 더 정교하게 파악할 수 있게 되었습니다. 나아가 호르몬이나 항체 같은 생체분자 자체를 치료제로 사용하려는 시도도 큰 성공을 거두었지요. 질병이 분자화됨에 따라 비로소 기초 연구의 진보와 치료 기술의 발전 사이의 간극이 크게 줄었고, 이는 곧 과학기술 기반의 제약과 의료산업의 큰 발전을 견인했습니다.

최근 벌어진 코로나 19 COVID 19 팬데믹 사태는 감염병의 원인을 찾아내고 진단법과 백신을 개발하는 데 분자의학의 위력을 여실히 보여주었습니다. 하지만 건강 격차의 문제를 빠르게 노출시켰고, 기술적 대응의 중요성을 깨닫게 했지요. 또한 분자의학의 한계 역시 분명히 드러났습니다. 증상과 백신 효과의 개인별 차이를 과학적으로 명쾌하게 설명해내지 못한 것이지요. 그뿐만 아니라 여전히 질병의 발생이나 치료 효과의 개별적 차이도 잘 설명해내지 못합니다. 그렇다면 어떤 새로운 길을 모색해야 이러한 한계를 뛰어넘을 수 있을까요?

5.
정보가
말해주는
질병

인공지능 혁명은 의생명과학을
어떻게 바꾸고 있나?

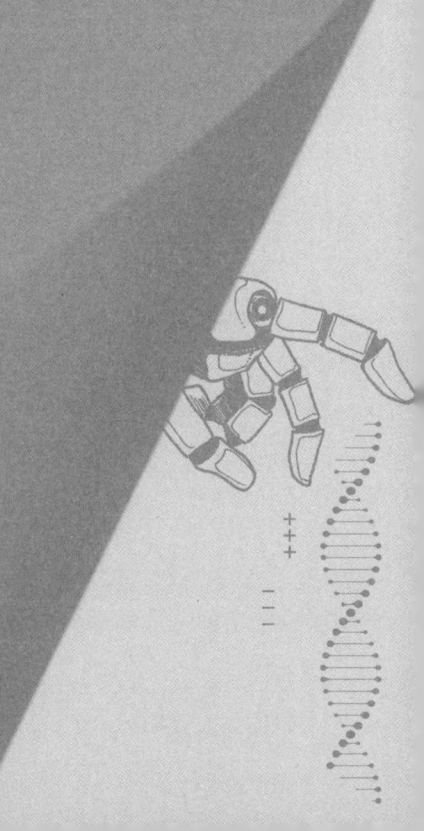

"정보는 불확실성의 해소다."

클로드 섀넌

암호 해독 기술은 유전자의 비밀을 어디까지 밝혀냈나?

생체분자, 특히 유전자를 중심으로 질병을 이해하려는 관점은 20세기 과학과 의학의 획기적인 발전을 이끌면서 질병 관련 지식의 전례 없는 축적을 가능하게 했습니다. 특히 유전학 연구의 혁신에 힘입어 DNA 염기서열을 정보 체계로 변환하여 분석할 수 있다는 인식의 틀이 확립되었으며, 이는 분자의학의 발전과 함께 질병을 '정보'로 이해하고 설명하려는 시도로 자연스럽게 이어졌습니다. 이러한 내용을 보다 깊이 이해하려면 먼저 유전자를 비롯한 핵심 용어부터 설명해야 할 것 같습니다.

1953년 4월 25일 DNA의 이중나선 구조를 밝힌 제임스 왓슨과 프랜시스 크릭의 논문이 《네이처》에 게재되었습니다. 1944년 오즈월드 에이버리는 DNA가 유전물질의 실체라는 사실을 밝혔지만, DNA가 어떻게 유전물질로 작용하는지는 여전히 베일에 가려져 있었습니다. 왓슨과 크릭의 《네이처》 논문은 이 베일을 걷는 해답이었습니다. 그들은 "염기 사이의 결합이 유전물질의 복제 메커니즘을 암시한다"라는 말로 논문을 마무리하면서 DNA가 유전물질로 작동하는 기계적 원리를 설명했습니다.

DNA, 유전자, 염색체

유전자란 무엇이고 특히 염기는 무엇일까요? 왓슨과 크릭의 결론을 더 잘 이해하려면 DNA, 유전자, 염색체라는 용어를 간략하게나마 이해할 필요가 있습니다. 먼저 DNA는 디옥시리보핵산 deoxyribonucleic acid 의 줄임말로 세포 안에 존재하는 고분자 화합물의 한 종류를 가리키는 화학적 용어입니다. 1881년 독일의 생화학자 알브레히트 코셀 Albrecht Kossel 은 프리드리히 미셰르가 발견한 '뉴클레인'이라는 물질에 현재 우리가 사용하는 디옥시리보핵산이라는 화학적 이름을 부여했습니다.[1] 이후 코셀은 핵산 연구에 기여한 공로를 인정받아 1910년 노벨 생리의학상을 수상했습니다.

 다음으로 유전자는 유전 현상을 매개하는 물질적 실체를 가리키는 기능적 용어입니다. 1909년 덴마크의 식물학자 빌헬름 요한센이 멘델의 이론을 바탕으로 유전 단위를 설명하기 위해 고안했지요.[2] 마지막으로 염색체는 세포 안에서 특정 염료에 잘 염색되는 물체를 가리키는 조직학적 용어로, 1888년 독일 해부학자 빌헬름 발다이어 Wilhelm Waldeyer 가 처음 사용했습니다.[3] DNA와 염색체는 물질적 실체로 명확히 정의된 용어인 반면, 유전자는 실체가 정확히 규명되기 전에 유전현상을 설명할 목적으로 동원된 개념적 용어입니다.

이렇듯 DNA, 유전자, 염색체라는 용어는 원래 각기 다른 분야의 과학자들이 자신의 관심에 따라 연구를 진행하면서 고안한 개념입니다. 그러나 연구가 진전되면서 이 세 용어가 별개의 생체분자를 가리키는 것이 아니라 서로 연결된 개념이라는 사실이 밝혀졌습니다. DNA가 염색체를 구성하는 핵심 성분이고, DNA 중에서 유전 정보가 담긴 특정 부분이 유전자라는 점이 분명해졌지요. 이로써 DNA의 물리화학적 구조를 이해하는 일이 유전현상을 분석하는 데 매우 필수적인 과제가 되었습니다.

DNA는 뉴클레오티드라는 기본 단위가 화학 결합으로 연결된 고분자 물질입니다. 뉴클레오티드는 5탄당 ribose (탄소 다섯 개로 이루어진 당), 인산 phosphate, 염기 base 라는 세 요소로 이루어져 있습니다. 염기는 아데닌(A), 티민(T), 구아닌(G), 시토신(C) 네 가지로 나뉘며, 이 네 염기에 따라 뉴클레오티드도 네 종류로 구분됩니다. 한 뉴클레오티드의 인산은 다른 뉴클레오티드의 5탄당과 공유 결합으로 연결되어 긴 사슬을 이루고, 염기와 염기 사이의 수소 결합으로 DNA 두 가닥이 결합해 나선형 구조를 형성합니다. 이때 A는 항상 T와, G는 항상 C와 수소 결합하여 염기쌍을 형성하기 때문에 A-T와 G-C를 '상보적'이라고 부릅니다.

대부분의 인간 체세포에는 약 60억 개의 뉴클레오티드가 46개의 염

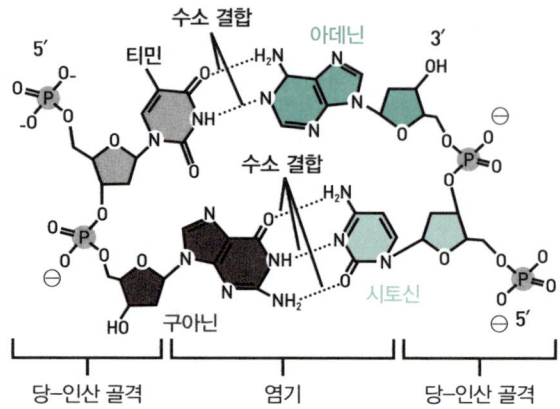

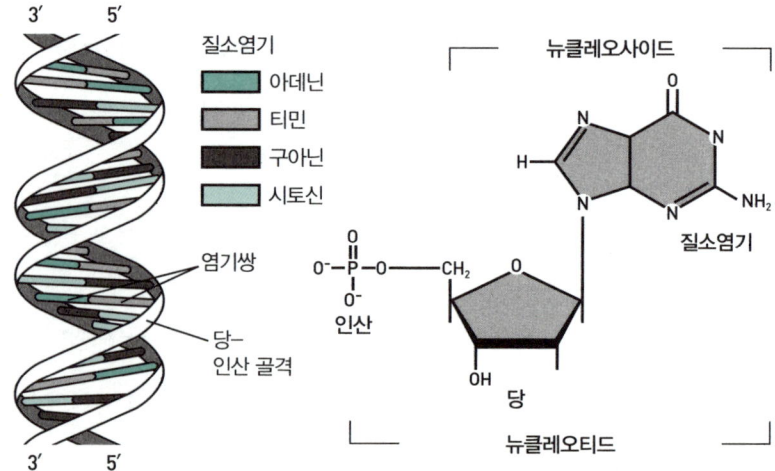

DNA의 화학적 구성 및 구조

오른쪽 하단에 보이는 뉴클레오티드는 DNA를 구성하는 기본 단위로, 인산과 뉴클레오사이드로 이루어진 분자입니다. 뉴클레오사이드는 다시 당과 질소를 포함하는 염기로 구성됩니다. 염기는 네 종류로 아데닌(A), 구아닌(G), 티민(T), 시토신(C)이 있으며, 아데닌은 항상 티민과, 구아닌은 항상 시토신과 상보 결합합니다. DNA는 네 종류의 뉴클레오티드가 화학 결합으로 길게 연결되어 배열된 구조이기 때문에, 화학적으로 매우 단순한 조성이라고 할 수 있습니다.

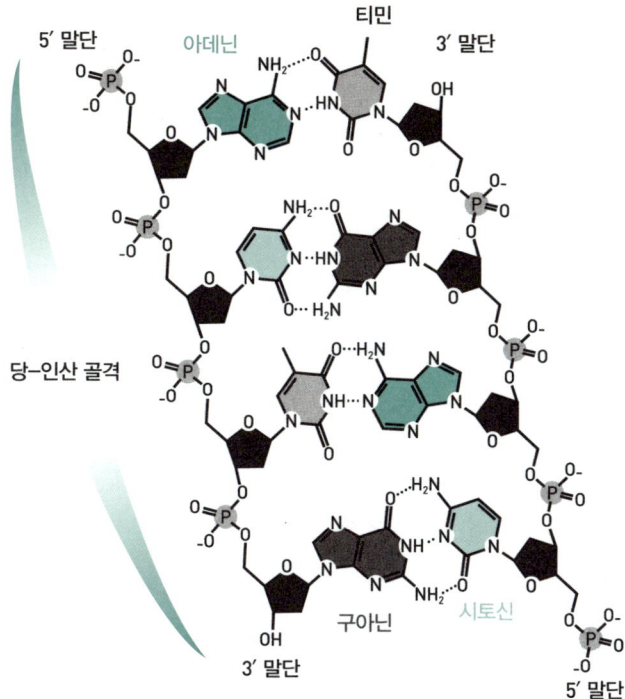

DNA의 구조

하나의 뉴클레오티드 인산은 다른 뉴클레오티드의 5탄당과 인산디에스터 결합으로 연결되어 긴 사슬을 이루며, 이렇게 형성된 두 가닥의 DNA는 A-T, G-C 염기쌍 사이의 수소 결합으로 나선형 구조를 이룹니다.

색체에 나누어져 있습니다. 이는 곧 46개의 긴 DNA 사슬이 존재한다는 의미입니다. 염색체마다 포함된 뉴클레오티드의 수가 다르므로 각 염색체의 DNA 길이도 다릅니다. DNA의 특정 부위가 유전자이고 DNA는 염색체의 핵심 성분이므로, 사람 유전자는 46개 염색체에 흩어져서 분포한다고 보면 됩니다. 사람의 유전자 개수는 2만여 개로 추정될 뿐 아직 정확한 개수는 밝혀지지 않았으며, 유전자를 제외한 DNA의 나머지 부분은 유전자 발현을 조절하거나 아직 그 기능이 무엇인지 알려지지 않은 영역으로 남아 있습니다.

유전자가 DNA 내의 특정 부위라면, 그 부위는 정확히 어떤 부위를 가리킬까요? 화학적 혹은 생물학적 관점에서 보면 유전자는 DNA에서 RNA가 생성되는 부위를 말합니다. 이 과정을 '전사 transcription'라고 부르므로 전사가 일어나는 부위가 곧 유전자라고 할 수 있습니다. 전사 과정을 거쳐 DNA의 염기서열에 상보적인 RNA가 만들어지며, 이때 RNA에서는 티민 대신 우라실(U)이 사용됩니다. RNA에는 여러 종류가 있고, 이들은 세포 내에서 그 자체로 중요한 생리학적 기능을 수행합니다. 단백질 합성 과정에 중요한 역할을 하는 운반 RNA(tRNA)와 리보솜 RNA(rRNA) 그리고 유전자 발현을 조절하는 마이크로 RNA(miRNA) 등이 포함되지요.

또 다른 RNA인 전령 RNA(mRNA)는 단백질을 만드는 주형 역할을 합니다. RNA는 네 개의 염기로 구성되어 있고, 단백질은 20개의 아미노산으로 이루어져 있으니 서로 다른 언어 체계를 갖는다고 비유할 수 있겠지요. 그래서 mRNA에서 단백질이 합성되는 과정을 '번역

translation'이라고 부릅니다. 염기와 아미노산은 일대일로는 대응하지 않습니다. 대신 화학적으로 연결된 세 개의 뉴클레오티드가 '코돈codon'이라는 단위를 이루어 하나의 아미노산을 지정합니다. 다시 말해 세 개의 염기가 모여 하나의 아미노산을 결정하지요. 예를 들어, 염기서열이 ATG이면 메티오닌을, CAA나 CAG이면 글루타민을 지정합니다.* 이는 염기서열이 단백질로 번역되는 메커니즘을 제시한 것이며, 이 발견으로 로버트 윌리엄 홀리Robert William Holley, 하르 고빈드 코라나Har Gobind Khorana, 마셜 워런 니런버그는 1968년 노벨 생리의학상을 수상했습니다.

이상의 내용을 간략히 정리해봅시다. DNA가 전사 과정을 거치면 RNA가 합성되고, RNA가 번역 과정을 거쳐서 단백질이 만들어집니다. 네 종류의 염기가 어떻게 배열되어 어떤 코돈 조합을 형성하느냐가 바로 앞으로 다룰 유전 정보 암호화의 핵심 원리입니다. 코돈 조합에 따라 결정된 아미노산 서열이 곧 단백질의 구조와 기능을 좌우하므로, 유전 암호를 해독한다는 말은 앞서 언급한 바와 같이 DNA 시퀀싱 방법으로 유전자의 염기서열을 밝혀낸다는 의미이지요.

마지막으로 '유전자형'과 '표현형'이라는 용어를 설명할 필요가 있습니다. 이 두 용어는 모두 유전자라는 용어를 만든 빌헬름 요한센이 만들

---

* DNA에서는 염기서열을 ATG로 표기하지만, RNA에서는 티민 대신 우라실을 사용하기 때문에 서열이 AUG로 바뀝니다. 코돈은 총 64가지가 존재하지만, 아미노산은 20가지뿐이기 때문에 코돈과 아미노산이 꼭 일대일로 대응하는 것은 아닙니다. 예를 들어, 류신Leucine 과 아르기닌Arginine 은 각각 여섯 개의 다른 코돈으로 지정됩니다. 한편 UAA, UAG, UGA는 아미노산을 지정하지 않고 단백질 합성을 멈추라는 신호를 주는 종결코돈stop codon 입니다.

었습니다.[4] 유전자형은 개체의 유전적 특성을 나타내며, 표현형은 유전자형이 주어진 환경 하에서 드러나는 형질 또는 고유한 특징을 말합니다. 여기서 강조할 부분은 유전자형과 표현형이 단순히 일대일로 대응되는 관계가 아니라는 점입니다. 유전자형과 환경이 상호작용한 결과로 나타나는 형질이 표현형입니다.

또 하나 짚어야 할 점은 측정 가능한 표현형만이 과학적 연구의 대상이 된다는 것입니다. 측정할 수 없는 표현형은 증명 자체가 불가능하기 때문에 과학의 영역으로 포섭될 수 없겠지요. 또한 표현형을 명확히 정의할 수 있어야 적절하고 타당한 분석 방법을 동원할 수 있습니다. 문제는 추상적이고 개념적인 표현형에 수치를 부여하는 일이 쉽지 않다는 점입니다. 예를 들어 주량이라는 표현형은 상대적으로 명확히 정의하고 측정할 수 있지만, 지능이라는 표현형은 정의도 측정도 쉽지 않습니다. 그러나 지식이 축적되고 측정 기술이 개선되면 더 많은 개념이 측정 가능해질 테고, 그에 따라 과학의 범위도 넓어지겠지요.

여기까지 유전자를 화학적·생물학적 측면에서 간략히 살펴봤습니다. 하지만 이것만으로는 유전자에 대한 개념적 이해와 의미가 잘 드러나지 않습니다. 1940년대 이후 암호화된 정보라는 개념을 바탕으로 유전현상과 유전자를 이해하기 시작하면서 의학과 생명과학을 탐구하고 이해하는 방식이 크게 바뀌었습니다.

암호와 정보, 그리고 메타과학

두 차례의 세계대전을 거치면서 '암호code'의 해독은 전쟁의 승패를 좌우하는 핵심 과제로 부상했습니다. 1917년 1월 독일의 외무장관 아르투어 치머만Arthur Zimmermann은 멕시코 주재 독일 대사에게 미국을 견제할 독일-멕시코 동맹을 제안하는 암호화된 전보를 보냈습니다. 하지만 영국이 이른바 치머만 전보Zimmermann Telegram의 암호를 해독했고 이 사실이 미국에 전달되면서 미국이 참전하는 결정적인 계기로 작용했습니다. 또한 제2차 세계대전 당시 앨런 튜링Alan Turing을 중심으로 한 암호해독팀이 독일의 에니그마enigma 암호를 해독하는 데 성공하면서 전쟁 종식을 앞당기는 데 지대한 영향을 끼쳤습니다.

이러한 시대적 흐름 속에서 유전자를 암호에 빗대어 설명하는 방식은 유전자가 생명과 질병현상을 이해하는 핵심 열쇠로 자리 잡는 데 결정적인 역할을 했습니다. 과학에서 은유가 단순히 이해를 돕는 수단을 넘어 과학 이론을 구성하고 개념을 확장하는 데 얼마나 중요한 역할을 하는지가 느껴지지요. 더욱 흥미로운 점은 유전자의 기능을 설명하는 데 암호라는 용어를 처음 도입한 인물이 의학이나 생명과학이 아닌 물리학을 전공한 과학자였다는 사실입니다. 한 물리학자가 생명현상을 해석한 방식이 분자생물학의 핵심 개념을 탄생시키는 계기가 된 것입니다.

분자생물학 혁신을 이끈 이 물리학자는 누구였을까요? 그 주인공은 바로 1933년 노벨 물리학상을 수상한 에르빈 슈뢰딩거Erwin Schrödinger였습니다. 1943년 2월 슈뢰딩거는 아일랜드의 수도 더블린에 위치한 트

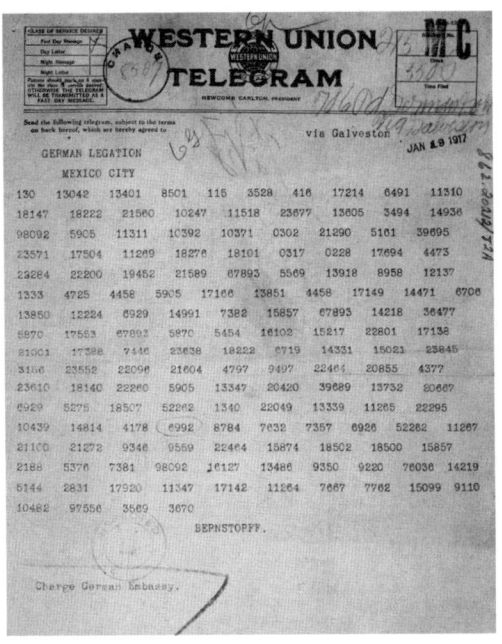

치머만 전보

1917년. 독일의 외무장관 아르투어 치머만이 멕시코 주재 독일 대사인 하인리히 폰 에카르트 대사에게 보낸 암호화된 전보입니다.

리니티 칼리지에서 '생명이란 무엇인가'라는 주제로 세 차례의 공개 강연을 진행했습니다. 이 강연에서 슈뢰딩거는 물리학적 관점을 바탕으로 거시적인 생명체의 질서가 어떻게 미시적인 유전물질의 질서에서 비롯하는지 설명했습니다. 이 강의 내용을 정리해서 이듬해 출간한 책이 100페이지에 못 미치는 분량으로 20세기 가장 영향력 있는 과학 서적의 하나로 꼽히는《생명이란 무엇인가What is life?》입니다.[5]

《생명이란 무엇인가》에서 슈뢰딩거는 유전자를 "개체의 미래 발달과 성장한 상태에서 나타나는 모든 기능을 결정하는 암호 대본 code-script"으로 설명했습니다. 후손에게 전달되어 유기체의 발달을 안내하는 물질적 구조로서 유전자에 유전물질의 질서와 생명체의 질서 사이 대응 관계가 암호화되어 있다고 본 것입니다. 슈뢰딩거는 유전자의 실체를 잘 알지 못했지만, 유전자의 기능과 역할에 관해 탁월한 통찰을 제공했습니다.[6] 슈뢰딩거가 암호에 빗댄 유전자 개념은 생명의 신비와 인체 기능의 비밀을 근원적으로 파헤치려면 유전 암호를 해독해야 한다는 믿음이 확산하는 데 결정적 기여를 했습니다.

이 책의 영향력은 1962년 노벨 생리의학상을 수상한 프랜시스 크릭과 제임스 왓슨의 말에서 가늠해볼 수 있습니다. 크릭은 1953년 8월 12일 슈뢰딩거에게 편지를 보내서 "왓슨과 나는 우리가 어떻게 분자생물학 분야에 뛰어들게 되었는지 논의하던 중, 둘 다 당신의 작은 책 《생명이란 무엇인가》의 영향을 받았다는 사실을 알게 되었다"라고 감사의 뜻을 표한 적이 있습니다. 한편 왓슨은 자신의 저서 《이중나선 The Double Helix》에서 "내 마음을 바꾼 것은 잊지 못할 스승이 아니라 1944년에 출간된 한 작은 책이었다. 파동역학의 아버지인 에르빈 슈뢰딩거가 쓴 《생명이란 무엇인가》라는 책이었다"라고 밝혔습니다.

전쟁의 경험은 '암호'뿐만 아니라 '정보'라는 개념도 유전자 기능을 설명하는 데 동원될 기회를 제공했습니다. 사실 2차 세계대전 이전에 정보는 기술적·경제적 의미를 지니지 않는 일상적이고 평범한 개념이었습니다. 하지만 제2차 세계대전을 계기로 과학이 전쟁의 승리를 이끌 강력한 수단으로 부상하자 막대한 연구비 투자가 뒤따랐고 정보의 의미와 중요성이 크게 달라졌습니다. 1940년 미국은 국방연구위원회National Defense Research Committee; NDRC 를 설립하여 과학기술력을 국방 연구에 집중시켰고, 이듬해 위원회는 과학연구개발국Office of Science and Technology; OSRD 으로 확장되면서 레이더와 원자폭탄 개발 등 대형 프로젝트를 주도했습니다. 이 과정에서 정보는 과학 연구의 중요한 주제로 자리 잡았습니다.

특히 워렌 위버Warren Weaver 가 이끈 팀은 레이더 등으로 확보한 정보를 통합하여 대공사격의 정확성을 높일 목적으로 정보·제어·통신 등을 연구했습니다. 이 팀에는 훗날 각각 정보이론의 아버지, 사이버네틱스cybernetics 의 창시자, 컴퓨터의 아버지로 불릴 클로드 섀넌Claude Shannon*, 노버트 위너Norbert Wiener, 존 폰 노이만John von Neumann 같은 인물이 참여했고, 이들의 연구는 정보이론의 발전과 개념 확산에 크게 이바지했습니다.[7] 이로 인해 전쟁의 승리를 이끈 '정보'라는 용어가 일상에서도 친숙하고 긍정적인 개념으로 자연스럽게 받아들여졌습니다.

제2차 세계대전 동안 레이더 기술로 실감하게 된 정보의 가치 전환 문제는 컴퓨터의 발전에 힘입어 생명현상의 이해에도 막대한 위력을 발휘했습니다.[8] 17세기 초에 사용되기 시작한 '컴퓨터'라는 용어는 원래 '계산하는 사람'을 의미했으며, 계산기가 등장하기 전 수학 계산을 수행하는 사람을 가리켰습니다. 20세기 중반 입력·연산·출력의 개념과 전

---

* 정보를 수치로 표현하거나 논리식을 적용할 수 있는 형태로 변환하는 연구에 몰두한 섀넌의 노력은 특히 유전 정보의 이해에 큰 영감을 주었습니다.

자식 컴퓨터가 등장하면서 컴퓨터는 단순한 계산기가 아닌 정보 처리 장치로 인식되기 시작했습니다. 이후 컴퓨터는 과학의 모든 영역에서 핵심 도구로 자리 잡았고, 컴퓨터의 구조와 기능을 다루는 이론과 용어는 다른 학문 분야의 지식 체계에도 막대한 영향을 미쳤습니다.

이에 따라 컴퓨터가 정보를 처리하는 방식이 대중에게 널리 확산되었고 다양한 학문 분야에 깊이 스며들었습니다. 컴퓨터과학 용어는 점차 지배적 은유 체계를 형성했고, 생명현상도 그 예외가 아니었습니다. 생명현상은 컴퓨터의 입력·연산·출력이라는 정보 처리 과정에 빗대어 외부 자극·자극 인식·생체 반응이라는 틀로 설명되었습니다. 이처럼 정보라는 개념은 학문 간 경계를 넘는 메타과학적 성격을 띠며, 기존 문제를 통합적으로 접근하여 새로운 시각에서 해결할 수 있다는 인식의 틀을 만들어냈습니다.

우리에게 잘 알려진 왓슨과 크릭의 DNA 이중나선 발견에 관한 논문은 이러한 시대적·지적 흐름 속에서 발표되었습니다. 1953년 4월 25일 발표된 첫 번째 《네이처》 논문은 이중나선 구조 모형을 통해 DNA가 어떻게 유전물질로 작용할 수 있는지를 설명했습니다.[9] 첫 논문이 발표되고 6주가 지난 1953년 5월 30일 왓슨과 크릭은 또다시 《네이처》에 논문을 발표했고, "염기의 정확한 서열은 유전 정보를 전달하는 암호처럼 보인다"라는 말로 결론을 맺었습니다.[10] 이는 DNA를 구성하는 네 종류의 염기배열 방식이 암호화된 유전 정보라는 의미이며, DNA가 단순한 화학물질이 아닌 정보를 품은 암호라는 점을 강조한 것입니다. 1960년에 노벨 생리의학상을 수상한 피터 메더워 Peter Medawar 는 이 논문을 가리켜

20세기의 가장 중요한 발견이라고 평가하기도 했습니다.

흥미롭게도 왓슨과 크릭은 과학 논문에서 암호와 정보라는 은유적 표현을 사용하여 유전자의 기능을 설명했습니다. 이러한 은유적 표현은 당시 전형적인 과학적 설명과는 거리가 멀었지만, 그들의 논문 발표 이후 유전학과 분자생물학의 핵심 개념을 구성하며 새로운 인식적 토대를 마련했습니다. 생명현상을 물리나 화학이 아닌 정보의 관점에서 바라보는 새로운 패러다임이 펼쳐지자, DNA는 '생물학적 정보 저장 장치'로 인식되기 시작했고 유전학은 점차 정보과학의 생물학적 응용 분야로 재정의되었습니다.

이제 암호와 정보라는 표현은 더 이상 은유로 인식되지 않을 만큼 분자생물학의 전공 용어로 굳어졌습니다.* 나아가 섀넌 등의 연구에 힘입어 정보가 측정할 수 있는 개념으로 발전하면서 그 의미는 정보의 조작 가능성까지 포함하는 방향으로 확장되었습니다. 이러한 변화는 질병을 정보 관리의 결함이나 오작동으로 이해하려는 새로운 시도를 가능하게 하며, 질병현상에 대한 사고의 지평을 더욱 넓힙니다. 우리가 DNA를 '물질'을 넘어 '코드'와 '정보'로 이해하게 되었듯, 앞으로 생명에 관한 질문 또한 물질의 본질을 넘어서 정보의 구조와 흐름을 어떻게 해석할 것인가로 향할지도 모릅니다.

---

* 섀넌의 정보이론은 통신 과정에서 정보의 전송과 저장을 다루며, 의미를 배제한 채 정보량을 비트 단위로 측정하는 정적 모델에 기반합니다. 반면, 분자생물학의 정보는 DNA 서열이 생물학적 기능을 지시한다는 은유적 개념입니다. 이 은유는 학문 발전에 기여했으나, 생명현상을 지나치게 단순화할 위험도 내포합니다. 결국 섀넌의 이론은 분석 도구로는 유용하나, 환경과 동적 상호작용에 따라 유연하게 해석되는 생물학적 정보의 특성을 온전히 설명하긴 어렵습니다.

인간 유전체 프로젝트,
염기서열을 밝히다

왓슨과 크릭이 유전자를 암호화된 유전 정보로 설명한 이후, 분자생물학자들은 생명현상에서 유전자 기능을 정보의 저장 및 전달로 간주했고, 이런 관점은 이내 생명과학 전반으로 확장되었습니다. 1965년 노벨 생리의학상을 수상한 프랑수아 자코브Francois Jacob 와 자크 모노Jacques Monod 는 "유전체genome 에는 일련의 청사진뿐만 아니라 단백질 합성 프로그램과 이를 제어하는 수단이 포함되어 있다"라고 설명하며 유전자 작용의 조절 원리를 제시했습니다.[11] 암호와 정보에 이어 '프로그램'이라는 은유적 표현도 분자생물학의 핵심 이론을 구성하는 중요한 요소로 들어온 것이지요. 정보를 처리하고 제어하기 위해 논리적으로 구성된 명령어들의 집합이라는 점에서, 프로그램이라는 개념은 유전자에 관한 과학적 담론을 한층 확장시켰습니다.

슈뢰딩거가 암호라는 관점을 제시하여 유전자에 관한 인식의 틀을 바꾸어놓았다면, 암호 해독 측면에서 새로운 전기를 마련한 인물은 러시아 출신 핵물리학자이자 천문학자 조지 가모프George Gamow 였습니다. 왓슨과 크릭이 《네이처》에 논문을 발표하자 가모프는 어떻게 네 글자 체계인 DNA가 20글자 체계인 단백질을 결정할 수 있는지 의문을 가졌습니다. 가모프는 DNA의 이중나선 구조 때문에 다이아몬드 모양의 구멍이 생기며, 다이아몬드의 네 측면에 위치하는 염기의 종류에 따라 20종류의 구멍이 생길 수 있다는 DNA-단백질 정보 전달 모형을 제안하며 이

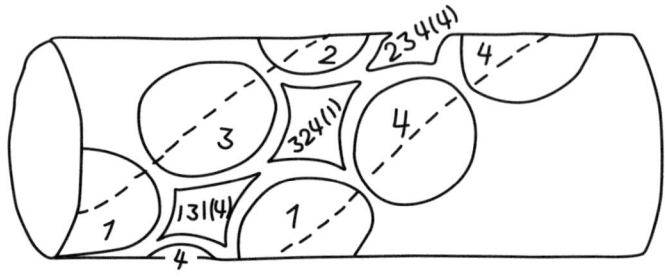

가모프의 다이아몬드 코드

조지 가모프는 DNA의 이중나선 구조 안에 다이아몬드처럼 생긴 특별한 공간이 존재한다고 상상했습니다. 그는 이 다이아몬드의 네 면에 어떤 염기가 위치하느냐에 따라 총 20가지의 서로 다른 '구멍'이 만들어질 수 있다고 보았고, 각각의 구멍이 하나의 아미노산을 지정한다고 생각했습니다. 비록 이 가설은 실제 유전 암호 체계와는 다르지만, 당시 유전 암호 연구에 중요한 단초와 영감을 제공했습니다.

를 '다이아몬드 코드diamond code'로 이름 붙였습니다.[12]

　비록 가모프의 대담한 제안은 잘못된 것으로 판명되어 폐기되었지만, 언어학적 관점에서 수학적으로 암호를 해독하려고 한 그의 시도는 분자생물학자뿐만 아니라 수학자와 컴퓨터공학자 등 다양한 분야의 연구자에게 큰 영감을 주었습니다. 가모프는 비공식 연구 모임인 'RNA 타이 클럽'을 결성하여 학문적 경계를 넘나들면서 유전 암호의 구성 원리에 관해 활발히 의견을 교환했습니다.[13] 번역 과정을 거쳐 정보를 전달한다는 은유적 개념을 바탕으로 유전자와 단백질의 대응 관계를 파악하려 했던 가모프의 노력은 앞서 언급했던 홀리, 코라나, 니런버그 등의 실험으로 결실을 보았습니다.

　생명현상을 정보의 관점에서 이해하고 유전자의 염기서열을 둘러싼 구체적인 암호의 실체가 드러나자, 암호화된 유전 정보를 모두 해독하려는 인간의 욕구가 본격적으로 표출되기 시작했습니다. 이는 '우리는 누구인가'라는 근본적인 질문에 따른 과학적 해답을 찾으려는 시도이기도 했습니다. 1960년대와 1970년대를 거치며 유전 정보를 저장·전달·복제하는 원리가 밝혀지고, 유전공학 시대가 열리면서 유전 정보를 해독할 기술적 기반이 구축되었습니다. 사람의 모든 유전 정보를 파악하려는 욕구는 상상의 영역을 넘어 현실로 다가왔고, 그 결과 인간 유전체 프로젝트Human Genome Project; HGP (이하 HGP)라는 구체적인 형태로 실현되었습니다.

냉전 시대가 종식되면서 과학기술은 정치 이데올로기와 국가 안보의 틀에서 벗어나 삶의 질과 경제력 향상을 중시하는 방향으로 크게 변화했습니다. 이러한 사회정치적 분위기는 HGP 추진에 큰 동력이 되었습니다. 특히 생명공학의 원년이라 불리는 1973년, 스탠리 코헨Stanley N. Cohen 과 허버트 보이어가 유전공학 기술을 크게 발전시키자 바이오산업의 경제적 가치가 눈에 띄게 드러났습니다.[14] 이후 사람 인슐린을 박테리아에서 대량 생산하고 당뇨병 치료제로 임상시험에 성공하면서 암호화된 유전 정보를 해독하는 일이 질병과의 전쟁에 중대한 전환점이 될

인간 유전체 프로젝트의 타임라인
1865년부터 2003년까지 유전체학 발전의 주요 이정표를 보여주는 연대표입니다.

정보가 말해주는 질병　235

것이라는 기대가 커졌습니다.

　HGP에 관한 아이디어는 1984년 처음 공개적으로 제안되었습니다. 1975년 노벨 생리의학상을 수상한 바이러스학자 레나토 둘베코Renato Dulbecco는 인간 유전체의 염기서열을 밝히면 암을 이해하는 데 큰 도움이 되리라는 점에서 HGP 추진을 옹호했습니다.[15] 하지만 당시 상당수의 과학자가 HGP 착수에 회의적인 입장이었습니다.[16] 이들은 염기서열을 밝히는 시퀀싱 방법이 단조로운 작업의 반복일 뿐 아니라, 유전체 영역의 대부분은 굳이 시퀀싱할 필요가 없으며, HGP 투자가 개인 연구자에게 돌아갈 자원을 빼앗는 결과를 초래하기 때문에 '나쁜 과학'이 될 것이라고 우려했습니다.

　미국 NIH 역시 HGP 추진에 그다지 우호적이지 않았습니다. 하지만 흥미롭게도 미국 에너지부Department Of Energy; DOE가 방사선의 효과를 이해하는 데 큰 도움이 될 것이라며 HGP를 적극 지지했고, 이로써 HGP 추진에 대한 논의가 촉발되었습니다. 미국 의회 역시 나서서 HGP 추진을 강력히 지지했습니다. 의회 의원들은 HGP가 국제 경쟁력 강화, 산업적 파생 효과, 경제적 이익 창출, 질병에 대한 효과적 접근에 매우 중요하다고 판단했습니다. 결국 1988년 미국 과학 아카데미 위원회가 HGP를 승인하면서 여론의 흐름도 긍정적으로 바뀌었습니다.

　HGP가 유인 우주비행 탐사로 추진된 아폴로 계획에 버금가는 의생명과학 분야의 '문샷moonshot 프로젝트'로서 인류의 가장 위대하고 담대한 도전이라는 점이 받아들여진 것입니다. 1980년 노벨 화학상을 수상한 월터 길버트는 HGP에 참여하면서 "우리가 누구인지 밝히는 성배를 찾는 작업이 이제 정점에 도달했다"라고 선언했습니다.[17] 유전체 염기서열은 성배가, 유전학자는 아서왕의 기사가 된 것입니다. 성배를 찾아 떠나는 아서왕의 기사라는 비유는 우리의 상상력과 모험심을 자극하기에 충분했고, "충분히 발달한 기술은 마법과 구별할 수 없다"라는 소설가 아서 클라크Arthur Clarke의 말처럼 현실 세계와 마법 세계를 넘나드는 일이기도 했습니다.

HGP는 1990년부터 13년 동안 30억 달러를 투입하여 상당한 성공을 거두었습니다. HGP는 고속 대규모 실험 기술, 데이터 처리 기술, 실험 자동화 기술에 혁신을 일으켰고 실험 비용 절감, 데이터 처리 양과 속도 향상, 정확성 개선 등 여러 측면에서 획기적인 발전을 이끌어냈습니다. DNA 염기서열을 대량으로 신속하게 분석해내는 차세대 염기서열 분석Next Generation Sequencing; NGS 기술의 등장도 HGP에 빚을 졌습니다. 그런 결과 의생명과학의 연구 범위가 크게 확장되었고, 과거에는 상상할 수 없던 규모의 실험도 가능해졌습니다. 또한 데이터를 처리할 수학적·통계적 도구가 활발히 개발되면서 생명정보학이나 시스템생물학의 탄생이 촉진되었고, 의생명과학은 데이터과학 혹은 정보과학으로 변모했습니다.

특히 미국 생물학자 크레이그 벤터Craig Venter는 셀레라 지노믹스Celera Genomics라는 회사를 설립하여 무작위 시퀀싱 방법으로 HGP에 도전하면서 큰 파장을 일으켰습니다.[18] 무작위로 시퀀싱 실험을 진행하여 대량의 염기서열 데이터를 확보한 다음, 컴퓨터를 활용하여 염기서열 순서를 맞춰가는 전략을 성공시킨 것입니다.[19] 이는 곧 빅데이터 생성과 분석을 기반으로 하는 정보와 지식 생산 체계가 갖추어지기 시작했음을 알리는 일이기도 했습니다. 즉 데이터 처리 프로그램과 컴퓨터 성능이 개선된다면 매우 신속하게 염기서열을 분석하여 생명현상과 질병에 관련된 유전자를 발굴하고 메커니즘을 추정할 수 있는 기술 기반이 마련되었다는 말입니다.

개인별 차이가 질병 치료에
얼마나 영향을 미칠까?

1971년 12월 리처드 닉슨Richard Nixon 대통령은 국가암법National Cancer Act 에 서명하면서 "원자를 쪼개고 인간을 달에 보낸 노력이라면 이 무서운 질병도 정복할 수 있다"라고 선언했습니다. '암과의 전쟁War on Cancer'을 선포한 것이지요. 의생명과학은 이 암 연구사업에 힘입어 대규모 연구사업으로 성장하기 시작했고, 이후 HGP로 막대한 연구비를 투입하면서 임무 지향적 거대과학으로 탈바꿈했습니다. 버락 오바마Barack Obama 와 조 바이든Joseph Biden 대통령이 추진한 '암 문샷Cancer Moonshot' 프로젝트는 이러한 기반 위에 시행된 것입니다.[20]

특히 HGP에 힘입어 유전 암호를 완벽히 해독할 수 있다는 가능성은 질병 퇴치의 길이 멀지 않았다는 낙관적 기대를 불러일으키며 연구사업을 향한 대중적 지지를 이끌어냈습니다. 이는 냉전 시대가 종말을 맞고 사회가 안정화되면서 건강과 삶의 질 향상에 관심이 커진 시대적 흐름과도 잘 맞아떨어졌습니다. 이념적 체제 대립에서 벗어나 질병과의 전쟁에서 승리를 이루는 것이 새로운 목표로 부각되었지요. HGP를 수행하여 확보한 유전 정보는 우리 앞길을 제시하는 나침반이자 어두움을 밝히는 등불로 인식되었으며, 흔히 프로메테우스의 불이나 황금알을 낳는 거위에 비유되었습니다.

물론 HGP를 수행하여 확보한 유전 정보가 성배 혹은 질병 퇴치의 강력한 무기가 되었다고 선언하기는 아직 이릅니다.[21] 우리는 여전히 유전자의 기능이나 유전자와 질병 사이의 관계, 그 메커니즘을 많이 이해하지 못합니다. 예를 들어, 사람의 키를 결정하는 데 얼마나 많은 유전자가 관여하는지, 개인별 키 차이가 어떻게 발생하는지조차 명확히 밝혀지지 않았습니다. 그럼에도 염기서열을 정보로 해석하고 분석하는 기술의 발전은 유전 정보를 조작하여 생명을 변화시키고 임상적·경제적 유용성이 증대될 것이라는 기대를 키웠습니다.[22]

유전 정보 조작이
새로운 인간을 창조해낼까?

멘델 유전질환처럼 단일 유전자의 돌연변이가 특정 질환을 유발하는 경우라면 유전 정보의 손상과 인체 질병현상 사이의 인과관계가 비교적 명확하게 규명됩니다. 예를 들어 MSTN 유전자 돌연변이는 근육량과 근력이 비정상적으로 증가하는 근육 비대증을 유발합니다.[23] CCR5 유전자 돌연변이는 HIV 감염에도 불구하고 에이즈에 걸리지 않도록 저항력을 부여합니다.[24] 또한 PCSK9 유전자 돌연변이는 동맥경화나 심근경색 발생 위험에 큰 영향을 미칩니다.[25] 이러한 발견은 정보의 차이가 형질의 차이를 만들어낸다는 점에서 유전 정보의 오류나 인위적 조작이 가지는 의학적 의미를 크게 부각합니다.

자연은 유성생식과 DNA 복제 과정에서 발생하는 오류를 바탕으로 유전적 다양성을 증진시키며, 환경 변화에 적응하기 유리한 형질을 가진 개체가 선택되도록 해왔습니다. 예를 들어, 많은 성인이 우유에 다량 포함된 유당을 소화하지 못해 우유를 마시면 설사를 경험합니다. 그러나 일부 사람들은 유전자 돌연변이로 인해 성인기에도 유당분해효소가 계속 발현되어 유당을 분해할 수 있었고, 이러한 유전적 특성은 낙농업이 발달한 지역에서 기근을 견디는 데 유리하게 작용했습니다.[26] 아밀레이스 유전자의 사본 수 증가는 전분 분해 능력을 강화해서 생존력을 높이는 데 기여했습니다.[27] 또한 앞서 언급한 헤모글로빈 유전자 돌연변이는 빈혈의 위험성을 증가시키지만, 말라리아 감염에 내성을 부여해서 생존력을 향상시킵니다.[28] 이는 정보 복제 시 피할 수 없이 생기는 오류의 상속이 환경 적응과 진화의 원동력이 된다는 점을 잘 보여줍니다.

이제는 분자생물학과 유전공학의 발전으로 자연이 담당하던 유전 정보의 조작을 인간이 인위적으로 할 수 있게 되었습니다. 새로운 유전자가 발굴되고 서열이 밝혀질수록, 특정 유전자를 염색체에 삽입하거나 제거하는 기술은 유전자의 기능 탐구나 질환동물모델* 제작에 더욱 널리 활용되었습니다.[29] 특히 1996년 농업 생명공학 기업 몬산토Monsanto가 유전자 변형 콩을, 제약회사 노바티스Novartis가 유전자 변형 옥수수를 상업화하는 데 성공하며 유전자 변형 생물Genetically Modified Organism; GMO은 연구 수준을 넘어 산업적 응용의 문을 열었습니다. 이는 유전공학 기술이 정보 조작 기술로 자리 잡았음을 보여주었으며, 정보 조작이라는 맥락 속에서 기초 연구가 바로 산업 기술로 빠르게 전환될 수 있음을 입증했습니다.

분자 수준에서 생명현상을 이해하면서 생기론이 소멸되자, DNA의 염기서열을 설계하고 화학적으로 합성해서 새로운 생명체를 창조할 수 있다는 생각이 확산되었습니다. 이러한 생각은 실제로 2002년 대략 7,500개의 염기서열로 이루어진 폴리오바이러스poliovirus의 DNA를 합성하는 데 성공하면서 구체화되었습니다.[30] 화학적으로 합성된 바이러스 DNA를 동물세포 속에 인위적으로 집어넣자 바이러스가 만들어졌지요. 이는 생명력과 같은 특별한 힘이 없어도 화학적으로 만들어낸 유전 정보에서 생명체가 탄생할 수 있다는 사실을 확실히 보여준 사건으로, 생기론의 완전한 소멸과 기계론의 완전한 승리를 의미했습니다.

이후 합성생물학 기술은 세균 미코플라스마mycoplasma의 유전체와 효모의 유전체를 화학적으로 합성하는 데까지 발전했습니다.[31] 더 나아가

---

* 질환동물모델은 질병의 발병 메커니즘을 규명하고 새로운 치료법을 개발하기 위해 의도적으로 질병 상태를 유도한 동물을 의미합니다. 이러한 모델은 인간 질환의 복잡한 병태생리를 이해하고 약물의 효능과 안전성을 평가하는 데 필수적인 연구 도구로 활용됩니다. 질환동물모델은 약물 처리나 외과적 수술로 제작하거나 유전자를 조작해서 제작합니다.

53만 1,000개의 염기서열에 생명 유지에 필수적인 유전자 473개를 담아낸 인공 박테리아를 창조해냈지요.³² 이렇게 창조한 인공 박테리아도 자연 생명체처럼 돌연변이가 발생하면서 스스로 환경에 적응하고 진화한다는 사실마저 발견했습니다.³³ 인공 생명체에서도 유전 정보의 변이가 일어나며, 자연적인 생명체와 마찬가지로 끊임없이 새로운 길을 찾아나간다는 것이지요.

SF 영화의 소재로 종종 사용된 인간 유전체 합성도 우리의 상상력 밖으로 뛰쳐나와 현실이 되어가고 있습니다. 2016년 의료인, 과학자, 법률가, 기업가 150여 명이 모여서 인간 유전체를 화학적으로 합성해내는 프로젝트를 논의했습니다. 유전체 작동 방식에 관한 이해도를 높이고자 한 논의였지요. 이 프로젝트는 염기서열을 읽어낸 기존의 인간 유전체 프로젝트에 대응하는 개념으로서 'HGP-write 프로젝트'라고 명명되었습니다.³⁴ HGP-write 프로젝트의 등장은 인간을 창조하는 일이 가능해질지도 모른다는 우려와 논쟁을 불러일으켰습니다. 과연 그렇게 되는 일이 가능할까요?*

인간을 창조하는 일이 당장 가능하지는 않겠지만, 그럼에도 2018년 11월 세계를 경악하게 만든 사건이 일어나고 말았습니다. 중국 남방과기대 허젠쿠이 賀建奎 교수가 크리스퍼 Clustered Regularly Interspaced Short

---

* 2025년 6월 26일, 이 글을 쓰고 있는 시점에서 불과 1개월 전 영국에서 인간 유전체를 실험실에서 합성하는 것을 목표로 하는 'SynHG Synthetic Human Genome' 프로젝트가 출범한다는 발표가 있었습니다. 5~10년 이내에 전체 DNA의 2퍼센트에 해당하는 유전체를 합성하는 것을 우선 목표로 삼고 있지만 인간 존재의 정의와 생명에 대한 책임까지 묻는 중대한 시도라고 볼 수 있습니다.

Palindromic Repeats; CRISPER 기술로 CCR5 유전자를 변형시킨 아이가 태어나도록 한 것입니다.[35] 에이즈에 걸린 부부가 이 병에 걸리지 않는 아기를 낳도록 한다는 명분을 내세웠지만, 정자 세척이나 시험관 시술로도 에이즈를 예방할 수 있기에 허젠쿠이의 행위는 너무나 무책임했습니다. 더군다나 크리스퍼 기술은 아직 불완전합니다. 생애 전반에 어떤 영향을 끼칠지 알 수 없는 유전자 변형이 함께 일어난 셈이지요.

1993년 개봉한 영화 〈쥬라기 공원〉에서 이안 말콤 박사는 유전공학 기술로 복제한 공룡을 가리키며 다음과 같은 유명한 대사를 남겼습니다. "진화의 역사가 우리에게 가르쳐준 것이 있다면 생명은 갇힐 수 없다는 것이다. 삶은 자유로워지고, 새로운 영역으로 확장되며, 고통스럽고 어쩌면 위험하기까지 한 장벽을 넘어간다." 유전자의 기능에 관한 이해가 너무나 부족하고, 아직 유전자는 아주 제한된 범위 내에서만 사람의 특성 또는 표현형을 설명할 수 있다는 점에서 유전 정보를 변형하여 특정 형질을 가진 아기를 탄생시킨다는 생각은 너무나도 위험성이 큽니다.

같은 암, 다른 유전 정보, 개인 맞춤 치료법

정보가 분자의 형태와 작용으로 구현되고 이것이 생명현상 유지에 필수적이라는 사실이 밝혀지면서, 정보의 변형이나 왜곡이 곧 질병을 유발한다는 개념이 자연스럽게 받아들여졌습니다. 즉 정보가 현상의 차이를 만들어내는 원인으로 작용할 수 있다는 말입니다. 일례로 유방암을 분자와 정보의 관점에서 한번 살펴볼까요? 과거에는 유방암을 단순히 유방에 생긴 암, 즉 해부학적 위치를 기준으로 분류해서 이해했습니다. 그러나 분자 수준에서 유방암을 깊이 이해하게 되자, 유방에 존재하는 세포에서 유전자 돌연변이가 축적되면 세포 분열이 통제되지 않고 세포 사멸에 저항성이 증가하는 등의 특성이 나타난다는 사실을 이해하게 되었습니다.

그렇다면 유방암은 모든 환자에게 동일한 방식으로 나타나는 단일 질병일까요? 유방암을 분자적·정보적 관점에서 이해하기 전까지는 단일한 질병처럼 취급했고 치료 방법 역시 획일적이었습니다. 빠르게 증식하는 세포를 비특이적으로 제거하는 화학 치료법이 대표적이었습니다. 관찰 가능한 암세포의 일반적 특성, 즉 빠른 증식을 기준으로 한 치료법이었지요. 이러한 비특이적 화학 치료법은 정상세포라도 빠르게 증식하면 세포독성을 보이기 때문에 상당한 부작용이 발생합니다.

암세포의 특징을 분자 수준에서 이해하게 되면서 이내 암세포만을 선택적으로 제거하는 분자 표적 치료제를 개발하려는 노력이 이어졌습니다. 예컨대 1980년대 중반 이후 분자생물학 연구는 ERBB2 유전자에서 합성되는 세포막 단백질 HER2가 유방암세포의 성장을 촉진한다는 사실을 밝혔습니다.[36] 유전자 수가 늘어나는 증폭 amplification 이나 전사 과정 촉진으로 인한 과발현 overexpression 현상이 나타나면 유방암 세포에서 HER2의 양이 크게 증가하고, 이에 따라 환자의 예후도 나빠진다는 사실도 알게 되었지요.

이러한 분자적 특징을 표적으로 삼아, HER2의 기능을 선택적으로 억제하는 트라스투주맙trastuzumab이라는 치료제가 개발되었고, 유방암 세포의 성장을 효과적으로 억제하는 것으로 나타났습니다. 트라스투주맙은 HER2가 과발현된 암세포만을 선택적으로 공격하기 때문에, 빠르게 증식하는 모든 세포를 무차별적으로 공격하는 기존의 세포독성 화학 치료제와는 달리 정상세포 피해가 적고 부작용도 상대적으로 경미하다는 점이 큰 장점이었습니다. 실제로 HER2 양성에 전이가 확인된 유방암 환자를 대상으로 진행한 임상시험에서 트라스투주맙의 치료 효과가 입증되었고, 1998년 미국 FDA는 트라스투주맙을 HER2 양성 전이성 유방암 치료제로 공식 승인했습니다.[37]

유방암 환자에서 ERBB2 유전자의 발현이나 활성이 비정상적으로 증가한다는 사실과 이러한 분자적 특성이 나타나는 HER2 양성 유방암이 전체 유방암의 약 20퍼센트를 차지한다는 사실이 규명되자, 유방암에 대한 정보적 접근이 가능해지면서 암을 진단하고 치료하는 방식에도 근본적인 변화가 일어났습니다. 진단 단계에서 ERBB2 유전자의 변이 여부나, 변이로 인해 생성되는 비정상 HER2 단백질의 과발현 여부를 측정하는 방식으로 유방암을 진단함과 동시에 최적의 맞춤형 분자 표적 치료법을 선택할 수 있게 된 것이지요. 즉 단순히 유방에 생긴 암이라는 해부학적 분류를 넘어 암의 분자적 특성을 정밀하게 파악하고, 환자에게서 수집한 특정 분자 정보를 기반으로 치료 방법을 결정하며, 예후를 예측하는 접근이 가능해졌습니다.

이는 유전 정보의 개인별 차이와 질병 발생의 위험성 사이의 관계를 토대로 개인맞춤의학 personalized medicine *을 구현하고 구체화한 것이라고 할 수 있습니다.[38] 특히 HGP로 인해 개인의 유전 정보, 즉 DNA 염기서열을 싸고 빠르게 분석하게 되자 질병을 정보 관리나 처리, 제어의 결함이나 오류로 인식하는 틀이 자리 잡았고, 이러한 정보적 관점은 질병을 예측·치료·예방하는 데 이론적 틀을 제공했습니다. 나아가 질병 발생 위험에 대한 개인별 차이를 분석할 기술적 토대도 마련되었습니다.

앤젤리나 졸리 Angelina Jolie 로 크게 주목받은 예방적 유방 절제술은 질병의 정보화와 그에 따른 대응 방식 변화에 관한 또 다른 사례를 제공합니다. 2013년 5월 앤젤리나 졸리는 《뉴욕 타임스 The New York Times》에 〈나의 의학적 선택〉이라는 기고문을 발표하여 큰 화제를 불러일으켰습니다. 유방암 가족력이 있는 데다가 정상 BRCA1 유전자가 아니라 돌연변이 유전자를 가지고 있어서 유방암 발생 위험을 최대한 줄이고자 양쪽 유방을 모두 절제하는 예방적 수술을 받았다는 내용이었습니다.

BRCA1 유전자에 특정 돌연변이가 생기면 실제로 유방암 발생 위험이 크게 증가합니다.[39] 1990년대 중반에 BRCA1 유전자 돌연변이와 유방암 발생 사이의 관계가 규명된 이후, BRCA2 유전자 돌연변이 역시

---

* 참고로 개인맞춤의학에 예측의학 predictive medicine, 예방의학 preventive medicine, 참여의학 participatory medicine 을 합쳐서 흔히 'P4 의학'이라고 부릅니다. 개인맞춤의학에 관한 미국 각 기관의 정의를 살펴보면 저마다 조금씩 다릅니다. NIH는 "질병의 예방, 진단 및 치료와 관련된 의사결정을 안내하기 위해 개인의 유전적 프로파일을 사용하는 새로운 의료 관행"으로, FDA는 "개인의 유전체 프로파일이나 혈액 단백질, 또는 세포 표면 단백질의 특성에 적합한 치료법을 선택하여 최상의 의료적 결과를 얻는 것"으로, 대통령 과학기술자문위원회 President's Council of Advisors on Science and Technology; PCAST 는 보다 간단히 "각 환자의 개별적 특성에 맞게 의료 치료를 맞춤화하는 것"으로 정의했습니다.

유방암 발생과 밀접한 관계가 있다는 사실이 확인되었습니다. 이후 분자생물학 연구로 BRCA1과 BRCA2가 DNA 손상 복구, 세포 주기 조절 같은 중요한 생물학적 기능을 수행한다는 사실이 밝혀졌고, 특히 특정 돌연변이로 이러한 기능이 소실되면 정상세포가 암세포로 바뀐다는 사실도 알려졌습니다.[40] 이어 이 두 유전자의 돌연변이로 유방암 발생의 5~10퍼센트를 설명할 수 있는 것으로 나타났지요.[41] 이처럼 분자생물학의 진전은 유전 정보 기반의 암 연구로 이어졌으며, 정보 과학의 영역으로 지식이 확장되었습니다.

만약 BRCA1이나 BRCA2 유전자의 돌연변이가 체세포가 아니라 생식세포에서 일어난다면 대물림이 일어나서 몸을 구성하는 거의 모든 세포가 돌연변이를 가집니다. 그렇다고 모든 장기에서 암이 발생하는 것은 아니고, 유방과 난소와 같은 특정 장기에서 암 발생 위험이 크게 올라갑니다.[42] 그래서 유방암 가족력이 있고 유전자 검사에서 BRCA1과 BRCA2 유전자 돌연변이가 관찰된다면, 예방적 유방 절제술로 유방암 발생 위험을 상당히 차단할 수 있습니다.[43] 개인의 유전 정보를 분석하여 암 발생을 예측하고 예방적 접근을 하는 것이지요.

이 기사가 나간 후 유방암에 관한 유전학적 인식이 퍼져나갔고 인터넷에서 유방암 상담 검색량이 크게 증가했는데, 《타임 Time》은 이를 가리켜 '앤젤리나 졸리 효과'라고 이름 붙였습니다.[44] 공중 보건 인식에서 유명인이 미친 영향을 보여준 사례이기도 했지요. 이후 실제 유전자 검사와 유방 절제술을 받는 비율이 크게 늘어났고 또 지속되었습니다. BRCA1과 BRCA2는 유방암뿐만 아니라 난소암 발생 위험도 크게 높인다는 과학적 사실에 근거하여 앤젤리나 졸리는 2015년 난소 제거 수술까지 받았습니다.

폐암 역시 폐에서 발생하는 암이라는 공통점이 있을 뿐, 분자 수준에서 보면 폐에서 생기는 서로 다른 암의 집합체입니다. 따라서 분자의 상태나 활성을 검사하여 정보를 획득한 후에 질병의 상태와 치료 방법을 결정합니다. 대표적인 예로 EGFR 유전자의 돌연변이를 들 수 있습니다. 2004년 처음 보고된 EGFR 유전자의 돌연변이는 폐세포의 끊임없는 성장을 유도하며 전체 폐암의 10~15퍼센트에서 나타나는 것으로 밝혀졌습니다.[45] 따라서 유전자 검사에서 이 돌연변이가 나타나면, EGFR 단백질 활성을 선택적으로 억제하는 제피티닙 gefitinib 을 표적 항암 치료제로 사용합니다.

유전자형을 고려한 와파린 Warfarin 처방은 유전 정보의 임상적 중요성을 보여주는 또 다른 사례입니다.[46] 항응고제인 이 약물은 혈관 속에서 불필요하게 피가 응고되는 혈전증을 예방하는 데 주로 사용하는데, CYP2C9나 VKORC1 유전자의 염기서열 변이에 따라 복용량을 달리해야 합니다. 이 유전자들의 변이가 약물의 약리 효과나 체내 대사 속도에 영향을 미치기 때문이지요. 일반적인 약처럼 모든 환자에게 동일한 용량을 처방하면 유전자형에 따라 누군가는 용량이 부족해서 혈관이 막히고 누군가는 용량이 과도해서 내출혈을 일으킬 수 있습니다. 유전 정보를 파악하여 약물의 용량을 정해야 최적의 치료가 된다는 말입니다.

지금까지 살펴본 바와 같이, 개인별 유전 정보의 차이는 질병의 증상이나 약물 반응의 개인차에 큰 영향을 미칩니다. 그러나 표현형을 보다 완전하게 이해하려면 유전적 요인뿐만 아니라 환경적 요인과의 상호작용까지 함께 고려해야 합니다. 앞에서 잠깐 살펴보았던 유전 요인과 환경 요인의 상호작용이 표현형에 영향을 미치는 메커니즘인 후성유전학 때문입니다. 환경 요인은 DNA 염기서열 자체를 변화시키지는 않지만, DNA의 화학적 조성이나 DNA를 감싸고 있는 단백질의 화학적 변화를 유도함으로써 특정 유전자의 발현에 큰 영향을 미칠 수 있습니다. 다만 후성유전학은 환경 요인이 표현형에 미치는 효과를 설명하는 여러 접근 중 하나에 불과하다는 한계도 존재합니다. 이러한 제약을 극복하려면 여전히 많은 연구와 노력이 필요합니다. 사실 '개인맞춤'이라는 표현은 상징적 의미를 담은 수사적 장치에 가까우며, 현실적으로 개인마다 완전히 다른 치료법을 적용하는 일은 거의 불가능하기 때문입니다.

정밀의학의 등장이 바꿀
암 치료의 미래

질병현상 역시 정보의 관점에서 이해하게 되자, 자연스러운 흐름으로 환자 집단의 평균 특성 위에 환자의 개인별 차이를 주목하게 되었습니다. 이는 우리 주변에서 흔히 볼 수 있는 일상적 경험과 잘 부합하기도 합니다. 감기에 걸려도 사람마다 증상의 정도가 조금씩 다르지요? 콧물이 나서 약을 먹어도 사람마다 나타나는 약효가 조금씩 다르고요. 심각한 질병도 마찬가지입니다. 자궁경부cervix 가 인유두종바이러스Human

Papilloma Virus; HPV에 감염되더라도 극히 일부 사람에게만 암이 생깁니다. 이러한 점은 의학이 왜 보편 법칙에 더해 개별성에 큰 관심을 기울이는지 잘 보여줍니다.

특히 의학에서 질병 원인과 질병 발생의 인과관계는 확률적입니다. 집단과 개인 수준에서 인과관계가 반드시 일치한다고 말할 수 없지요.* 예를 들어 집단 수준에서 보면 흡연이 폐암 발생의 주요 원인이라는 점이 명백해 보이지만, 개인 수준에서 보면 단정적으로 말하기 어렵습니다. 흡연한다고 해서 모두 폐암에 걸리지는 않으니까요. 이러한 점은 의생명과학에서 왜 인과성 규명이 복잡한 문제일 수밖에 없는지를 잘 보여줍니다.

질병 발생의 위험과 증상의 개인별 차이는 어떻게 생겨나는 것일까요? 의생명과학에서 원인으로 간주하는 요인도 대부분 질병을 일으키는 충분조건이 아니라 필요조건에 머뭅니다. 생명현상과 같은 표현형이 유전자형과 환경의 상호작용 결과이듯, 질병이라는 표현형 역시 마찬가지입니다. 특히 암이나 당뇨병 같은 복잡 질환complex disease의 경우 다수의 유전자가 발병에 관여할 뿐만 아니라 식생활 습관 등 매우 다양한 환경 요인이 질병 발생에 관여하기 때문에 질병을 하나의 단일한 현상으로 취급해서 모든 환자에게 보편적으로 적용하려는 시도는 지금까지 임상 현장에서 만족스러운 결과를 낳지 못했습니다.

---

*   싯다르타 무케르지Siddhartha Mukherjee는 《의학의 법칙들The Laws of Medicine》에서 의학이 과학임에도 불구하고 불확실성uncertainty, 부정확성inaccuracy, 불완전성incompleteness이라는 한계를 지닐 수밖에 없는 이유를 '의학의 세 가지 법칙'이라고 설명한 바 있습니다.

그렇다면 개인맞춤의학의 등장은 의학의 발전에서 자연스러운 귀결이라고 볼 수 있습니다. 개인맞춤의학은 분자생물학 지식의 축적과 초고속 검색 기술의 혁신에 기반하여 본격화되었으며, 과학적 진보를 향한 신념과 의학적 예측 가능성에 관한 낙관적 기대의 산물이라고도 볼 수 있습니다. 특히 HGP는 조직화된 대규모 국제 협력 연구로 개인맞춤의학 시대를 여는 데 결정적 역할을 했고, 이후 인구 집단의 유전적 다양성을 파악하는 햅맵 HapMap 프로젝트 착수 등으로 이어졌습니다.[47] 나아가 DNA 염기서열뿐만 아니라 RNA, 단백질, 대사물질 metabolite 등의 수준에서 총체적으로 개인별 분자 프로파일의 차이를 파악할 수 있게 되었지요.

유전체라는 용어는 1920년 식물학자 한스 빙클러 Hans Winkler 가 종의 물질적 기반을 이루는 반수염색체 haploid chromosome 를 설명하기 위해 고안했습니다.[48] 분자생물학이 발전하면서 유전체는 단일 유전자에 대응하는 총체적 개념으로 자리 잡았고, 유전체학*은 유전체를 연구하는 분야를 가리키는 용어로 자리 잡았습니다.[49] HGP의 추진으로 정보라는 관점과 틀 속에서 유전체를 이해하게 된 후, 대규모 초고속 기술의 발전에 힘입어 총체성 혹은 집합성을 나타내는 새로운 용어가 쏟아져 나왔습니다.

전사 과정을 거쳐서 DNA에서 합성된 RNA의 총합을 의미하는 전

---

* 1986년 유전체 지도 작성의 가능성을 타진하고자 미국에서 열린 국제회의에서 토마스 로더릭 Thomas H. Roderick 은 유전체 연구 결과를 싣는 학술지 이름으로 '유전체학'을 제안했습니다.

사체transcriptome, 단백질의 총합인 단백질체proteome, 대사물질의 총합인 대사체metabolome, 생체분자 상호작용·interaction의 총합인 상호작용체interactome, 표현형의 총합인 표현체phenome, DNA 상의 변화 없이 유전자 발현의 변화가 일어나는 총합인 후성유전체epigenome 등을 예로 들수 있습니다. 여기서 'ome'을 'omics'로 바꾸면 연구 분야를 뜻하고, 이를 연구하는 기술 전체를 흔히 '다중오믹스multi-omics 기술'이라고 부릅니다.[50]

다중오믹스 기술의 발전에 따라 의생명과학 연구에서 장비 의존성이 더욱 커지면서 연구의 대규모화, 연구 과정의 자동화 및 신속화가 이루어졌습니다. 대량의 정보를 손쉽게 확보할 수 있는 데다 정보의 품질이 훨씬 향상되면서, 다층적 수준에서 개인별 차이가 뚜렷이 드러나기 시작했지요. 빅데이터 플랫폼에 인공지능 기술의 발전이 더해지면서 개인의 생물학적 정보, 임상적 정보, 질병의 분자병리학적 정보 사이의 연관성이 더욱 정밀하게 파악되었습니다. 질병에 따른 의학적 대응이 더욱 정밀해진 것이지요.

개인의 생물학적 특성과 라이프스타일, 나아가 환경적 특성을 고려하여 최적의 치료법을 제공하는 접근 방식을 '정밀의학precision medicine'이라고 부릅니다. 2015년 버락 오바마 대통령의 신년 국정 연설을 계기로 일반 대중에게 널리 알려졌지요. 오바마 대통령은 다음과 같이 아주 쉽고 직관적으로 정밀의학을 설명하면서 이해를 도왔습니다. "의사는 항상 모든 환자가 고유하다는 사실을 인식해왔고, 환자 개개인에게 최선을 다해 맞춤형 치료를 하려고 노력해왔습니다. 혈액형에 맞춰 수혈을 하는 것처럼 말입니다. 이는 중요한 발견이었죠. 만약 유전자 코드에 맞춰 암 치료법을 찾는 일이 그만큼이나 쉽고, 그만큼 표준적이라면 어떨까요? 만약 적절한 약물 용량을 알아내는 일이 체온을 재는 것만큼 간단하다면 어떨까요?"

이쯤 되면 정밀의학과 개인맞춤의학의 차이점은 무엇일지 궁금할 것 같습니다. 명쾌하게 정리된 바는 없지만 둘 다 의학이 지향하는 미래 비전이라는 측면에서 비슷한 의미로 사용됩니다. 그렇지만 주의해서 생각해야 할 부분이 있습니다. '개인맞춤'이라는 말은 다분히 상징적인 프로파간다라는 점이지요. 정보가 축적되고 기술이 발전하면 실제로 모든 개인에게 고유한 치료법을 설계하고 제공할 수 있을 것이라고 오해하면 곤란합니다. 전 세계 인구가 80억 명이라고 해서 80억 가지의 치료법이 개발될 수 있다는 말이 결코 아니며, 현실적으로도 불가능합니다. 이처럼 과학적 확실성은 점차 향상되고 있지만, 환자가 경험하는 불확실성을 완전히 해소하기에는 한계가 존재합니다. 이러한 현실을 직시하면서, 우리가 감당해야 할 불확실성의 몫을 사회적으로 어떻게 이해하고 받아들일지, 윤리적 숙고와 사회적 논의를 바탕으로 신뢰를 함께 쌓아나가야 합니다.

따라서 '개인맞춤'이라고 쓰더라도 질병의 세부 특성을 공유하고 특정 치료에 비슷한 반응을 보이는 하위 집단으로 개인 환자를 분류하는 일이라고 해석하는 편이 타당할 것 같습니다. 그렇다면, 개인맞춤의학이라는 과장된 선언적 표현보다는 정밀의학이라는 말이 더 솔직하다고 볼 수 있겠지요. 개인의 라이프스타일이나 환경을 고려하는 일은 이제 막 걸음마를 시작한 정도에 불과합니다. 현재 임상치료 현장에서는 질병을 진단하고 치료 방법을 선택할 때 여전히 유전 정보에 크게 의존합니다. '정밀'이라는 표현은 기대와 희망을 반영하는 말에 가깝습니다.

정밀의학의 발전은 암 분야에서 특히 두드러지는데, 실제 임상적으로 유용하다고 증명된 암유전자 패널 검사가 대표적입니다.[51] 암유전자 패널 검사의 주된 목적은 암세포의 유전자 돌연변이를 식별하여 암 종류를 세분화하고 이를 토대로 최적의 치료 방법을 결정하는 것입니다.[52] 이를테면 폐암이 발견되었을 때 암 패널 검사에서 EGFR 유전자의 변이가 발견되면 제피티닙 등의 표적 항암제를, EML4-ALK 유전자 변이가 발견되면 크리조티닙 crizotinib 등의 표적 항암제를 사용합니다. 그뿐만 아니라 최근 큰 주목을 받는 환자 유래 오가노이드 organoid 배양 기술은 실제 생체 내 환경을 모사한다는 점뿐만 아니라, 환자 개인의 유전 정보와 질병 상태를 반영한다는 점에서도 큰 관심을 받고 있습니다.

암 연구자는 새로운 의학적 발견을 위해 사람의 생물학적 데이터와 임상 데이터를 일상적으로 사용합니다. 이제는 암유전체 아틀라스 The Cancer Genome Atlas; TCGA (이하 TCGA) 데이터베이스에 수록된 데이터를 활용하지 않는 암 연구자를 찾기 어려울 듯합니다. TCGA 프로젝트는 2006년 1억 달러를 들인 예비 연구에서 시작된 프로젝트로 33종류의 암에 대해 2만 개가 넘는 암조직과 정상조직의 분자적 특성을 밝히기 위해 출범했습니다. 이후 12년 동안 TCGA는 2.5페타바이트가 넘는 유전체, 후성유전체, 전사체, 단백질체 데이터를 생성하고 공개하면서 정보 기반 암 연구의 새로운 패러다임을 주도했습니다.

임상 현장에서 유전 정보뿐만 아니라 다중오믹스 기술로 확보한 생물학적 정보에 더해 라이프스타일 및 환경 정보까지 폭넓게 적용한다면 의학은 더욱 정밀하고 안전해질 것입니다. 약물 효과의 지속성과 약물 유해 반응Adverse Drug Reaction; ADR 도 예측할 수 있다면 치료 효율성과 안전성이 향상되겠지요. 2003년 HGP가 종료된 후, DNA 염기서열이 과연 성배였는지, 프로메테우스의 불이었는지, 황금알을 낳는 거위였는지 회의적 시각이 존재했습니다. 그러나 암 진단과 치료에서 볼 수 있듯 HGP의 비전은 기대만큼 빠르게 실현되지 않았을 뿐, 일부는 이미 구현되고 있습니다. 이러한 기술적 발전은 정밀의학의 가능성을 보여주는 동시에 환자의 개별성과 윤리적 맥락을 고려하는 철학적 접근의 필요성을 제기합니다.

조르주 캉길렘Georges Canguilhem 의 철학은 정밀의학의 이론적 토대를 이해하는 데 중요한 통찰을 제공합니다. 《정상과 병리Le Normal et le Pathologique》에서 그는 질병을 단순한 생물학적 이상으로 보지 않고 개인의 생리적·사회적 맥락 속에서 정의되는 상태로 파악했습니다. 이는 유전체 정보, 환경 요인, 생활사를 통합해서 개별화된 진단과 치료를 설계하는 정밀의학의 접근*과 깊이 맞닿아 있습니다.[53] 정밀의학이 유전체 분석, 바이오마커biomarker , 인공지능 기반 진단 등 실증적 데이터에 뿌리

---

* 예컨대 정밀의학은 BRCA1/2 변이와 같은 유전적 요인뿐 아니라 생활 습관, 스트레스 등 환경적 요소를 종합적으로 고려해서 환자 맞춤형 치료 전략을 수립하는데, 이는 캉길렘의 시각과 맞닿아 있습니다. 또한 당뇨병 같은 만성질환이나 우울증 같은 정신질환에서 환자의 주관적 경험과 사회적 맥락을 중시하는 접근은 질병을 개인의 고유한 '규범성' 변화로 이해한 그의 철학이 현대 의학에서 어떻게 구체화되었는지를 보여주는 사례입니다. 보다 상세한 논의는 여인석이 옮긴 《정상적인 것과 병리적인 것》(그린비, 2018)을 참고할 수 있습니다.

를 두고 있음에도 캉길렘의 철학은 환자 중심성과 윤리적 정당성을 성찰할 반성적 기반을 제공하며, 생명 윤리와 의료 인문학에서 핵심적인 철학적 자원으로 작용합니다.

정밀의학 시대, 우리에겐 어떤 비판적 고민이 필요할까?

코로나19 대유행은 질병 감수성, 증상의 중증도, 장기 후유증, 백신 효과 측면에서 개인별 차이를 뚜렷이 드러내고 정밀의학 연구가 왜 중요한지를 크게 부각하는 계기로 작용했습니다. 그러나 정밀의학은 이제 막 의료 현장의 모습을 변화시키는 단계로, 엄청난 도전과 혁신을 앞두고 있습니다.[54] 현재 유전 정보는 암이나 희귀질환 같은 일부 질환에만 이용되고 있지만, 유전체 분석 비용이 더욱 내려가고 유전자의 영향력과 변이 연구가 거듭될수록 표적 치료제 개발, 약물 용량 결정, 질병 예측 및 예방 등 응용 범위가 더욱 확대될 것입니다.

생성형 인공지능과 정밀의학의 융합

정밀의학의 발전이 가속할 수밖에 없는 가장 큰 요인 가운데 하나는 지난 20년 동안 영국 바이오뱅크UK Biobank 나 미국 올 오브 어스All of Us 를 포함해서 전 세계에서 국가 차원으로 유전체 등 생물학적 데이터를 엄청나게 수집했고 지금도 축적하고 있다는 점입니다.[55] 우리나라도 국립보건연구원에서 한국인유전체역학조사사업 등을 수행하여 유전 정보와 건강 정보를 수집하고 연구에 활용합니다. 특히 한국인이 취약한 질병을 사전에 예측하고 진단할 목적으로 2024년부터 시행된 '국가 통합 바이오 빅데이터 구축사업'은 한국인의 유전·건강·생활 정보 등을 모으고 연구자들이 정보를 분석할 체계를 구축하고 있습니다. 또한 모바일 헬스케어 데이터와 전자 건강 기록Electronic Health Record; EHR 역시 축적되고 있으니 유전자·환경·표현형의 관계를 보다 더 잘 이해하게 되겠지요. 이러한 자원의 활용 효과를 극대화하고 발견의 기회를 높이고자 논문 같은 최종 연구 결과뿐만 아니라 데이터나 소프트웨어 등도 전 세계 모든 구성원이 공유하는 '오픈 사이언스open science' 접근 방식이 자리 잡고 있습니다.

　인공지능 기술의 발전에 따라 생의학 데이터 분석이 더욱 빨라질 전망입니다. 임상 데이터(이미지, 내러티브, 실시간 모니터링 데이터 등)와 분자생물학 데이터(유전체 데이터 등)의 통합과 분석이 용이해지면서 질병을 이해하고 대응하는 방식에 지속적인 혁신이 일어나겠지요. 2023년

12월에 발표된 미국의학협회American Medical Association; AMA의 설문조사에 따르면, 1,081명 의사 중 69퍼센트가 인공지능 기술이 작업 효율성을 향상시킬 것이라고 답했고, 72퍼센트가 환자 진단에 도움을 줄 것이라고 대답했습니다. 인공지능 기술이 하루가 다르게 발전한다는 점을 감안하면, 이제 인공지능의 위력을 무시할 수 있는 의사는 거의 없다고 봐야 할 것 같습니다.

더군다나 2022년 11월 세상에 처음 선보인 챗GPT는 많은 사람에게 엄청난 충격을 주며 생성형 인공지능을 향한 관심을 크게 불러일으켰습니다.[56] 생성형 인공지능은 거대 언어 모델Large Language Model; LLM 같은 트랜스포머 신경망 아키텍처를 기반으로 주어진 입력이나 조건에 따라 텍스트·오디오·이미지·동영상 등 다양한 형태의 새로운 콘텐츠를 자동으로 생성하는 기술을 말합니다. 챗GPT가 출시되고 몇 달 지나지 않아 의학 분야에서 생성형 인공지능의 활용성이 굉장한 주목을 받았습니다. 먼저 챗GPT가 미국 의사 면허시험Unites States Medical Licensing Examination; USMLE에서 합격 점수를 받았다는 논문이 발표되었습니다.[57] 이어 환자의 질문에 대한 답변의 질과 공감도에서도 챗GPT가 의사들보다 좋은 평가를 받았습니다.[58] 또한 챗GPT는 환자의 비정형 데이터로부터 효과적으로 예후를 예측할 수 있는 것으로 드러났습니다.[59]

생성형 인공지능이 의사보다 더 정확한 진단을 내리고 훨씬 뛰어난 임상 추론 능력을 보인다는 연구 결과들도 발표되면서 의료 현장에서 인공지능의 활용, 나아가 의사와 인공지능의 협업이 임상적으로 얼마나 중요한지 실감하게 되었습니다.[60] 다양한 생성형 인공지능 도구들이 출시되면서 이제는 의사가 인공지능보다 뛰어난 점을 찾는 일이 오히려 화제가 될 지경입니다. 이 글을 쓰는 도중에도 인공지능 로봇 의사가 스스로 돼지의 담낭을 절제하는 데 성공했다는 소식이 전해졌습니다.[61] 이처럼 인공지능과 관련된 새로운 발견과 기술 개발 소식은 쉴 새 없이 들려오고 있습니다. 물론 축적되지 않은 단편적인 결과만 가지고 인공지능의 활용 전망을 터무니없이 과장해서는 안 되겠지만, 임상 현장과 바이오헬스 시장의 모습을 바꾸어놓을 것은 분명해 보입니다.*

생성형 인공지능은 정밀의학과 융합하여 외과수술의 개인화와 정밀화도 가속하고 있습니다.[62] 생성형 인공지능은 유전체와 분자 데이터를 기반으로 질병 예측과 시각화에 활용되며, 3차원 병변 모델링, 고해상도 영상, 로봇 수술, 3D 프린팅, 증강현실Augmented Reality; AR 내비게이션 등과 통합되어 최소 침습 수술의 정확도와 예후를 향상시키고 있습니다. 이는 외과적 개입을 분자 수준의 전략적 접근으로 전환하며, 향후에는 실시간 수술 의사결정 지원 기술로 발전할 가능성을 보여줍니다.

임상 현장뿐만 아니라 의생명과학 연구에서도 생성형 인공지능은 점점 더 큰 위력을 발휘할 것으로 보입니다. 연구를 개시하려면 수십 년 동안 축적된 선행 연구를 잘 분석하고 종합하는 일이 상당히 중요합니다. 그런데 이제는 발표되는 논문 수가 너무 많아서 전문가라고 해도 자

---

* 생성형 인공지능 시대에도 의사의 추론과 해석은 여전히 중요한 역할을 할 것입니다. 인공지능은 유전체, 의료 영상, 웨어러블wearable 기기 데이터를 분석해서 객관적인 패턴과 가설을 제시할 수 있지만, 복잡한 질환의 진단이나 환자의 사회적·심리적 맥락, 윤리적 판단에는 임상의사의 경험적 추론이 필수적입니다. 환자 중심 의료를 실현하려면 결국 인간과 인공지능의 상호보완적 협력이 최적의 의사결정을 이끌 것입니다.

기 전공 영역의 모든 논문을 읽고 소화할 수 없는 상황이지요. 전문가라도 그러한데 연구를 막 시작하는 입문자에게 선행 연구 검토는 아주 막막하고 고통스러운 일이 아닐 수 없습니다. 생성형 인공지능의 정보 처리 능력은 방대한 과학 문헌을 단시간 내에 검토하도록 만드는 것은 물론, 체계적으로 분석하고 정리하는 데 매우 큰 도움을 줄 테지요.

나아가 기존 지식을 바탕으로 새로운 예측을 하는 일도 가능해 보이는데, 실제 생성형 인공지능의 신경과학 분야 예측 능력을 조사했을 때 인간 전문가를 능가한다는 연구 결과도 발표되었습니다.[63] 앞으로 생성형 인공지능이 바꾸어놓을 연구 방식의 일부 윤곽이 실제로 드러난 것입니다. 최근에는 생성형 인공지능을 활용해서 발굴된 신약이 특발성 폐섬유증idiopathic pulmonary fibrosis 환자를 대상으로 진행한 임상 2a상 시험*에서 유의미한 효과를 보였다는 결과도 발표되었습니다.[64] 생성형 인공지능의 가장 큰 골칫거리로 꼽히는 환각hallucination 현상도 2024년 노벨 화학상을 수상한 데이비드 베이커David Baker 에 따르면 오히려 과학 연구에 혁신적 아이디어나 영감을 줄 수 있습니다.[65] 새로운 과학적 발견이 엉뚱한 상상이나 우연한 관찰에서 출발하는 것과 비슷하다고 볼 수 있지요.

연구에서 중요한 창의성은 흔히 이질적인 아이디어가 결합할 때 발휘된다고 얘기합니다. 이질적인 아이디어의 비전형적 조합이 혁신적 연구로 이어질 가능성이 높다는 실증적 연구 논문이 저명 과학학술지《사이

---

* 소규모 환자를 대상으로 약물의 초기 효능을 탐색하는 임상 시험을 말합니다.

언스》에 발표되기도 했지요.[66] 그렇지만 이질적 아이디어의 결합은 쉽지 않은데, 한 사람이 여러 분야를 통달하기 어려워서 우연한 기회에 결합이 일어나는 경우가 흔하기 때문입니다. 누구보다도 다양한 지식이 풍부한 생성형 인공지능은 이런 제약을 쉽게 넘어선다는 점에서 상당한 이목을 집중시킵니다. 인공지능 과학자AI scientist 가 과학적 발견을 해내는 새로운 시대의 예고이지요.[67]

실험 장치의 자동화와 생성형 인공지능이 만나면 과학적 발견 과정이 상당한 수준에서 자동화될 수도 있습니다. 이미 특정 전공 영역의 경우, 아이디어만 제공하면 생성형 인공지능이 동료 평가를 통과할 만큼 높은 수준의 논문을 자동으로 생성해냅니다.[68] 사람 전문가가 적절히 개입하면 연구 생산성이 더욱 향상되겠지요. 다소 조심스럽게 얘기하더라도 반복적이거나 일상적인 실험이나 데이터 분석 같은 일에서는 인공지능이 탑재된 실험 로봇이 사람의 일을 상당히 대체할 수 있을 듯 보입니다.[69] 개별 실험실은 소수의 연구원만으로 운영하면서요. 실험 대행과 데이터 분석 등의 전문 서비스를 제공하는 핵심연구지원시설core facility 과 인공지능 과학자의 결합은 또 다른 지식 생산 플랫폼이 될 수 있을 듯합니다.[70]

물론 생성형 인공지능이 전 연구 과정에 깊숙이 개입할 수 있다는 점은 또 다른 고민을 낳습니다.[71] 연구 효율과 생산성을 높이고 인지적 부담을 줄여주는 장점이 있는 반면 정보의 부정확성, 표절 가능성, 편향된 정보의 무비판적 재생산 같은 문제로 연구의 진실성과 신뢰성이 위협받을 수 있겠지요. 이는 연구자의 역할, 연구 윤리, 그리고 지식 생산의 구조 전반에 근본적인 질문을 제기합니다. 이제는 '무엇을 연구할 것인가'라는 질문뿐 아니라, '무엇이 연구인가'라는 본질적인 물음에 더욱 깊이 있는 성찰이 요구됩니다. 특정 직무에 요구되던 숙련도나 전문성이 약화하거나 소멸하는 탈숙련화de-skilling 문제 역시 빼놓을 수 없겠지요.

과학 기자이자 저명학술지 편집자였던 바버라 컬리턴Barbara Culliton 은 1995년 1월《네이처 메디슨Nature Medicine》발간 호에서 "과학의 본질은 우리 주변 세계와 우리 자신에 관해 생각하는 방식을 바꾸는 것이다"라고 말했습니다.[72] 과학이 발전하여 질병을 바라보는 방식이 바뀌자 30년 전만 하더라도 상상하기 어렵던 새로운 치료의 길이 열렸습니다. 염색체 수준에서 염기서열을 교체하는 크리스퍼 기술은 유전질환과 싸울 강력한 무기로 자리 잡고 있습니다. 한때 관념적이라고만 여겼던 항암 면역 치료는 면역관문억제제immune checkpoint inhibitor 가 개발되면서 가장 혁신적인 항암 치료법으로 자리 잡았습니다.

향후 30년 뒤 의학은 과연 어떤 모습일까요?[73] 사실 생성형 인공지능 기술의 발전 양상을 지켜보면 불과 5년 뒤 모습조차 얼마나 달라져 있을지 예측하기 힘들어 보입니다. 아마도 다중오믹스 기술로 얻은 정보로부터 개인별 질병 위험을 정교하게 예측하는 개인맞춤 예방의학이 대세로 자리 잡을 수도 있겠지요. 착용하거나 이식하는 바이오센서 기술의 발전에 따른 지속적인 실시간 건강 모니터링이 맞춤 예방에 더욱 힘을 실을 테고요. 각종 정보를 토대로 디지털 트윈digital twin 을 구현하면 가상 개입이 가능해지기 때문에 더욱 정교한 질병 관리가 가능해질 것입니다. 약물 개발자의 경험과 실험의 시행착오에 의존하던 신약 개발 방식도 더 이상 유효하지 않을 겁니다.[74] 이렇듯 정보화된 의학이 성숙한 시대에서는 모든 사람에게 통용되는 보편적 의학 패러다임이 거의 유효하지 않겠지요.

생성형 인공지능은 근거 기반의 개인맞춤 접근을 한층 진전시키며, 근거 중심 의학의 고도화를 이끌 것입니다. 근거 중심 의학은 최신 연구 결과, 임상적 전문성, 환자의 가치와 선호도를 통합해서 최선의 의료를 추구하는 접근입니다. 생성형 인공지능은 환자의 유전 정보, 생활 습관, 질병 경과를 포함한 다양한 데이터를 분석해서 최적의 치료법을 제시함으로써 근거 중심 의학의 개인화·정밀화에 기여할 전망입니다. 이처럼 생성형 인공지능은 근거 중심 의학의 한계를 보완하고 적용 범위를 확장함으로써, 더 신뢰할 수 있고 효과적인 의료 실현을 앞당길 것으로 기대됩니다.

30년 뒤 의학의 전망은 그저 공상과학 이야기처럼 들릴 수 있습니다. 다만 지난 30년이 우리에게 가르쳐준 교훈이 있다면, 어제의 공상은 오늘의 현실이 된다는 사실입니다. "연로하지만 저명한 과학자가 무엇이 가능하다고 말한다면 그 말은 틀림없이 옳다. 하지만 그가 불가능하다고 말한다면 그 말은 아마도 틀렸을 것이다"라는 SF 소설가 아서 클라크의 말처럼 말입니다. 의학은 더 이상 불완전한 조건에서의 최선에 머물지 않고, 정보 기반의 정밀하고 최적화된 판단을 향해 진화하고 있습니다.

따뜻한 의학, 차가운 의학

세포를 구성하는 생체분자들의 양적 혹은 질적 변화가 질병 이해에 중요해지자, 이러한 정보를 매우 정확하고 신속하게 수집할 방법이 고안되었습니다. 단일세포 수준에서 분자적 특성을 대규모로 정량 분석할 수 있는 기술이 비약적으로 발전했지요. 기술 혁신에 힘입어 이제는 해상도 높은 단일세포지도 single cell atlas 를 확보할 수 있습니다. 같은 종류의 세포라도 단일세포 수준에서 분석하면 세포마다 생체분자 프로파일이 얼마나 다른지, 그리고 이에 따라 세포마다 특성이 얼마나 다른지가 보입니다.

단일세포 분석의 시대가 되면서 세포 집단의 평균 속성을 넘어 개별 세포의 고유 속성이 중요해졌습니다. 즉 동일한 종류의 세포라도 개별 세포마다 얼마나 이질적일까 하는 질문이 중요해졌다는 말입니다. 상피세포, 근육세포, 신경세포라는 보편적인 세포는 실재하지 않습니다. 다만 이름만 있을 뿐이지요. 실제로는 특성이 조금씩 다르지만 상당한 속성을 공유하는 개별 세포가 있을 뿐입니다. 이는 중세 시대 보편이 실재한다는 보편론 universalism 과 보편은 그저 이름일 뿐이라는 유명론 nominalism 사이의 보편논쟁을 연상시킵니다. 보편논쟁이 중세의 붕괴를 이끌었다면, 의생명과학은 21세기 버전의 보편논쟁을 거치면서 평균에 의존하던 과거와 결별하고 정밀의학의 길을 찾아가는 것 같습니다.

정보라는 관점에서 질병을 바라보고, 인공지능이 정보를 분석하여 질병을 조기에 진단하고 최적의 치료법을 제공하는 상황이라면 의사와 환

과학과 자비

파블로 피카소, 1897년, 피카소 미술관, 스페인 바르셀로나. 피카소는 15살에 말라가와 마드리드 전시회에 이 작품을 출품하여 엄청난 칭송과 함께 권위 있는 상을 받았습니다.

자의 관계는 과연 어떻게 될까요? 환자의 상태나 호전 여부도 전부 정보를 분석하여 판단하는 상황에서 환자를 돌본다는 말의 의미는 무엇일까요? 첨단 장비와 분석 도구의 발전으로 의학이 더욱 정밀해질수록 정작 환자가 소외되는 부작용이 나타나지는 않을까요? 의료 혜택의 불평등이 심화되는 문제는 또 어떻게 해결할 수 있을까요?

19세기 말 파블로 피카소Pablo Picasso 가 그린 〈과학과 자비Science and Charity〉를 보면 이와 같은 모습이 드러납니다.[75] 디프테리아Diphtheritia 에 걸린 여동생을 떠나보낸 참혹한 경험은 피카소가 당시 의료계의 상황이나 환자와 의사의 관계를 깊이 생각해보는 계기가 되었을 것으로 보입니다.[76] 어두운 색감으로 표현된 꽉 막힌 밀실은 질병과 아픔을 나타내는 시각적 은유로 느껴집니다. 창백한 표정으로 침대에 누워 있는 환자를 중심으로, 무표정하고 권위적인 모습의 의사가 왼편에 앉아 있고 다정하고 공감적인 모습의 수녀가 오른편에 서 있습니다.

환자의 양편에서 대조를 이루는 의사와 수녀의 모습은 의학이 지닌 서로 다른 두 모습을 보여주는 듯합니다. 왼쪽에 앉은 의사는 왼손으로 환자의 손목을 잡은 채 맥박을 재고 있습니다. 의사의 시선은 오로지 시계만 향할 뿐 환자를 쳐다볼 생각은 없어 보입니다. 이는 정보화된 의학이 지닌 한 단면을 보여주는 동시에 환자를 '수량화된 존재'로 인식할 위험을 암시합니다. 환자 개개인의 고유한 맥락과 서사를 살피기보다 인체 기능을 정밀하게 측정하여 수치화하고, 이를 바탕으로 질병에 대응하는 체계가 비판적 성찰 없이 우리 안에 깊숙이 자리 잡을 수 있다는 말이지요. 이러한 접근은 환자를 주체로 존중하는 의료 윤리의 원칙, 특히 자율성과 인간 존엄성의 가치와 심각한 긴장을 빚을 수 있습니다.

반면 오른쪽에 아이를 안고 서 있는 수녀는 환자를 안심시키는 시선과 함께 오른손으로 물을 건네고 있습니다. 피카소가 그려낸 환자를 둘러싼 모습은 오늘날의 의학에도 중요한 질문을 던집니다. 정보화된 의학의 시대에도 따뜻한 돌봄은 여전히 의학의 가장 중요한 가치 아닐까요? 영화 〈죽은 시인의 사회〉에서 존 키딩 선생님은 학생들을 불러 모은 자리에서 다음과 같이 이야기합니다. "의학, 법률, 경제, 기술은 훌륭한 일이고 삶을 유지하는 데 필요하지. 하지만 시와 미, 낭만, 사랑은 삶의 목적이야."

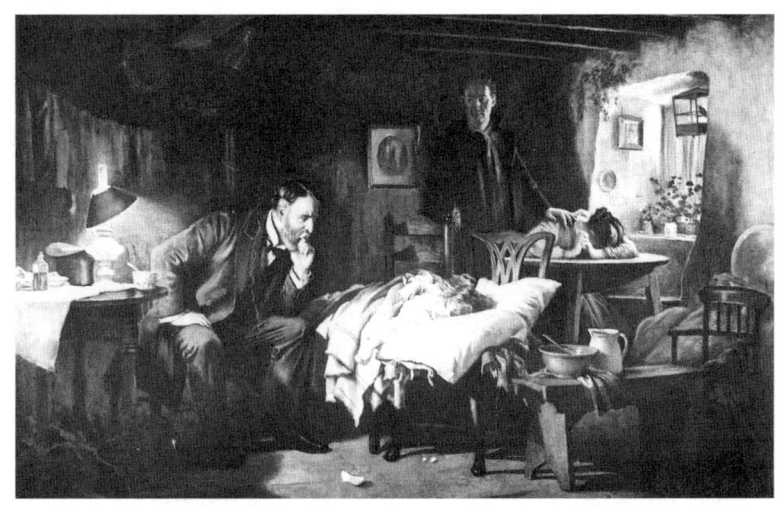

의사

루크 필즈, 1891년, 테이트 브리튼, 영국 런던. 〈의사〉는 테이트 브리튼에 가장 오래 지속적으로 걸려 있는 작품 중 하나입니다. 저명한 외과의사 윌리엄 미첼 뱅크스는 필즈의 〈의사〉에 크게 감동하여 "그 어떤 책도 이 그림만큼 의료전문직에 도움을 주지 못할 것이다"라는 말을 남겼습니다. 이 그림은 오늘날에도 우리 시대가 어떤 의사를 원하는지 질문을 던집니다.

그래서 루크 필즈Luke Fildes가 그린 〈의사The Doctor〉가 여전히 의학의 아이콘으로서 위력을 발휘하는 것 같습니다.[77] 설탕사업으로 크게 성공한 헨리 테이트Henry Tate는 주제를 정하지 않은 채 필즈에게 작품을 의뢰했습니다. 이에 필즈는 자신에게 가장 비극적인 사건이었지만, 죽어가는 두 살 아들을 돌봐준 의사를 향한 감사와 존경의 마음을 그림에 담아냈습니다. 필즈의 〈의사〉는 피카소의 〈과학과 자비〉와 상당한 대조를 이룹니다. 무엇보다도 필즈가 그린 의사는 의자에 앉아 오른손을 허벅지에 올리고 왼손으로 턱을 괸 채 걱정 어린 시선으로 어린 환자를 간절히

정보가 말해주는 질병

들여다보고 있습니다.

〈의사〉의 정면에는 두 개의 의자를 붙여 만든 간이침대에 어린 환자가 잠들어 있습니다. 오른쪽 창 앞에는 환자의 엄마가 탁자에 엎드린 채 두 손을 모아 기도를 올리고 있고, 그 옆에 서 있는 환자의 아빠는 아내의 어깨에 손을 얹은 채 의사를 바라보고 있습니다. 오른쪽 창에서 푸른 불빛이 희미하게 새어 들어오는 것으로 보아 의사가 새벽이 될 때까지 헌신적으로 환자를 돌보았음을 알 수 있습니다. 의사는 환자의 손을 잡고 있지도 않고 청진기, 온도계, 검안경, 혈압계 같은 의료 장비들도 보이지 않는데, 오롯이 전인적인 돌봄의 모습이 강조되고 있습니다.

콜링리지 딜레마Collingridge's dilemma 라는 개념을 되새길 필요가 있습니다. 콜링리지 딜레마는 데이비드 콜링리지David Collingridge 가 1982년《기술의 사회적 통제The Social Control of Technology》에서 설명한 것으로, 새로운 기술이 도입되어 광범위하게 사용될 때까지는 그 영향을 쉽게 예측할 수 없고, 기술의 의미와 용도를 충분히 이해하여 확고해진 후에는 통제가 매우 어렵다는 모순입니다.[78] 이는 정밀의학의 시대를 맞이하여 왜 우리가 인문학에 보다 더 주목해야 하는지 이유를 설명해주는 듯합니다. 또한 따뜻한 의학을 어떻게 구현할지를 고민하는 일도 소홀히 해서는 안 되겠지요.

1947년 닐스 보어Niels Bohr 는 덴마크 국왕에게 기사 작위를 받으면서 기사 문장coat of arms 에 사용할 문양으로 도교의 상징인 음양陰陽 을 골랐고, 그 위에 "CONTRARIA SUNT COMPLEMENTA"라는 문구를 새겼습니다. "대립하는 것들은 상보적이다"라는 뜻이지요. 이는 양자물

닐스 보어의 문장

"대립하는 것들은 상보적이다"라는 모토가 새겨져 있습니다.

리학 세계를 개척한 보어가 복잡한 세계를 이해하는 방식, 즉 서로 대립하는 개념들이 오히려 서로 보완적일 수 있다는 통찰을 잘 보여줍니다.[79] "CONTRARIA SUNT COMPLEMENTA." 이 짧은 라틴어 문장은 의학 세계에서도 깊은 성찰을 불러일으킵니다. 기술 낙관주의와 비관주의의 대립은 어쩌면 우리를 진실에 더 가까이 이끌어줄 서로 다른 얼굴일지도 모릅니다.

나가며

의학의 에피스테메 접근과
테크네 접근 사이에서

힘들게 원고를 마무리하던 중, 지방에 계신 어머니에게서 전화가 걸려 왔습니다. 뇌동맥 혈관이 크게 부풀어 올라 상당히 위험한 상태여서 빨리 큰 병원으로 가야 한다고 근심 어린 목소리로 말씀하시더군요. 순간 아찔했지만, 그래도 당장 특별한 증상이 나타난 것은 아니라고 하셔서 일단 안도했습니다. 어머니께 어떻게 알게 되었는지 여쭤보니 오랫동안 다닌 동네 병원에서 건강검진을 받는데 당뇨, 고지혈증 등 기저질환이 있어서 의사 선생님의 설명과 권유에 따라 뇌혈류초음파 검사까지 함께 받았다고 했습니다. 검사 결과 혈류 이상이 의심되어 추가로 CT 검사까지 받았는데, 그 결과 뇌동맥 혈관 일부가 꽈리처럼 부풀어 올라 위험한 상태임을 알게 되었다는 것입니다.

큰 병원 신경외과 외래 진료를 받은 어머니는 뇌동맥류cerebral aneurysm에 관한 의사 선생님의 편안하고 알기 쉬운 설명을 듣고 크게 안도하셨다고 합니다. 뇌동맥류 치료제는 아직 개발되지 않았기 때문에 동맥 혈관 파열을 막을 수 있는 수술과 시술 중 하나를 선택해야 하는데, 어머니의 나이와 상태 등을 고려하여 두개골을 절개하는 개두술이 아니라 색전술이라는 중재적 시술을 받기로 했습니다. 색전술은 허벅지 혈관으로 아주 얇은 관(카테터)을 삽입하여 뇌혈관 내로 접근한 후 백금코일을 동맥류에 채워서 혈액이 흘러 들어가지 못하도록 하는 시술입니다. 시술 전날 입원하셨고 무사히 시술을 마친 후 다음 날 퇴원하셨습니다. 이제 정기적으로 내원해서 추적 검사를 받으면 됩니다.

　이번 일을 겪고 나니, 사람 목숨은 하늘에 달려 있다는 '인명재천人命在天'이 이제 부분적으로만 참이라는 생각이 들었습니다. 늘 다니던 동네 병원 의사 선생님이 이번 건강검진에서 뇌혈류초음파 검사를 권유하지 않았더라면 어떻게 되었을까요? 평소 생활에 지장이 없어서 뇌동맥류가 있는 줄 모르고 생활했더라면 어떻게 되었을까요? 뇌동맥 파열을 막을 시술을 받지 않았더라면요? 생각하기도 싫지만 이런 상황을 억지로 떠올려 보면 '인명재의人命在醫'라는 말을 만들어도 전혀 어색하지 않을 듯합니다. 실제로 우리는 출생에서 사망까지 철저히 의학적 관리를 받고 있지요.

　질문은 조금 더 이어집니다. 뇌동맥 혈관의 기형적인 구조를 쉽게 발견할 수 있는 첨단기술과 장비가 개발되지 않았더라면 어떻게 되었을까요? 백금코일로 뇌동맥류에 들어가는 혈액을 차단하는 시술 방법이 개발되지 않았더라면 어떻게 되었을까요? 꼬리에 꼬리를 물고 질문을 이어가다 보면 아마도 다음과 같은 질문이 나오지 않을까 싶습니다. 우리 몸의 신경해부학적 구조를 알아내지 못했다면 어떻게 되었을까요? 해부학적 구조와 생리학적 기능을 연결해서 설명하고, 구조와 기능 이상이 병리학적 현상을 만들어낸다는 사실을 알지 못했더라면 어떻게 되었을까요? 질병이 자연적 원인에 의해 생긴다는 것을 알아내지 못했더라면 어떻게 되었을까요?

우리는 대개 의학을 둘러싼 역사적·사회적·문화적 맥락을 별달리 느끼지 못하고 살아갑니다. 눈에 보이지 않는 뇌동맥 혈관의 이상이 뇌출혈을 일으키고 사망에 이르게 할 수 있다는 의학적 지식과 비정상적인 뇌동맥 혈관 문제에 대응하는 시술이나 수술 방법은 어느 날 갑자기 등장하지 않았습니다. 우리는 곧잘 최종 산물에만 관심을 기울이고 과정과 맥락은 흔히 외면받거나 무시됩니다. 이는 과학인문학자 브뤼노 라투르Bruno Latour가 말한 '블랙박스'와 비슷합니다.

라투르는 실험실에서 생활하면서 과학적 사실이 받아들여지고 나면 연구 과정에서 끊임없이 일어나는 오류, 실수, 우연, 혼란은 모두 사라져버리고 마는 현상을 포착했습니다. 연구에 투입된 것과 최종 결과만 남고 모두 사라져서 과정과 맥락이 가려져버리므로 이를 '블랙박스'에 비유한 것입니다. 객관적이고 정교한 첨단 지식과 기술만 보이기에 권위가 더욱 강화되는 면은 있지만, 맥락을 잘 이해해야 오늘날 지식과 기술 수준의 한계를 인식하고 새로운 발견과 발명이 가지는 의미를 파악할 수 있을 것입니다. 불가피하게 일어날 수밖에 없는 의료사고의 문제도 다르지 않습니다. 100퍼센트 자동화된 생산라인에서도 불량품이 나오는데, 하물며 지식과 기술의 불확실성과 불완전성이 내재된 의료 현장에서 완전무결함을 바라기는 어렵습니다.

역사의 흐름 속에서 의학은 눈부신 발전을 이루어냈지만, 여전히 모르는 부분이 많고 해결해야 할 문제도 산적해 있습니다. 뇌동맥류는 시술이나 수술이 아닌 약물로 왜 치료하지 못할까요? 정상 뇌동맥 혈관과 뇌동맥류 혈관을 이루는 세포의 분자 구성 차이를 정교하게 분석하면 치료 표적이 될 분자를 찾아낼 수 있을까요? 그렇다면 표적 치료제 개발도 가능해지지 않을까요? 개인의 유전체 정보와 생활 및 임상 정보를 분석하여 뇌동맥류 발생 시점을 예측해낸다면 뇌출혈이 발생할 위험을 예방할 수 있지 않을까요? 이렇듯 아주 좁은 영역에서도 풀어야 할 의학적 문제들은 산더미처럼 쌓인 채 도전을 기다리고 있습니다.

의학 전체를 보더라도 마찬가지입니다. 어쩌면 이제야 제대로 질병에 대응할 여건이 마련되었는지도 모릅니다. 지식 축적과 기술 발전이 매우 중요하겠지만, 무엇보다도 힘든 도전을 마다하지 않는 우수한 연구 인력을 길러내는 일이 가장 중요해 보입니다. 연구하지 않으면 문제를 제대로 규정하지도 풀어내지도 못할 테니까요. 아무리 인공지능이 발전해서 쉽고 빠르게 다양한 지식을 정리해준다고 하더라도 이용자에게 이를 제대로 받아들이고 소화할 인식과 사유의 틀이 없다면 아무 소용이 없을 것입니다. 특히 정밀의학의 시대에는 개별적·맥락 의존적 지식이 더욱 중요합니다.

이러한 맥락에서 의학 지식의 본질에 관한 질문이 제기됩니다. 과연 의학은 앎 자체를 추구하는 이론적 지식인 에피스테메 episteme 일까요, 아니면 구체적 목표를 위한 실천적 기술인 테크네 techne 일까요? 질병을 분자 수준에서 이해하기 시작하면서 이론과 실천의 경계는 희미해졌고 이 둘의 교차는 본격적인 궤도에 올랐습니다. 정밀의학은 이처럼 고도화된 융합의 대표적인 형태라고 볼 수 있습니다. 예를 들어 유전체 연구는 질병의 본질을 탐구하는 에피스테메적 접근이지만, 이를 표적 치료나 진단에 적용하는 것은 테크네의 영역이지요. 결국 의학 지식은 이론과 실천이 서로를 구성하며 작동하는 동적 균형 위에 있다고 볼 수 있습니다.

미래학자 로이 아마라Roy Amara 는 "우리는 단기적으로 기술의 효과를 과대평가하고 장기적으로 과소평가하는 경향이 있다"라고 말했습니다. 이 말은 인공지능을 비롯한 첨단기술의 발전을 바라볼 때 우리가 흔히 빠지는 인식의 함정을 날카롭게 지적하지요. 실제로 현재 생성형 인공지능은 여전히 성능이 들쭉날쭉하다는 한계를 지니지만, 이러한 제약은 기술적 진보와 사용자와의 공진화를 통해 점차 극복될 가능성이 큽니다. 이 책을 마무리하는 시점에도 인공지능 과학자가 이끄는 가상연구소에서 코로나 치료제를 개발했다는 논문이 발표되었습니다. 그렇기에 생성형 인공지능과 현명하게 공존하며 기술을 효율적으로 활용하는 방법을 익히는 것이 중요합니다.

그러나 동시에 자칫 너무 지나치게 생성형 인공지능에 의존하면 스스로 생각하는 힘을 키울 기회를 잃을 위험이 있지요. 인공지능이 인간의 공동지능으로 자리 잡는다 해도, 모든 생각을 인공지능에 위임할 수는 없습니다. 어니스트 헤밍웨이Ernest Hemingway 가 "글쓰기는 아무것도 아니다. 그저 타자기 앞에서 피를 흘리는 것이다"라고 말한 이유를 곱씹어 볼 필요가 있습니다.

원고를 처음 쓸 때 이 책의 마무리를 생각해두었습니다.《역사가 묻고 생명과학이 답하다》에서도 인용한 저명 의학학술지 〈란셋 Lancet 〉의 편집장 리처드 호턴 Richard Horton 의 비판적 견해입니다. 호턴의 말을 다시 한번 더 인용하면서 글을 마무리하고자 합니다. "우리는 끊임없이 새로움을 강조한다. 우리는 가장 최근의 발견을 열심히 알릴 뿐 축적된 지식의 바탕이 된 개념에는 거의 관심을 기울이지 않는다. 우리 시대는 순간적이고 즉각적인 사실의 시대이며 그야말로 전통은 해체되고 과거와 대화할 필요성을 거의 인식하지 못한다."

이 책의 출판을 제안해주신 갈매나무 박선경 대표님과 이유나 편집장님께 깊이 감사드립니다. 저의 은사이신 서울대학교 김인규 명예교수님께는 어떤 감사의 말씀을 드려도 부족할 듯합니다. 변함없이 저를 지지해주신 서울대학교 서인석 교수님께도 큰 감사의 말씀을 드리고 정년퇴임 후의 삶에 큰 영광이 함께하길 기원합니다. 부족한 원고이지만 기꺼이 시간을 내어 날카롭게 검토해주신 서울대학교 조동현 교수님과 박영수 교수님께도 깊이 감사드립니다. 그동안 아낌없이 베풀어주신 어머니, 장인, 장모, 동생들, 처형에게 감사드립니다. 돌아가신 아버지와 작은고모의 은혜는 늘 가슴에 품고 있습니다. 마지막으로 최고의 내조뿐만 아니라 일반 독자의 눈높이에서 원고를 꼼꼼히 점검해준 아내 김진아, 늘 힘과 용기를 준 딸 예주와 아들 현수에게 사랑하는 마음과 함께 이 책을 바칩니다. 원고를 작성하던 중 갑자기 헤어지게 된 사랑스러운 고양이 코코가 영원히 아름다운 별로 빛나길 바랍니다.

미주

1장

1. Maroso M. A quest into the human brain. Science. (2023) 382, 166-167.
2. Balasubramanian V. Brain power. Proc Natl Acad Sci USA. (2021) 118, e2107022118.
3. Roberts RG. Jocks versus geeks: the downside of genius? PLoS Biol. (2014) 12, e1001872; Bozek et al, Exceptional evolutionary divergence of human muscle and brain metabolomes parallels human cognitive and physical uniqueness. PLoS Biol. (2014) 12, e1001871.
4. Aiello LC, Peter W. "The expensive-tissue hypothesis: the brain and the digestive system in human and primate evolution." Cur Anthropol. (1995) 36, 199 - 221.
5. Bietti et al. Storytelling as Adaptive Collective Sensemaking. Top Cogn Sci. (2019) 11, 710-732; Boyd B. The evolution of stories: from mimesis to language, from fact to fiction. Wiley Interdiscip Rev Cogn Sci. (2018) 9, e1444.
6. 펠리페 페르난데스아르메스토 지음, 홍정인 옮김, 《생각의 역사》, 고유서가, 2024, 79-86쪽
7. Morriss-Kay GM. The evolution of human artistic creativity. J Anat. (2010) 216, 158-176.
8. Tzeferakos G, Douzenis A. Sacred psychiatry in ancient Greece. Ann Gen Psychiatry. (2014) 13, 11.
9. Sommerfeld J. Plagues and peoples revisited. EMBO Rep. (2003) 4(Suppl 1), S32-S34.
10. Kousoulis et al. (2012) 18. The plague of Thebes, a historical epidemic in Sophocles' Oedipus Rex. Emerg Infect Dis. pp.153-157.
11. 김옥주. 조선 말기 두창의 유행과 민간의 대응. Korean J Med Hist. (1993) 38-58.
12. Garland LH. The lure of medical history: Imhotep: patron of physicians and deity of medicine in ancient Egypt. Cal West Med. (1928) 29, 96-99.
13. Risse GB. Imhotep and medicine-A reevaluation. West J Med. (1986) 144, 622-624.
14. Ghasemzadeh N, Zafari AM. A brief journey into the history of the arterial pulse. Cardiol Res Pract. (2011) 2011, 164832; Van Middendorp et al. The Edwin Smith papyrus: a clinical reappraisal of the oldest known document on spinal injuries. Eur Spine J. (2010) 19, 1815-1823.
15. 성영곤. 아스클레피오스 신전의술과 히포크라테스 의학. 서양고대사연구. (2016) 46, 95-136.
16. Hart GD. Asclepius, God of medicine. Can Med Assoc J. (1965) 92, 232-236.
17. Antoniou et al. The rod and the serpent: history's ultimate healing symbol. World J Surg. (2011) 35, 217-221.
18. Sacks AC, Michels R. Images and Asclepius. Caduceus and Asclepius: history of an error. Am J Psychiatry. (2012) 169, 464; Bohigian G. The Caduceus vs. Staff of Aesculapius-One Snake or Two? Mo Med. (2019) 116, 476-477.
19. Jones KB. The staff of Asclepius: a new perspective on the symbol of medicine. WMJ. (2008)

107, 115-116.
20 Tzeferakos G, Douzenis A. Sacred psychiatry in ancient Greece. Ann Gen Psychiatry. (2014) 13, 11.
21 Savel RH, Munro CL. From Asclepius to Hippocrates: the art and science of healing. Am J Crit Care. (2014) 23, 437-439.
22 Laumer et al. Active self-treatment of a facial wound with a biologically active plant by a male Sumatran orangutan. Sci Rep. (2024) 14, 8932; Freymann et al. Pharmacological and behavioral investigation of putative self-medicative plants in Budongo chimpanzee diets. PLoS One. (2024) 19, e0305219
23 뤼시앵 페브르, 앙리 장 마르탱 지음, 강주헌, 배영란 옮김, 《책의 탄생》, 돌베개, 2014, 427쪽.
24 야코부스 데 보라지네 지음, 윤기향 옮김, 《황금전설》, CH북스, 2007, 160-165쪽; Grzybowski et al. Ergotism and Saint Anthony's fire. Clin Dermatol. (2021) 39, 1088-1094.
25 야코부스 데 보라지네 지음, 윤기향 옮김, 《황금전설》, CH북스, 2007, 166-173쪽.
26 Perciaccante et al. Which Saint to pray for fighting against a Covid infection? A short survey. Ethics Med Public Health. (2021) Sep;18:100674.
27 야코부스 데 보라지네 지음, 윤기향 옮김, 《황금전설》, CH북스, 2007, 903-907쪽; 서종석. 종교적 신화와 역사적 유산: 성 코스마스와 성 다미안은 어떻게 외과 의학의 수호성인이 되었나? -「검은 다리의 기적」에서 21세기 이식의학까지. (2020) 29, Korean J Med Hist. 165-214.
28 Friedlaender GE, Friedlaender LK. Saints Cosmas and Damian: Patron Saints of Medicine. Clinical Orthopaedics and Related Research. (2016) 474, 1765-1769.
29 야코부스 데 보라지네 지음, 윤기향 옮김, 《황금전설》, CH북스, 2007, 263-265쪽.
30 Palacios-Sanchez et al. Saint Valentine: Patron of lovers and epilepsy. Repertorio de Medicina y Cirugia. (2017) 26, 253-255.
31 Atta HM. Edwin Smith Surgical Papyrus: the oldest known surgical treatise. Am Surg. (1999) 65, 1190-1192; Van Middendorp et al. The Edwin Smith papyrus: a clinical reappraisal of the oldest known document on spinal injuries. Eur Spine J. (2010) 19, 1815-1823.
32 Stiefel et al. The Edwin Smith Papyrus: the birth of analytical thinking in medicine and otolaryngology. Laryngoscope. (2006) 116, pp182-188.
33 Pleszczy ska et al. Fomitopsis betulina (formerly Piptoporus betulinus): the Iceman's polypore fungus with modern biotechnological potential. World J Microbiol Biotechnol. (2017) 33, 83.
34 제프리 버튼 러셀 지음, 김은주 옮김, 《마녀의 문화사》, 르네상스, 2004, 74-87쪽.
35 한스 요아힘 슈퇴리히 지음, 박민수 옮김, 《세계철학사》, 자음과모음, 2008, 397-400쪽.

2장

1 Ji et al. Natural products and drug discovery. Can thousands of years of ancient medical knowledge lead us to new and powerful drug combinations in the fight against cancer and dementia? EMBO Rep. (2009) 10, 194-200.

2   DeBakey ME. A surgical perspective. Ann Surg. (1991) 213, 499-531.

3   Shimkin NI. (1935) 19. Blindness, eye diseases and their causes in the land of canaan. Br J Ophthalmol. 548-576.

4   Hajar R. The Air of History: Early Medicine to Galen (Part I). Heart Views. (2012) 13, 120-128.

5   Brandt-Rauf PW, Brandt-Rauf SI. History of occupational medicine: relevance of Imhotep and the Edwin Smith papyrus. Br J Ind Med. (1987) 44, 68-70.

6   전주홍,《논문이라는 창으로 본 과학》, 지성사, 2019, 57-68쪽.

7   오토 루트비히 지음, 이기숙 옮김,《쓰기의 역사》, 연세대학교 대학출판문화원, 2013, 2-28쪽.

8   스튜어트 머레이 지음, 윤영애 옮김,《도서관의 탄생》, 예경, 2012, 21-24쪽.

9   Pinault JR. Hippocratic Lives and Legends. BRILL (1992) 61-72.

10 대니얼 리버먼 지음, 김명주 옮김,《우리 몸 연대기》, 웅진지식하우스, 2018, 169쪽.

11 Franco NH. Animal experiments in biomedical research: a historical perspective. Animals (Basel). (2013) 3, 238-273.

12 Bay NS, Bay BH. Greek anatomist herophilus: the father of anatomy. Anat Cell Biol. (2010) 43, 280-283.

13 Standring S. A brief history of topographical anatomy. J Anat. (2016) 229, 32-62.

14 Kleisiaris et al. Health care practices in ancient Greece: The Hippocratic ideal. J Med Ethics Hist Med. (2014) 7:6. eCollection 2014.

15 Nuland SB. Doctors: The Biography of Medicine. Knopf Doubleday Publishing Group. (1995) p.4.

16 Grammaticos PC, Diamantis A. Useful known and unknown views of the father of modern medicine, Hippocrates and his teacher Democritus. Hell J Nucl Med. (2008) 11, 2-4.

17 Sakula A. In search of Hippocrates: a visit to Kos. J R Soc Med. (1984) 77, 682-688.

18 앨버트 존슨 지음, 이재담 옮김,《의료윤리의 역사》, 로도스, 2014, 21-41쪽.

19 Kleisiaris et al. Health care practices in ancient Greece: The Hippocratic ideal. J Med Ethics Hist Med. (2014) 7, 6.

20 Falagas et al. Science in Greece: from the age of Hippocrates to the age of the genome. FASEB J. (2006) 20, 1946-1950; Yapijakis C. Hippocrates of Kos, the father of clinical medicine, and Asclepiades of Bithynia, the father of molecular medicine. In Vivo. (2009) 23, 507-514.

21 하랄트 하르만 지음, 전대호 옮김,《숫자의 문화사》, 알마, 2013, 29-31쪽.

22 셔윈 눌랜드 지음, 안혜원 옮김,《닥터스》, 살림, 2009, 38-44쪽.

23 Orfanos CE. From Hippocrates to modern medicine. J Eur Acad Dermatol Venereol. (2007) 21, 852-858.

24 Kassell L. Casebooks in early modern England: medicine, astrology, and written records. Bull Hist Med. (2014) 88, 595-625.)

25 Ji et al. Natural products and drug discovery. Can thousands of years of ancient medical

knowledge lead us to new and powerful drug combinations in the fight against cancer and dementia? EMBO Rep. (2009) 10, 194-200.
26 Lindeboom GA. Herman Boerhaave (1668-1738). Teacher of all Europe. JAMA. (1968) 206, 2297-2301; Hull G. The influence of Herman Boerhaave. J R Soc Med. (1997) 90, 512-514.
27 Lebrun & Fabbro. Language and Epilepsy. Whurr Publishers. (2005) p.13-15.
28 Todman D. Epilepsy in the Graeco-Roman world: Hippocratic medicine and Asklepian temple medicine compared. J Hist Neurosci. (2008) 17, 435-441.
29 전주홍, 최병진 《醫美, 의학과 미술 사이》, 일파소, 2016, 79-86쪽.
30 Wee JZ. Discovery of the Zodiac Man in Cuneiform. J. Cuneiform Studies. 160;(2015) 67, 217-233.
31 Karhausen LR. Weeding Mozart's medical history. J R Soc Med. (1998) 91, 546-550; DePalma et al. Bloodletting: past and present. J Am Coll Surg. (2007) 205, 132-144.
32 Kirk RG, Pemberton N. Re-imagining bleeders: the medical leech in the nineteenth century bloodletting encounter. Med Hist. (2011) 55, 355-360.
33 Hackenberger PN, Janis JE. A Comprehensive Review of Medicinal Leeches in Plastic and Reconstructive Surgery. Plast Reconstr Surg Glob Open. (2019) 7, e2555
34 Corral-Rodriguez et al. Leech-derived thrombin inhibitors: from structures to mechanisms to clinical applications. J Med Chem. (2010) 53, 3847-3861.
35 Cawthorne T. Medicine in Art, Postgrad. Med. J. (1961) 37, 184-190.
36 Ghazanfar SM. Civilizational connections: early islam and latin-european renaissance. J. Islamic Thought Civilization. (2011) 1, 1-34.
37 Naini FB. Avicenna and the Canon Medicinae. J R Soc Med. (2012) 105, 142.
38 전주홍, 최병진 《醫美, 의학과 미술 사이》, 일파소, 2016, 79-91쪽.
39 Kemp M. Durer's diagnoses. Nature. (1998) 391, 341.
40 Harris JC. Albrecht Durer's melencolia I. Arch Gen Psychiatry. (2012) 69, 874.
41 바이얼릿 몰러 지음, 김승진 옮김, 《지식의 지도》, 마농지, 2023, 43-59쪽.
42 뤼시앵 페브르, 앙리 장 마르탱 지음, 강주현, 배영란 옮김, 《책의 탄생》, 돌베개, 2014, 29-30쪽.
43 이언 맥닐리, 리사 울버턴 지음, 채세진 옮김, 《지식의 재탄생》 살림, 2009, 50-83쪽.
44 Riva MA, Cesana G. The charity and the care: the origin and the evolution of hospitals. Eur J Intern Med. (2013) 24, 1-4.
45 Enrico de Divitiis et al. The "schola medica salernitana" : the forerunner of the modern university medical schools. Neurosurgery. (2004) 55, 722-744.
46 움베르토 에코 기획, 윤종태 옮김 《중세 II : 1000~1200》 시공사, 2015, 368-372쪽.
47 Warren JD. Classical pathways to western medicine. BCMJ. (2006) 48, 382-384.
48 노에 게이지 지음, 이인호 옮김, 《과학인문학으로의 초대》, 오아시스, 2017, 50-55쪽.
49 앨버트 존슨 지음, 이재담 옮김, 《의료윤리의 역사》, 로도스, 2014, 43-66쪽.

3장

1. Hawkes et al. Hunter-gatherer studies and human evolution: A very selective review. Am J Phys Anthropol. (2018) 165, 777-800; Wobber et al. Great apes prefer cooked food. J Hum Evol. (2008) 55, 340-348.
2. Hajar R. Medical illustration: art in medical education. Heart Views. (2011) 12, 83-91; Savona VC, Grech V. Concepts in cardiology - a historical perspective. Images Paediatr Cardiol. (1999) 1, 22-31.
3. Jeon JH. Lascaux Cave Painting: The Earliest Drawing of Gastrointestinal Anatomy and Physiology?. J Korean Med Sci. (2024) 39, e34.
4. Morriss-Kay GM. The evolution of human artistic creativity. J Anat. (2010) 216, 158-176.
5. Cavalcanti de A Martins A, Martins C. History of liver anatomy: Mesopotamian liver clay models. HPB (Oxford). (2013) 15, 322-323; 간 외에도 폐의 모양을 살펴 점을 치기도 했습니다.
6. 찰스 싱어 지음, 송창호 등 옮김, 《해부학의 역사》, 아카데미아, 2019, 11-19쪽.
7. Senti et al. Egyptian Canopic Jars at the Crossroad of Medicine and Archaeology: Overview of 100 Years of Research and Future Scientific Expectations. Pathobiology. (2018) 85, 267-275.
8. Loukas et al. Anatomy in ancient India: a focus on the Susruta Samhita. J Anat. (2010) 217, 646-650.
9. Wickramasinghe, CSM. The Indian Invasion of Alexander and the Emergence of Hybrid Cultures. Indian Hist Rev. (2021) 48, 69-91.
10. Crivellato E, Ribatti D. A portrait of Aristotle as an anatomist: historical article. Clin Anat. (2007) 20, 447-485.
11. Androutsos et al. The contribution of Alexandrian physicians to cardiology. Hellenic J Cardiol. (2013) 54, 15-17; Serageldin I. Ancient Alexandria and the dawn of medical science. Glob Cardiol Sci Pract. (2013) 2013, 395-404.
12. Sallam HN. Aristotle, godfather of evidence-based medicine. Facts Views Vis Obgyn. (2010) 2, 11-19.
13. Heinrich von Staden H. The discovery of the body: human dissection and its cultural contexts in ancient Greece. Yale J Biol Med. (1992) 65, 223-241.
14. Elhadi AM, Kalb S, Perez-Orribo L, Little AS, Spetzler RF, Preul MC. The journey of discovering skull base anatomy in ancient Egypt and the special influence of Alexandria. Neurosurg Focus. (2012) 33, E2
15. Bay NS, Bay BH. Greek anatomist herophilus: the father of anatomy. Anat Cell Biol. (2010) 43, 280-283.
16. Reveron RR. Herophilos, the great anatomist of antiquity. Anatomy (2015) 9, 108-111.
17. Keele KD. Three Early Masters of Experimental Medicine-Erasistratus, Galen and Leonardo da Vinci. Proc R Soc Med. (1961) 54, 577-588.
18. Sallam HN. Aristotle, godfather of evidence-based medicine. Facts Views Vis Obgyn. (2010) 2, 11-19.

19 피터 버크 지음, 박광식 옮김, 《지식의 사회사 1》, 민음사, 2017, 42쪽.
20 오퍼 갤 지음, 하인혜 옮김, 《과학혁명의 기원》, 모티브북, 2022, 211-221쪽.
21 펠리페 페르난데스아르메스토 지음, 홍정인 옮김, 《생각의 역사》, 교유서가, 2024, 364-374쪽.
22 마틴 켐프 지음, 오숙은 옮김, 《보이는 것과 보이지 않는 것》, 을유출판사, 2010, 21-53쪽.
23 월터 아이작슨 지음, 신봉아 옮김, 《레오나르도 다빈치》, 아르테, 2019, 279-280쪽, 508쪽.
24 Jastifer JR, Toledo-Pereyra LH. Leonardo da Vinci's foot: historical evidence of concept. J Invest Surg. (2012) 25, 281-285.
25 Jones R. Leonardo da Vinci: anatomist. Br J Gen Pract. (2012) 62, 319.
26 Ghosh SK. Human cadaveric dissection: a historical account from ancient Greece to the modern era. Anat Cell Biol. (2015) 48, 153-169.
27 Fernando Peixoto Ferraz de Campos, Luiz Otávio Savassi Rocha. The pedagogical value of autopsy. Autops Case Rep. (2015) 5, 1-6.
28 Pilcher LS. The Mondino Myth. Med Library Hist J. (1906) 4, 311-331; Mavrodi A, Paraskevas G. Mondino de Luzzi: a luminous figure in the darkness of the Middle Ages. Croat Med J. (2014) 55, 50-53.
29 Jan G van den Tweel, Clive R Taylor. A brief history of pathology: Preface to a forthcoming series that highlights milestones in the evolution of pathology as a discipline. Virchows Arch. (2010) 457, 3-10.
30 Weisz GM. The papal contribution to the development of modern medicine. Aust N Z J Surg. (1997) 67, 472-475.
31 Ghosh SK. Human cadaveric dissection: a historical account from ancient Greece to the modern era. Anat Cell Biol. (2015) 48, 153-169.
32 Tonelli F. As Leonardo da Vinci discovered sarcopenia. Clin Cases Miner Bone Metab. (2014) 11, 82-83.
33 Keele KD. Leonardo da Vinci as Physiologist. Postgrad Med J. (1952) 28, 521-528.
34 Martins e Silva J. Leonardo da Vinci and the first hemodynamic observations. Rev Port Cardiol. (2008) 27, 243-272.
35 Toledo-Pereyra LH. Leonardo da Vinci: the hidden father of modern anatomy. J Invest Surg. (2002) 15, 247-249.
36 데이비드 우튼 지음, 정태훈 옮김, 《과학이라는 발명》, 김영사, 2020, 88-137쪽.
37 전주홍, 최병진. 근대 파도바 대학의 학문적 성공요인과 의학부 교육과정에 대한 분석. 문화와 융합 (2020) 42, 801-827.
38 Zampieri et al. Origin and development of modern medicine at the University of Padua and the role of the Serenissima Republic of Venice. Glob Cardiol Sci Pract. (2013) 2013, 149-162.
39 퍼사우드, 루카스, 터브스 지음. 송창호 옮김, 《사람 해부학의 역사》, 소리내, 2022, 253-258쪽.
40 O'Rahilly R. Commemorating the Fabrica of Vesalius. Acta Anat (Basel). (1993) 148, 228-230.

41 Fisch MH. Vesalius and His Book. Bull Med Libr Assoc. (1943) 31, 208-221.
42 O'Malley CD. Andreas Vesalius 1514-1564: In Memoriam. Med Hist. (1964) 8, 299-308.
43 Ambrose CT. Andreas Vesalius (1514-1564)-an unfinished life. Acta Med Hist Adriat. (2014) 12, 217-230.
44 Porzionato et al. The anatomical school of Padua. Anat Rec (Hoboken). (2012) 295, 902-916; Klestinec C. A history of anatomy theaters in sixteenth-century Padua. J Hist Med Allied Sci. (2004) 59, 375-412.
45 Ghosh SK. Human cadaveric dissection: a historical account from ancient Greece to the modern era. Anat Cell Biol. (2015) 48, 153-169.
46 Mellick SA. Dr Nicolaes Tulp of Amsterdam, 1593-1674: anatomist and doctor of medicine. ANZ J Surg. (2007) 77, 1102-1109.
47 Masquelet AC. The anatomy lesson of Dr Tulp. J Hand Surg Br. (2005) 30, 379-381.
48 데이비드 우튼 지음, 정태훈 옮김, 《과학이라는 발명》, 김영사, 2020, 127-162쪽.
49 Androutsos G, Karamanou M, Stefanadis C. William Harvey (1578-1657): discoverer of blood circulation. Hellenic J Cardiol. (2012) 53, 6-9.
50 Karamanou M, Stefanadis C, Tsoucalas G, Laios K, Androutsos G. Galen's (130-201 AD) Conceptions of the Heart. Hellenic J Cardiol. (2015) 56, 197-200.
51 Farr AD. The first human blood transfusion. Med Hist. (1980) 24, 143-162.
52 Wootton D. Bad Medicine. Oxford University Press. (2007) p.94-107.
53 Booth CC. Is research worthwhile? J Laryngol Otol. (1989) 103, 351-356; 로이 포터 지음, 최파일 옮김, 《근대세계의 창조》, 교유서가, 2020, 247-248쪽.
54 Turgut M. Ancient medical schools in Knidos and Kos. Childs Nerv Syst. (2011) 27, 197-200.
55 Editorials. Theophile Bonet (1620-1689), physician of Geneva. JAMA. (1969) 210, 899; Ventura HO. Giovanni Battista Morgagni and the foundation of modern medicine. Clin Cardiol. (2000) 23, 792-794.
56 Nuland SB. Doctors: The Biography of Medicine. Knopf Doubleday Publishing Group. (1995) p.153-154.
57 Ghosh SK. Giovanni Battista Morgagni (1682-1771): father of pathologic anatomy and pioneer of modern medicine. Anat Sci Int. (2017) 92, 305-312.
58 Cameron GR. The Life and Times of Giambattista Morgagni, F.R.S., 1682-1771. Notes and Records of the Royal Society of London. (1952) 9, 217-243.
59 Jan G van den Tweel, Clive R Taylor. A brief history of pathology: Preface to a forthcoming series that highlights milestones in the evolution of pathology as a discipline. Virchows Arch. (2010) 457, 3-10.
60 Shoja et al. Marie-Francois Xavier Bichat (1771-1802) and his contributions to the foundations of pathological anatomy and modern medicine. Ann Anat. (2008) 190, 413-420.
61 Bedford DE. Auenbrugger's contribution to cardiology. History of percussion of the heart. Br

Heart J. (1971) 33, 817-821.

62 Roguin A. Rene Theophile Hyacinthe Laennec (1781-1826): The man behind the stethoscope. Clin Med Res. (2006) 4, 230-235.

63 Crosland M. The Officiers de Sante of the French Revolution: a case study in the changing language of medicine. Med Hist. (2004) 48, 229-244.

64 Lawson I. Crafting the microworld: how Robert Hooke constructed knowledge about small things. Notes Rec R Soc Lond. (2016) 70, 23-44.

65 셔윈 눌랜드 지음, 안혜원 옮김,《닥터스》, 살림, 2009, 447-496쪽.

4장

1 로버트 크리스 지음, 노승영 옮김,《측정의 역사》, 에이도스, 2012, 226-230쪽.

2 전주홍,《역사가 묻고 생명과학이 답하다》, 지상의책(갈매나무), 2023, 81쪽, 228쪽.

3 제임스 빈센트 지음, 장혜인 옮김,《측정의 세계》, 까치, 2023, 105-106쪽.

4 전주홍,《과학하는 마음》, 바다출판사, 2021, 36-37쪽.

5 Rivas AL, Hoogesteijn AL. Biologically grounded scientific methods: The challenges ahead for combating epidemics. Methods. (2021) 195, 113-119.

6 Gillham NW. Sir Francis Galton and the birth of eugenics. Annu Rev Genet. (2001) 35, 83-101.

7 버트런드 러셀 지음. 서상복 옮김,《서양철학사》, 을유문화사, 2009, 114-125쪽.

8 바이얼릿 몰러 지음, 김승진 옮김,《지식의 지도》, 마농지, 2023, 312-318쪽.

9 전주홍,《과학하는 마음》, 바다출판사, 2021, 25-71쪽.

10 Klein U. The Laboratory challenge: Some revisions of the standard view of early modern experimentation, Isis. (2008) 99, 769-782.

11 Klein U. The laboratory challenge: some revisions of the standard view of early modern experimentation. ISIS. (2008) 99, 769-782.

12 Beretta M. Between the workshop and the laboratory: Lavoisier's network of instrument makers. Osiris. (2014) 29, 197-214.

13 Crosland M. Difficult Beginnings in Experimental Science at Oxford: the Gothic Chemistry Laboratory, Ann. Sci. (2003) 60, 99-421; Crosland M. Early laboratories c.1600-c.1800 and the location of experimental science. Ann Sci. (2005) 62, 233-253.

14 Borell M. Instrumentation and the rise of modern physiology. Sci Technol Stud. (1987) 5, 53-62.

15 Morrell JB. The chemist breeders: the research schools of Liebig and Thomas Thomson. Ambix. (1972) 19, 1-46.

16 전주홍,《과학하는 마음》, 바다출판사, 2021, 23-71쪽.

17 Allen GE. Mechanism, vitalism and organicism in late nineteenth and twentieth-century

biology: the importance of historical context. Stud Hist Philos Biol Biomed Sci. (2005) 36, 261-283.
18 전주홍. 〈과학학술지의 탄생과 발전: 연구와 논문의 의미 되짚어보기〉 1~4화. BRIC Bio뉴스. (2024) https://www.ibric.org/bric/trend/bio-series.do?mode=series_list&articleNo=9914867
19 피터 버크 지음, 박광식 옮김,《지식의 사회사 1》, 민음사, 2017, 72쪽.
20 오퍼 갤 지음, 하인해 옮김,《과학혁명의 기원》, 모티브북, 2022, 460-466쪽.
21 Gould SJ. Royal Shorthand. Science. (1991) 251, 142.
22 피터 버크 지음, 박광식 옮김,《지식》, 현실문화, 2006, 85-93쪽.
23 Kinne-Saffran E, Kinne RK. Vitalism and synthesis of urea. From Friedrich Wohler to Hans A. Krebs. Am J Nephrol. (1999) 19, 290-294.
24 Warren, G. A vital assay. Nat Rev Mol Cell Biol. (2012) 13, 754.
25 Pigliucci M. Between holism and reductionism: a philosophical primer on emergence. Biol J Linnean Soc. (2014) 112, 261-267.
26 Dahm R. Friedrich Miescher and the discovery of DNA. Dev Biol. (2005) 278, 274-288.
27 Gowlett JA. The discovery of fire by humans: a long and convoluted process. Philos Trans R Soc Lond B Biol Sci. (2016) 371, 20150164.
28 Woodruff LL. History of biology. The Scientific Monthly. (1921) 12, 253-281; Stafleu FA. Lamarck: The birth of biology. Taxon. (1971) 20, 397-442; Longo & Soto. Why do we need theories? Prog Biophys Mol Biol. (2016) 122, 4-10.
29 Findlen P. Controlling the experiment: rhetoric, court patronage and the experimental method of Francesco Redi. Hist Sci. (1993) 31, 35-64.
30 van Dijk et al. How Mendel's Interest in Inheritance Grew out of Plant Improvement. Genetics. (2018) 210, 347-355.
31 Dahm R. Friedrich Miescher and the discovery of DNA. Dev Biol. (2005) 278, 274-288.
32 Weaver W. Molecular biology: origin of the term. Science. (1970) 170, 581-582; YourGenome. The discovery of DNA: the molecule of life. https://www.yourgenome.org/theme/the-discovery-of-dna-the-molecule-of-life/
33 Beadle GW, Tatum EL. Genetic Control of Biochemical Reactions in Neurospora. Proc Natl Acad Sci USA. (1941) 27, 499-506.
34 Horowitz NH. The one gene-one enzyme hypothesis. Genetics. (1948) 33, 612
35 Avery et al. Studies on the chemical nature of the substance inducing transformation of pneumococcal types: Induction of transformation by a desoxyribonucleic acid fraction isolated from pneumococcus type III. J Exp Med. (1944) 79, 137-158.
36 Reichard P. Osvald T. Avery and the Nobel Prize in medicine. J Biol Chem. (200) 277, 13355-13362; Cobb M. Oswald Avery, DNA, and the transformation of biology. Curr Biol. (2014) 24, R55-R60.
37 미셸 모랑쥬 지음, 김광일, 이정희, 이병훈 옮김,《몸과 마음》, 2002, 332-348쪽.

38 Welch, G. In Retrospect: Fernel's Physiologia. Nature. (2008) 456, 447.
39 Mistry et al. Alkaptonuria. Rare Dis. (2013) 1, e27475.
40 Stenn et al. Biochemical identification of homogentisic acid pigment in an ochronotic egyptian mummy. Science. (1977) 197, 566-568.
41 O'brien et al. Biochemical, pathologic and clinical aspects of alcaptonuria, ochronosis and ochronotic arthropathy. Am J Med. (1963) 34, 813-838.
42 Gibson RB, Howard CP. A case of alkaptonuria with a study of its metabolism. Arch Intern Med (chic). (1921) 28, 632-637.
43 Khachadurian A, Feisal KA. Alkaptonuria; report of a family with seven cases appearing in four successive generations, with metabolic studies in one patient. J Chronic Dis. (1958) 7, 455-465.
44 Garrod AE. The incidence of alkaptonuria: a study in chemical individuality. Lancet (1902) 160, 1616-1620.
45 Perlman RL, Govindaraju DR. Archibald E. Garrod: the father of precision medicine. Genet Med. (2016) 18, 1088-1089.
46 Thomas H. Mogan. The relation of genetics to physiology and medicine. Nobel Lecture. (1934) https://www.nobelprize.org/uploads/2018/06/morgan-lecture.pdf
47 웹페이지 https://www.omim.org/
48 Hamosh et al. Online Mendelian Inheritance in Man (OMIM), a knowledgebase of human genes and genetic disorders. Nucleic Acids Res. (2002) 30, 52-55.
49 Frenette PS, Atweh GF. Sickle cell disease: old discoveries, new concepts, and future promise. J Clin Invest. (2007) 117, 850-858; Schechter AN. Hemoglobin research and the origins of molecular medicine. Blood. (2008) 112, 3927-3938.
50 Smith T. First molecular explanation of disease. Nat Struct Biol. (1999) 6, 307.
51 Pauling et al. Sickle cell anemia a molecular disease. Science. (1949) 110, 543-548.
52 Strasser BJ. Perspectives: molecular medicine. "Sickle cell anemia, a molecular disease". Science. (1999) 286, 1488-1490.
53 Williams TN, Thein SL. Sickle Cell Anemia and Its Phenotypes. Annu Rev Genomics Hum Genet. (2018) 19, 113-147.
54 Ingram VM. A specific chemical difference between the globins of normal human and sickle-cell anemia hemoglobin. Nature. (1956) 178, 792-794.
55 Goldstein et al. The structure of human hemoglobin: VI. The sequence of amino acids in the tryptic peptides of the chain. J Biol Chem. (1963) 238, 2016-2027.
56 전주홍. 분자진단검사법 개발 및 기술 연구동향. 보건산업기술동향. (2006) 25, 20-26.
57 Kan et al. Prenatal diagnosis of alpha-thalassemia. Clinical application of molecular hybridization. N Engl J Med. (1976) 295, 1165-1167.
58 Kan YW, Dozy AM. Polymorphism of DNA sequence adjacent to human beta-globin structural gene: relationship to sickle mutation. Proc Natl Acad Sci USA. (1978) 75, 5631-

5635.
59 Maxam AM, Gilbert W. A new method for sequencing DNA. Proc Natl Acad Sci USA. (1977) 74, 560-564; Sanger et al. DNA sequencing with chain-terminating inhibitors. Proc Natl Acad Sci USA. (1977) 74, 5463-5467.
60 Smith et al. Fluorescence detection in automated DNA sequence analysis. Nature. (1986) 321, 674-679; Heather JM, Chain B. The sequence of sequencers: The history of sequencing DNA. Genomics. (2016) 107, 1-8.
61 Saiki et al. Enzymatic amplification of -globin genomic sequences and restriction site analysis for diagnosis of sickle-cell anemia. Science. (1985) 230, 1350-1354; Mullis KB. The unusual origin of the polymerase chain reaction. Sci Am. (1990) 262, 56-61, 64-65.
62 Baltimore D. RNA-dependent DNA polymerase in virions of RNA tumor viruses. Nature. (1970) 226, 1209-1211; Temin H, Mizutani S. Viral RNA-dependent DNA Polymerase: RNA-dependent DNA Polymerase in Virions of Rous Sarcoma Virus. Nature. (1970) 226, 1211-1213.
63 Crick FHC. On protein synthesis. Symp Soc Exp Biol. (1958) 12, 138-163; Crick, F. Central Dogma of Molecular Biology. Nature. (1970) 227, 561-563 ; Cobb M. 60 years ago, Francis Crick changed the logic of biology. PLoS Biol. (2017) 15, e2003243.
64 Liu JK. The history of monoclonal antibody development-Progress, remaining challenges and future innovations. Ann Med Surg (Lond). (2014) 3, 113-116; Aydin S. A short history, principles, and types of ELISA, and our laboratory experience with peptide/protein analyses using ELISA. Peptides. (2015) 72, 4-15; Packer D. The history of the antibody as a tool. Acta Histochem. (2021) 123, 151710
65 Yalow RS, Berson SA. Immunoassay of endogenous plasma insulin in man. J Clin Invest. (1960) 39, 1157-1175; Kahn CR, Roth J. Rosalyn Sussman Yalow (1921-2011). Proc Natl Acad Sci USA. (2012) 109, 669-670.
66 Matos LL, Trufelli DC, de Matos MG, da Silva Pinhal MA. Immunohistochemistry as an important tool in biomarkers detection and clinical practice. Biomark Insights. (2010) 5, 9-20; Ortiz Hidalgo C. Immunohistochemistry in Historical Perspective: Knowing the Past to Understand the Present. Methods Mol Biol. (2022) 2422, 17-31.
67 Wöhler & the Birth of Clinical Chemistry; Wilkinson I. History of Clinical Chemistry. EJIFCC. (2002) 13, 114-118.
68 Büttner J. Clinical chemistry as scientific discipline: historical perspectives. Clin Chim Acta. (1994) 232, 1-9.
69 Lietava J. Medicinal plants in a Middle Paleolithic grave Shanidar IV? J Ethnopharmacol. (1992) 35, 263-266.
70 Dias et al. A historical overview of natural products in drug discovery. Metabolites. (2012) 2, 303-336.
71 Metwaly et al. Traditional ancient Egyptian medicine: A review. Saudi J Biol Sci. (2021) 28, 5823-5832.

72 Cowan MM. Plant products as antimicrobial agents. Clin Microbiol Rev. (1999) 12, 564-582.

73 Petrovska BB. Historical review of medicinal plants' usage. Pharmacogn Rev. (2012) 6, 1-5.

74 Hallett S. World's first botanical garden has roots in medicine. CMAJ. (2006) 175, 177.

75 Sneader W. The discovery of aspirin: a reappraisal. BMJ. (2000) 321, 1591-1594.

76 Valent et al. Paul Ehrlich (1854-1915) and His Contributions to the Foundation and Birth of Translational Medicine. J Innate Immun. (2016) 8, 111-120.

77 Vardy & Kay. LSD psychosis or LSD-induced schizophrenia? A multimethod inquiry. Arch Gen Psychiatry. (1983) 40, 877-883; Hermle et al. Mescaline-induced psychopathological, neuropsychological, and neurometabolic effects in normal subjects: experimental psychosis as a tool for psychiatric research. Biol Psychiatry. (1992) 32, 976-991.

78 Ban TA. Fifty years chlorpromazine: a historical perspective. Neuropsychiatr Dis Treat. (2007) 3, 495-500; Brown & Rosdolsky. The clinical discovery of imipramine. Am J Psychiatry. (2015) 172, 426-429.

79 Vane JR, Botting RM. The mechanism of action of aspirin. Thromb Res. (2003) 110, 255-258; Cadavid AP. Aspirin: The Mechanism of Action Revisited in the Context of Pregnancy Complications. Front Immunol. (2017) 8, 261.

80 Zhou et al. Role of AMP-activated protein kinase in mechanism of metformin action. J Clin Invest. (2001) 108, 1167-1174.

81 Pernicova I, Korbonits M. Metformin--mode of action and clinical implications for diabetes and cancer. Nat Rev Endocrinol. (2014) 10, 143-156.

82 Davis RL. Mechanism of Action and Target Identification: A Matter of Timing in Drug Discovery. iScience. (2020) 23, 101487.

83 Blay et al. High-Throughput Screening: today's biochemical and cell-based approaches. Drug Discov Today. (2020) 25, 1807-1821.

84 Redshaw et al. The Road to Fortovase. A History of Saquinavir, the First Human Immunodeficiency Virus Protease Inhibitor. In Proteases as Targets for Therapy. Handbook Exp Pharmacol. (2000). 140, 3-21.

85 Druker BJ. Imatinib as a paradigm of targeted therapies. Adv Cancer Res. (2004) 91, 1-30.

86 Pereira DA, Williams JA. Origin and evolution of high throughput screening. Br J Pharmacol. (2007) 152, 53-61.

87 Michael et al. A robotic platform for quantitative high-throughput screening. Assay Drug Dev Technol. (2008) 6, 637-657.

88 Goeddel et al. Expression in Escherichia coli of chemically synthesized genes for human insulin. Proc Natl Acad Sci USA. (1979) 76, 106-110.

89 Brekke OH, Sandlie I. Therapeutic antibodies for human diseases at the dawn of the twenty-first century. Nat Rev Drug Discov. (2003) 2, 52-62; Lu et al. Development of therapeutic antibodies for the treatment of diseases. J Biomed Sci. (2020) 27, 1.

90 Liu JK. The history of monoclonal antibody development-Progress, remaining challenges and future innovations. Ann Med Surg (Lond). (2014) 3, 113-116.
91 Goydel RS, Rader C. Antibody-based cancer therapy. Oncogene. (2021) 40, 3655-3664.
92 Bayliss WM, Starling EH. The mechanism of pancreatic secretion. J Physiol. (1902) 28, 325-353; Mutt et al. Structure of porcine secretin. The amino acid sequence. Eur J Biochem. (1970) 15, 513-519; Kopin et al. Secretin: structure of the precursor and tissue distribution of the mRNA. Proc Natl Acad Sci USA. (1990) 87, 2299-2303.

5장

1 Jones ME. Albrecht Kossel, a biographical sketch. Yale J Biol Med. (1953) 26, 80-97.
2 Portin P, Wilkins A. The Evolving Definition of the Term "Gene". Genetics. (2017) 205, 1353-1364.
3 Cremer T, Cremer C. Centennial of Wilhelm Waldeyer's introduction of the term "chromosome" in 1888. Cytogenet Cell Genet. (1988) 48, 65-67.
4 Roll-Hansen N. The holist tradition in twentieth century genetics. Wilhelm Johannsen's genotype concept. J Physiol. (2014) 592, 2431-2438; Baverstock K. The gene: An appraisal. Prog Biophys Mol Biol. (2021) 164, 46-62; de Vienne, D. What is a phenotype? History and new developments of the concept. Genetica. (2022) 150, 153–158.
5 No authors listed. The landmark lectures of physicist Erwin Schrödinger helped to change attitudes in biology. Nature. (2018) 561, 6.
6 Walsby AE, Hodge MJS. Schrödinger's code-script: not a genetic cipher but a code of development. Stud Hist Philos Biol Biomed Sci. (2017) 63, 45-54.
7 폴 데이비스 지음, 류운 옮김, 《기계 속의 악마》, 바다출판사, 2023, 70-79쪽.
8 김동광, 《생명은 어떻게 정보가 되었는가》, 궁리, 2023, 18-19쪽.
9 Watson JD, Crick FH. Molecular structure of nucleic acids; a structure for deoxyribose nucleic acid. Nature. (1953) 171, 737-738.
10 Watson JD, Crick FH. Genetical implications of the structure of deoxyribonucleic acid. Nature. (1953) 171, 964-947.
11 Jacob F, Monod J. Genetic regulatory mechanisms in the synthesis of proteins. J Mol Biol. (1961) 3, 318-356.
12 Gamow G. Possible relation between deoxyribonucleic acid and protein structures. Nature. (1954) 173, 318; Koonin EV, Novozhilov AS. Origin and evolution of the genetic code: the universal enigma. IUBMB Life. (2009) 61, 99-111.
13 Cobb M. 60 years ago, Francis Crick changed the logic of biology. PLoS Biol. (2017) 15, e2003243; 김봉국. RNA 타이 클럽의 유전암호 해독 연구: 다학제 협동연구와 공동의 연구의제에 관한 고찰. 과학기술학연구. (2017). 17, 72-115.
14 Cohen et al. Construction of biologically functional bacterial plasmids in vitro. Proc Nat Acad Sci USA. (1973) 70, 3240–3244.

15 Dulbecco R. A turning point in cancer research: sequencing the human genome. Science. (1984) 5, 1055-1056.

16 Hood L, Rowen L. The Human Genome Project: big science transforms biology and medicine. Genome Med. (2013) 5, 79.

17 Lewin R. Proposal to sequence the human genome stirs debate. Science. (1986) 232, 1598-1600; Le FanuJ. The disappointments of the double helix: a master theory. J R Soc Med. (2010) 103, 43-45.

18 Shampo MA, Kyle RA. J. Craig Venter: The Human Genome Project. Mayo Clin Proc. (2011) 86, e26-e27.

19 Venter et al. Shotgun sequencing of the human genome. Science. (1998) 280, 540-542.

20 Geiger AM. Symptom Management: War Problems, Moonshot Solutions? J Natl Cancer Inst. (2017) 109, djw254; Flores ER, Sawyer WG. Engineering cancer's end: An interdisciplinary approach to confront the complexities of cancer. Cancer Cell. (2024) 42, 1133-1137.

21 Edwards et al. Too many roads not taken. Nature. (2011) 470, 163-165; Stoeger et al. Large-scale investigation of the reasons why potentially important genes are ignored. PLoS Biol. (2018) 16, e2006643.

22 Khan et al. Role of Recombinant DNA Technology to Improve Life. Int J Genomics. (2016) 2016, 2405954.

23 Schuelke et al. Myostatin mutation associated with gross muscle hypertrophy in a child. N Engl J Med. (2004) 350, 2682-2688.

24 Samson et al. Resistance to HIV-1 infection in Caucasian individuals bearing mutant alleles of the CCR-5 chemokine receptor gene. Nature. (1996) 382, 722-725; Dean, et al. Genetic restriction of HIV-1 infection and progression to AIDS by a deletion allele of the CCR5 structural gene. Science, (1996) 73, 856-1862.

25 Seidah et al. PCSK9: a key modulator of cardiovascular health. Circ Res. (2014) 114, 1022-1036.

26 Gerbault et al. Evolution of lactose persistence: an example of human niche construction. Phil. Trans. R. Soc. B (2011) 366, 863-877; Ségurel & Bon. On the Evolution of Lactase Persistence in Humans. Annu Rev Genomics Hum Genet. (2017) 18, 297-319.

27 Yılmaz et al. Reconstruction of the human amylase locus reveals ancient duplications seeding modern-day variation. Science. (2024) 386, eadn0609.

28 Luzzatto et al. Increased sickling of parasitised erythrocytes as mechanism of resistance against malaria in the sickle-cell trait. Lancet. (1970) 1, 319-321; Friedman MJ. Erythrocytic mechanism of sickle cell resistance to malaria. Proc Natl Acad Sci U S A. (1978) 75, 1994-1997.

29 Doyle et al. The construction of transgenic and gene knockout/knockin mouse models of human disease. Transgenic Res. (2012) 21, 327-349.

30 Cello et al. Chemical synthesis of poliovirus cDNA: generation of infectious virus in the absence of natural template. Science. (2002) 297, 1016-1018.

31　Gibson et al. Complete chemical synthesis, assembly, and cloning of a Mycoplasma genitalium genome. Science. (2008) 319, 1215-1220; Annaluru et al. Total synthesis of a functional designer eukaryotic chromosome. Science (2014) 344, 55-58; Haimovich et al. Genomes by design. Nat Rev Genet. (2015) 16, 501-516.

32　Gibson et al. Creation of a bacterial cell controlled by a chemically synthesized genome. Science. (2010) 329, 52-56; Hutchison et al. Design and synthesis of a minimal bacterial genome. Science. (2016) 351, aad6253.

33　Pelletier et al. Genetic requirements for cell division in a genomically minimal cell. Cell. (2021) 184, 2430-2440; Moger-Reischer et al. Evolution of a minimal cell. Nature. (2023) 620, 122-127.

34　Boeke JD et al. The Genome Project-Write. Science. (2016) 10.1126/science.aaf6850; Callaway E. Plan to synthesize human genome triggers mixed response. Nature. (2016) 534, 163.

35　Cyranoski D. The CRISPR-baby scandal: what's next for human gene-editing. Nature. (2019) 566, 440-442; Greely HT. CRISPR'd babies: human germline genome editing in the 'He Jiankui affair'. J Law Biosci. (2019) 6, 111-183.

36　Swain et al. Targeting HER2-positive breast cancer: advances and future directions. Nat Rev Drug Discov. (2023) 22, 101-126.

37　Cortazar et al. US Food and Drug Administration approval overview in metastatic breast cancer. J Clin Oncol. (2012) 30, 1705-1711.

38　Flores et al. P4 medicine: how systems medicine will transform the healthcare sector and society. Per Med. (2013) 10, 565-576; Cho et al Personalized medicine in breast cancer: a systematic review. J Breast Cancer. (2012) 15, 265-272.

39　Nathanson et al. Breast cancer genetics: what we know and what we need. Nat Med. (2001) 7, 552-556.

40　Venkitaraman AR. Cancer susceptibility and the functions of BRCA1 and BRCA2. Cell. (2002) 108, 171-182.

41　Miki et al. A strong candidate for the breast and ovarian cancer susceptibility gene BRCA1. Science. (1994) 266, 66-71; Wooster et al. Identification of the breast cancer susceptibility gene BRCA2. Nature. (1995) 378, 789-792.

42　King et al. Breast and ovarian cancer risks due to inherited mutations in BRCA1 and BRCA2. Science. (2003) 302, 643-646.

43　Rebbeck et al. Bilateral prophylactic mastectomy reduces breast cancer risk in BRCA1 and BRCA2 mutation carriers: the PROSE Study Group. J Clin Oncol. (2004) 22, 1055-1062.

44　Liede et al. Risk-reducing mastectomy rates in the US: a closer examination of the Angelina Jolie effect. Breast Cancer Res Treat. (2018) 171, 435-442; Evans et al. The Angelina Jolie effect: how high celebrity profile can have a major impact on provision of cancer related services. Breast Cancer Res. (2014) 16, 442.

45　Paez et al. EGFR mutations in lung cancer: correlation with clinical response to gefitinib therapy. Science. (2004) 304, 1497-1500; Pao W, Chmielecki J. Rational, biologically based treatment of EGFR-mutant non-small-cell lung cancer. Nat Rev Cancer. (2010) 10, 760-774.

46 Johnson et al. Clinical Pharmacogenetics Implementation Consortium Guidelines for CYP2C9 and VKORC1 genotypes and warfarin dosing. Clin Pharmacol Ther. (2011) 90, 625-629.

47 Abul-Husn NS, Kenny EE. Personalized Medicine and the Power of Electronic Health Records. Cell. (2019) 177, 58-69; International HapMap Consortium. The International HapMap Project. Nature. (2003). 426, 789-796.

48 Petsko GA. No place like Ome. Genome Biol. (2002) 3, COMMENT1010; Goldman AD, Landweber LF. What Is a Genome? PLoS Genet. (2016) 12, e1006181.

49 Yadav SP. The wholeness in suffix -omics, -omes, and the word om. J Biomol Tech. (2007) 18, 277; Kuska B. Beer, Bethesda, and biology: how "genomics" came into being. J Natl Cancer Inst. (1998) 90, 93.

50 Hasin et al. Multi-omics approaches to disease. Genome Biol. (2017) 18, 8.

51 Li et al. A Joint Consensus Recommendation of the Association for Molecular Pathology, American Society of Clinical Oncology, and College of American Pathologists. J Mol Diagn. 2017 Jan;19(1):4-23; Kim et al. Clinical Practice Recommendations for the Use of Next-Generation Sequencing in Patients with Solid Cancer: A Joint Report from KSMO and KSP. Cancer Res Treat. (2024) 56, 721-742.

52 Singla et al. Precision Medicine: An Emerging Paradigm for Improved Diagnosis and Safe Therapy in Pediatric Oncology. Cureus. (2021) 13, e16489.

53 Nordenfelt L. The concepts of health and illness revisited. Med Health Care Philos. (2007) 10, 5-10.

54 Denny JC, Collins FS. Precision medicine in 2030-seven ways to transform healthcare. Cell. (2021) 184, 1415-1419.

55 Johnson et al. Precision Medicine, AI, and the Future of Personalized Health Care. Clin Transl Sci. (2021) 14, 86-93.

56 Thirunavukarasu et al. Large language models in medicine. Nat Med. (2023) 29, 1930-1940.

57 Kung et al. Performance of ChatGPT on USMLE: Potential for AI-assisted medical education using large language models. PLOS Digit Health. (2023) 9, e0000198.

58 Ayers et al. Comparing Physician and Artificial Intelligence Chatbot Responses to Patient Questions Posted to a Public Social Media Forum. JAMA Intern Med. (2023) 183, 589-596.

59 Kraljevic et al. Foresight-a generative pretrained transformer for modelling of patient timelines using electronic health records: a retrospective modelling study. Lancet Digit Health. (2024) 6, e281-e290.

60 Goh et al. Large Language Model Influence on Diagnostic Reasoning: A Randomized Clinical Trial. JAMA Netw Open. (2024) 7, e2440969; Cabral et al. Clinical Reasoning of a Generative Artificial Intelligence Model Compared With Physicians. JAMA Intern Med. (2024) 184, 581-583.

61　Kim et al. SRT-H: A hierarchical framework for autonomous surgery via language-conditioned imitation learning. Sci Robot. (2025) 10, eadt5254.

62　Wah JNK. Revolutionizing surgery: AI and robotics for precision, risk reduction, and innovation. J Robot Surg. (2025) 19, 47.

63　Luo et al. Large language models surpass human experts in predicting neuroscience results. Nat Hum Behav. (2025) 9, 305-315.

64　Xu et al. A generative AI-discovered TNIK inhibitor for idiopathic pulmonary fibrosis: a randomized phase 2a trial. Nat Med. (2025) Epub ahead of print. doi: 10.1038/s41591-025-03743-2. \

65　William J. Broad. How Hallucinatory A.I. Helps Science Dream Up Big Breakthroughs. 2024. https://www.nytimes.com/2024/12/23/science/ai-hallucinations-science.html

66　Uzzi et al. Atypical combinations and scientific impact. Science. (2013) 342, 468-472.

67　Chris et al, The AI scientist: Towards fully automated open-ended scientific discovery. arXiv. (2024) 2408.06292; Gottweis et al. Towards an AI co-scientist. arXiv. (2025) 2502.1886.

68　Yamada et al. The AI Scientist-v2: Workshop-level automated scientific discovery via agentic tree search. arXiv:2504.08066.

69　Castelvecchi D. Researchers built an 'AI Scientist' - what can it do? Nature. (2024) 633, 266; Kudiabor H. Virtual lab powered by 'AI scientists' super-charges biomedical research. Nature. (2024) 636, 532-533.

70　Gould J. Core facilities: Shared support. Nature. (2015) 519, 495-496; Lippens et al. One step ahead: Innovation in core facilities. EMBO Rep. (2019) 20, e48017; 전주홍,《과학하는 마음》, 바다출판사, 2021, 161-164쪽.

71　전주홍.〈생성형 인공지능과 연구윤리 : 책임 있는 연구의 길을 묻다〉한국연구재단 웹진. 2025.06.27. https://cre.nrf.re.kr/bbs/BoardDetail.do?bbsId=BBSMSTR_000000000168&nttId=15004

72　Culliton BJ. Molecular medicine in a changing world. Nat Med. (1995) 1, 1.

73　Editorial. The Future of Medicine. Nat Med. (2025) 31, 1

74　Zhang et al. Artificial intelligence in drug development. Nat Med. (2025) 31, 45-59.

75　전주홍, 최병진《醫美, 의학과 미술 사이》, 일파소, 2016, 278-285쪽.

76　Borsay A. Picasso's bodies: representations of modern society? Med Humanit. (2009) 35, 89-93.

77　전주홍, 최병진《醫美, 의학과 미술 사이》, 일파소, 2016, 278-285쪽.

78　Tannert et al. The ethics of uncertainty. In the light of possible dangers, research becomes a moral duty. EMBO Rep. (2007) 8, 892-896.

79　펠리페 페르난데스아르메스토 지음, 홍정인 옮김,《생각의 역사》, 고유서가, 2024, 654쪽.

그림 출처

화보 1) https://www.greek-language.gr/digitalResources/ancient_greek/mythology/lexicon/gods/apollo/page_009.html

화보 2) https://commons.wikimedia.org/wiki/File:Durer_quattro_apostoli_01.jpg

화보 3) https://commons.wikimedia.org/wiki/File:Rembrandt_-_The_Anatomy_Lesson_of_Dr_Nicolaes_Tulp.jpg

화보 4) https://en.wikipedia.org/wiki/File:Photo_51_x-ray_diffraction_image.jpghttps://commons.wikimedia.org/wiki/File:Chateau_Chambord_double-helix_staircase.jpg

화보 5) https://commons.wikimedia.org/wiki/File:Diagnosis_By_Radio,_1925_%28telemedicine%29.webp

28쪽 https://en.wikipedia.org/wiki/File:Joseph_Siffrein_Duplessis_-_Benjamin_Franklin_-_Google_Art_Project.jpg

43쪽 https://commons.wikimedia.org/wiki/File:Statue_of_Asclepius_(2)_2nd_cent._A.D.jpg

45쪽 https://commons.wikimedia.org/wiki/File:World_Health_Organization_Logo.svg

47쪽 https://commons.wikimedia.org/wiki/File:Sebastiano_Ricci_-_Dream_of_Aesculapius_-_WGA19411.jpg

48쪽 https://commons.wikimedia.org/wiki/File:TempleofAesculapiusWaterhouse.jpg

51쪽 https://commons.wikimedia.org/wiki/File:El_greco,_miracolo_della_guarigione_del_cieco,_1570_ca..JPG

52쪽 https://commons.wikimedia.org/wiki/File:Sebastia.jpg

62쪽 https://commons.wikimedia.org/wiki/File:Galenus.jpg

67쪽 https://commons.wikimedia.org/wiki/File:Sales_contract_Shuruppak_Louvre_AO3766.jpg

68쪽 https://en.wikipedia.org/wiki/File:Edwin_Smith_Papyrus_v2.jpg

73쪽 https://commons.wikimedia.org/wiki/File:Kos_museum_mos01.JPG

83쪽 https://commons.wikimedia.org/wiki/File:Gersdorff_Feldbuch_s16.jpg

85쪽 https://commons.wikimedia.org/wiki/File:Zodiac_man,_Wellcome_M0017629.jpg

91쪽 https://commons.wikimedia.org/wiki/File:Lotto,_ritratto_di_giovanni_agostino_della_torre_e_suo_figlio_niccol%C3%B2.jpg

94쪽 https://commons.wikimedia.org/wiki/File:Galenoghippokrates.jpg

96쪽 https://commons.wikimedia.org/wiki/File:D%C3%BCrer_Melancholia_I.jpg

99쪽 https://commons.wikimedia.org/wiki/File:Tavernier_Jean_Mielot.jpg

104쪽 https://commons.wikimedia.org/wiki/File:Morgagni_portrait.jpg

106쪽 위 https://commons.wikimedia.org/wiki/File:Magdalenian_representation_of_a_mammoth,_Upper_Palaeolithic_Wellcome_M0009459.jpg

106쪽 아래 https://commons.wikimedia.org/wiki/File:Lascaux_01.jpg

109쪽 https://commons.wikimedia.org/wiki/File:Inscribed_model_of_a_sheep_liver_-_BM.jpg

114쪽 https://commons.wikimedia.org/wiki/File:Woodcut_depicting_ancient_herbalists_and_scholars_Wellcome_L0040792.jpg

121쪽 https://commons.wikimedia.org/wiki/File:Leonardo_Da_Vinci_-_Annunciazione.jpeg

128쪽 위 https://commons.wikimedia.org/wiki/File:Leonardo_Skull.jpg

128쪽 아래 https://commons.wikimedia.org/wiki/File:Leonardo_da_vinci,_Studies_of_human_skull.jpg

130쪽 https://en.wikipedia.org/wiki/File:Prosector_anathomia_mondino_da_luzzi_1495.gif

132쪽 왼쪽 위 https://commons.wikimedia.org/wiki/File:Nervous_system,_Avicenna,_Canon_of_Medicine_Wellcome_L0013312.jpg

132쪽 오른쪽 위 https://commons.wikimedia.org/wiki/File:Arteries_and_Viscera_(according_to_Avicenna),_Wellcome_L0008560.jpg

132쪽 아래 https://commons.wikimedia.org/wiki/File:Skeleton_system.,_Avicenna,_Canon_of_Medicine_Wellcome_L0013314.jpg

137쪽 왼쪽 위 https://commons.wikimedia.org/wiki/File:Final_nerve-figure,_by_Vesalius._Wellcome_L0003679.jpg

137쪽 오른쪽 위 https://commons.wikimedia.org/wiki/File:Vesalius%27_%22Fabrica%22_(1543).jpg

137쪽 아래 https://commons.wikimedia.org/wiki/File:Vesalius_Fabrica_p163.jpg

140쪽 https://commons.wikimedia.org/wiki/File:Ketham_p64.jpg

141쪽 https://commons.wikimedia.org/wiki/File:Vesalius_Fabrica_fronticepiece.jpg

146쪽 https://commons.wikimedia.org/wiki/File:Vesalius_Fabrica_portrait.jpg

147쪽 https://commons.wikimedia.org/wiki/File:Anatomical_theatre_Leiden.jpg

158쪽 https://commons.wikimedia.org/wiki/File:RobertHookeMicrographia1665.jpg

162쪽 https://en.wikipedia.org/wiki/File:Marie_Curie_c._1920s.jpg

165쪽 https://commons.wikimedia.org/wiki/File:El_pesado_del_coraz%C3%B3n_en_el_Papiro_de_Hunefer.jpg

167쪽 https://commons.wikimedia.org/wiki/File:Santorio_Medicina_Statica_italian.jpg

173쪽 https://commons.wikimedia.org/wiki/File:Chemical_laboratory,_Paris,_1760_Wellcome_M0009395.jpg

179쪽 https://commons.wikimedia.org/wiki/File:Frontispiece_to_%27The_History_of_the_Royal-Society_of_London%27.jpg

185쪽 https://commons.wikimedia.org/wiki/File:Novum_Organum.jpg

188쪽 https://commons.wikimedia.org/wiki/File:Mendel_paper.jpg

193쪽 https://commons.wikimedia.org/wiki/File:Chromosome-DNA-gene.png

197쪽 https://commons.wikimedia.org/wiki/File:Title_page_%22Inborn_errors_of_metabolism...%22_A.E._Garrod,_1908_Wellcome_L0014104.jpg

207쪽 https://commons.wikimedia.org/wiki/File:Orto_dei_semplici_PD_01.jpg

218쪽 https://ro.wikipedia.org/wiki/Fi%C8%99ier:Claude_Shannon.jpeg

222쪽 다음 그림을 각색하였다. https://commons.wikimedia.org/wiki/File:Zimmermann_Telegram_as_Received_by_the_German_Ambassador_to_Mexico_-_NARA_-_302025.jpg

223쪽 다음 그림을 각색하였다. https://commons.wikimedia.org/wiki/File:DNA_chemical_structure.svg

228쪽 https://commons.wikimedia.org/wiki/File:Zimmermann_Telegram_as_Received_by_the_German_Ambassador_to_Mexico_-_NARA_-_302025.tif

234쪽 가모프의 다이아몬드 코드를 재구성하여 그린 그림이다. 원 출처는 다음에 기인한다. https://www.americanscientist.org/article/the-invention-of-the-genetic-code

267쪽 https://en.wikipedia.org/wiki/File:Science_and_Charity_by_Picasso.jpg

269쪽 https://commons.wikimedia.org/wiki/File:The_Doctor_-_Joseph_Tomanek,_after_Luke_Fildes.jpg

271쪽 https://en.m.wikipedia.org/wiki/File:Coat_of_Arms_of_Niels_Bohr.svg

역사가 묻고 의학이 답하다

초판 1쇄 발행   2025년 8월 30일

지은이 • 전주홍

펴낸이 • 박선경
기획/편집 • 이유나, 지혜빈, 민석홍, 연사랑
홍보/마케팅 • 박언경, 김경률
표지 디자인 • 임지선
디자인 제작 • 디자인원(031-941-0991)

펴낸곳 • 도서출판 지상의책
출판등록 • 2016년 5월 18일 제2016-000085호
주소 • 경기도 고양시 일산동구 호수로 358-39 (백석동, 동문타워 I) 808호
전화 • 031)967-5596
팩스 • 031)967-5597
블로그 • blog.naver.com/kevinmanse
이메일 • kevinmanse@naver.com
페이스북 • www.facebook.com/galmaenamu
인스타그램 • www.instagram.com/galmaenamu.pub

ISBN 979-11-93301-05-0/03400
값 21,000원

• 잘못된 책은 구입하신 서점에서 바꾸어드립니다.

• '지상의 책'은 도서출판 갈매나무의 청소년 교양 브랜드입니다.
• 배본, 판매 등 관련 업무는 도서출판 갈매나무에서 관리합니다.